Theory of Relativity for Juniors

相对论

少年版

曹则贤◎著

科学出版社
北 京

内 容 简 介

本书是作者为自家的少年撰写的一本相对论入门书。全书共15章，按照朴素相对论、伽利略相对论、狭义相对论、广义相对论和整体相对论的顺序，以相对性思想的历史演化为线索，详细介绍了相对论所应包含的数学、物理和哲学内容。本书的一个重要特点是，它尽可能多地收录了相对论的原始文献和重要著作，强调相对论创立过程的细节。此外，本书还提供了修习相对论所需要的关键数学基础，以及相对论关键人物与事件和爱因斯坦的相对论著作目录。

本书适合中学生以上各智识阶层人士阅读。读者可根据个人数理基础和喜好选择合适的阅读策略。

图书在版编目(CIP)数据

相对论：少年版/曹则贤著. —北京：科学出版社, 2020.4

ISBN 978-7-03-063730-7

Ⅰ. ①相… Ⅱ. ①曹… Ⅲ.①相对论 Ⅳ. ①O412.1

中国版本图书馆CIP数据核字(2019)第280526号

责任编辑：徐 烁／责任校对：杨 然
责任印制：霍 兵／封面设计：曹则贤

科学出版社出版
北京东黄城根北街16号
邮政编码：100717
http://www.sciencep.com

天津市新科印刷有限公司印刷
科学出版社发行 各地新华书店经销
*
2020年4月第 一 版 开本：720×1000 1/16
2024年10月第五次印刷 印张：18 1/2
字数：260 000

定价：68.00元

献给　曹逸锋

和所有热爱科学的少年朋友们

我立足处，

即为宇宙的原点；

我张望处，

是时空之外的远方。

来吧，我的少年，

快骑上数学的骏马，

在物理的大地上纵情驰骋，

哲学是你思想天空放飞的鹰。

孩子，要胜你就去胜过所有的人类，

wie Johannes Kepler!

所谓少年，乃视 $\int_{-\infty}^{\infty} \mathrm{e}^{-x^2}\mathrm{d}x = \sqrt{\pi}$ 如 $2+2=4$ 者也。

——开尔文爵士 (1824—1907)

所谓少年，乃视 $\mathrm{i}\hbar\gamma^{\mu}\partial_{\mu}\psi = mc\psi$ 如 $2+2=4$ 者也。

——作者

我的少年，

你的前途不可限量，

因此你不可畏惧，

这满是荆棘也满是鲜花的长路。

2015-05-14

哦，少年，

你怎么可以只是学习者，

怎么可以只是追随者？

你当还是思考者与探索者，

是那宏伟理性大厦的构建者。

2016-04-24

左　伊萨克・牛顿（Isaac Newton, 1642—1726）
右　阿尔伯特・爱因斯坦（Albert Einstein, 1879—1955）

Newton, verzeih mir.

——Albert Einstein

牛顿，原谅我哈!

——阿尔伯特·爱因斯坦

阿尔伯特·爱因斯坦

北京西山大觉寺匾额“无去来处”“动静等观”

譬如登山，莫畏艰难，莫问前程，
你只管一路攀爬过去，
努力达到你生命期许的高度

作者序之一

我家的少年曹逸锋如今是初中二年级的学生，就读于北京海淀区的一所中学。与其说是天性，不如说是当今科技超越了神话的时代一个大男孩的必然表现，他对数学和物理目前都保持着相当浓厚的兴趣。2009 年 11 月某日，曹逸锋小朋友放学回家说班上有同学在看相对论，问我能不能给他找一本合适的相对论入门书。虽然，我对他的要求基本上是有求必应，他的这个要求还是比请他吃比萨饼更让我为难——不只是心疼钱，而是我不知道哪里有那么一本适合中学生阅读的相对论入门书。我的为难有两方面的理由。其一，中学生的入门书并不可以理解为简写的、通俗化的书。一本给中学生读的科学书籍尤其应该是内容严谨、精彩且有助于培养正确的科学理念的。诺贝尔物理学奖得主李政道先生（1926—）和费米先生（Enrico Fermi，1901—1954，意大利人）都曾在少年时被偶遇的一本书深深地打动过。此外，就今天中国的中学生朋友们的智力而言，如果不是因为语言的障碍，读一本严肃的相对论书籍未必有多少困难。毕竟，我认识的许多人开始阅读相对论时是在十四五岁的年龄，而诺贝尔奖得主泡利（Wolfgang Pauli，1900—1958，奥地利人）受指派为德国数学科学百科全书撰写相对论研究综述时也不过才 18 岁。值得注意的是，相对论，还有量子理论，是那种可以用来装潢门面的学问。热衷于讨论这两门学问的人，除了职业的科学家以外，还有哲学家以及从字面上知道一星半点皮毛的各种外行们。市面上随处可见纠缠于“孪生佯谬”或“回到未来”式的猎奇文学，也不乏把相对论洛伦兹变换中的洛伦兹（Hendrik Antoon Lorentz, 1853—1928, 荷兰人）同电磁学中洛伦兹规范的洛伦兹（Ludvig Lorenz, 1829—1891, 丹麦人）或者混沌理论中洛伦兹吸引子的洛伦兹（Edward Lorenz, 1917—2008, 美国人）混为一谈的中文相对论专著。把这样的相对论入门书介绍给中学生，实在是不负责任的行为。

于是，我决定自己写一本介绍相对论的入门书，为了弥补我自己在这方面的知识缺陷，也为了尽一份作为教师、作为父亲、作为朋友的责任。其实，两年前当曹逸锋小朋友注意到列车中的落体运动与地面上的落体运动没有任何可观察的不同之处时，我就有这个念头了。我知道，限于个人水平，这本书或有许多不当之处。不过，令我稍感踏实的是，遇到不懂的地方我可以从我认可的正牌物理学家的著作中找寻正确的内容。相对论的原始文献主要是德、法、意、英诸语种的文本，所幸借助字典我还都能连蒙带猜地看个大概。未来我打算在和少年朋友们交流的过程中不断修订以求本书能够切实有助于他们学习相对论的知识。

倘若本书能有助于任何一位少年将自己培养成为一名合格的物理学家——我说合格的物理学家指的是合格的物理学家——的话，我的一番辛苦就没有白费，而我本人也将感到非常荣幸。

将来，不久的将来，我中华少年中也会成长出一批能对物理学做出卓越贡献的物理学家。我期待着。

2009-11-20

作者序之二

亲爱的小朋友，欢迎你开始阅读本书。当你打开这本书的时候，你也就推开了一扇厚重的门，门后是神奇的相对论世界。

这是一本迟疑延宕了 12 年才写成的书，是我为自家的少年准备的入门读物，它也注定是一本我自己要看一辈子的书。相对论涉及的哲学、数学和物理内容博大精深，假设人们终其一生最终掌握了它，那也是一件值得梦中笑醒的事情。

记得惠勒（John Archibald Wheeler，1911—2008，美国人）曾说过，如果你想弄懂一门学问，那就写一本关于它的书。这话给了我明知自己无知却敢于毅然提笔的勇气。我惟愿这个不着调的说法不仅适用于他那样的学术名家，也适用于我这样的普通科学爱好者。我是 2007 年决定撰写《相对论——少年版》的，但接下来的几年里一直没有进展。到了 2015 年年底，广义相对论面世一百周年之际，我觉得实在是不能再拖延了。在作了几场纪念广义相对论以及关于各种波概念的讲座之后，我的信心在更大的幅度上忽正忽负地振荡着 —— 心里是真没底啊。然而时不我待，我家的中学生小朋友如今早已成了物理系的研究生，我不可能等到我真的弄懂相对论后再去兑现诺言——也许这一天终不会到来。我只好硬着头皮，开始隔三差五地写一段。直到今天，我终于草草地完成了。

这本《相对论——少年版》是《量子力学——少年版》的姊妹篇，因为我下定决心想把相对论写透，因此这晚到的相对论会更厚重。相对论和量子力学是近代物理的两大支柱，不妨一起学习。其实，相对论和量子力学在某种意义上是一体的。相对论的一个关键词是固有洛伦兹群 (proper Lorentz group)，关于这个群如何表示的内容就可能出现在量子力学课本里。相对论和量子力学大约同时出现，一些创立量子力学的人，也是创立相对论的人，这样的人包括庞加莱、爱因斯坦、普朗克、劳厄、薛定谔、玻恩、泡利、狄拉克、外尔，等等。爱因斯坦 1905 年的两篇相对论论文和一篇量子力学论文，其实关切的是同一个问题 —— 运动物体的光发射问题。德布罗意努力从狭义相对论为他的粒子作为相位波的设想寻找合理性，而他的博士论文直接导致了薛定谔于 1926 年写出了薛定谔方程，至此量子力学算是真正诞生了。从这个意义上讲，量子力学和相对论是纠缠在一起的，是**经典物理的新层次**。把相对论和量子力学放到一起学习挺好，未来它们会关联到规范场论上去。贯穿量子力学、相对论和规范场论的，是对称性的概念，处理对称性的学问是群论。一位少年，若能通晓相对论、量子力学、规范场论和群论，未来成为一个合格的物理学家将是大概率事件。

为了达成有助于少年们成长为物理学家的愿望，本书将是非常严谨的。它具有尽可能完备的数学公式、原始文献和贡献者简介，它关注物理学的内在逻辑还时刻不忘照顾读者的情绪。我能许诺的是，这是一本不同于任何已有的相对论论著的书，它会让“读者感受到所选择道路之心理上的自然而然”(der Leser die psychologische Natürlichkeit des eingeschlagenen Weges empfindet)（爱因斯坦语)，意思是说它的叙述遵循学问发生的历史逻辑。我努力想带给读者人家物理学家当初如何摸索着建立相对论的感觉。

如果有人认为我的少年版物理系列太深了，那可能是因为他对少年的要求太低了的缘故 —— 别人家的少年可比这厉害得多。历史上，欧洲的许多少年稚气未脱就做出了逆天的科学成就。克莱洛（Alexis Claude Clairaut, 1713—1765, 法国人）写出曲率公式时不过 16 岁，高斯（Carl Gauss, 1777—1855, 德国人）在

19 岁以前就想出了尺规法作 17 边形，麦克斯韦（James Clerk Maxwell, 1831—1879, 英国人）给出卵形线方程时才 13 岁，伽罗瓦（Évariste Galois, 1811—1832, 法国人）发展群论时也还不足 20 岁，等等。别人家的少年如此厉害，是因为他们遇到过真正的老师，读到过真正的书。**随名师，读名著，你我（家的孩子）庶几也能成为开尔文爵士的少年。**

相对论，还有量子力学，在一个世纪前是物理最前沿的知识，但是今天它们应该成为受教育者的标配。相对论是指导物理学理论构建的一个原则，它注定是具有挑战性的学问。不要有畏难情绪，一般人应该都学得会的。**如果你不是那个读懂了相对论的少年，那你至少应该是一个读过相对论的少年。**

我知道，限于水平，虽然我尽力了，但依然不能成就一本我自己满意的《相对论——少年版》。然而，我还是希望它对初学相对论者多多少少能提供一些帮助。倘若有一日这块土地上也能长出一棵像点样儿的物理学家，且他坦承曾受益于拙作，则我多年来看似荒唐的辛劳便有了一丝微弱的意义。

我自然也将这本书当作自我表达的平台，大胆说出我个人的观点与见解。比如，光速不是是否恒定的问题，而是根本没有参照框架的问题；光子不是质量为零的粒子，而是光子根本就没有质量这个标签，等等。其速度作为速度的极限、无需参照框架的光，自然也就没有惯性/质量（不是惯性质量，而是惯性即质量），没有改变速度的动力学。为此，我欣赏开普勒的态度："If you forgive me, I rejoice; if you are angry, I can bear it..."

我将这本书看作是我 —— 一位号称学物理者 —— 对爱因斯坦的迟到的敬意。上天让我能说出我对 den Physikern wie Einstein 的敬意，das freut mich sehr!

2019-08-02

云端行者（*Wanderer above the Sea of Fog*）

弗里德里希（Caspar David Friedrich）绘于1818年

目　　录

第 9 章

第 10 章

第 11 章

第 12 章

少年能学会相对论吗？当然！

少年能学会相对论吗？这话问的，当然能！你不信？好吧，为了说服你，我将采取唯一正确的姿势和你交流——用实例说话。

1918年秋，德国南部城市慕尼黑，Ludwig-Maximilians-Universität München，就是俗称的慕尼黑大学，迎来了一位出生于 1900 年 4 月 25 日的奥地利少年。这位少年的模样，形象地诠释了卦书上所谓的“天庭饱满，地阁方圆”。少年姓泡利（Wolfgang Ernst Pauli），生父为化学家，中间名 Ernst 得自其教父 Ernst Mach （1838—1916），也就是说此少年的教父是欧洲闻名的大哲学家、物理学家、维也纳大学生理学教授马赫。维也纳大学很厉害吗？在维也纳圈子（Vienna circle）里，动摇了数学确定性的哥德尔（Kurt Gödel，1906—1978）那样的顶级学者都是论堆儿的，摄氏温度定义中的所谓标准大气压那是人家维也纳夏天的气压！马赫何许人也？他新表述的力学原理挑翻牛顿的三定律表述（不知道？读读 Herbert Goldstein 的经典力学找找感觉），爱因斯坦自述其相对论思想深受马赫哲学的影响而人家马赫都不接这个茬，马赫逼问玻尔兹曼的一句话“您见过原子吗？”（Haben Sie mal Atom gesehen？）据说是玻尔兹曼这位统计物理奠基人抑郁以至于 1906 年自杀的诱因。对了，他就是“高超音速武器速度为多少马赫”的那个“马赫”。马赫教过小泡利多少物理不得而知，反正小泡利上中学时就认识了不少物理学家。当泡利 1918 年从维也纳多布林中学毕业时，就提交了题为“论引力场的能量分量”的论文，1919 年正式发表（W. Pauli Jr., Über die Energiekomponenten des Gravitationsfeldes, *Physikalische Zeitschrift* 20, 25（1919））。这篇论文研究的可是广义相对论的课题，足以奠定一个人顶级物理学家的地位。当小泡利进入慕尼黑大学物理系师从索末菲——一个大师的大老师（MacTutor of maestros，即那种学生几乎都是大师的老师）——要学物理时，索末菲对他青眼有加。索末菲，一个物理明白人，对他说:“你早已经是物理学家的水平了，还学啥呀？但是，我们大学有规定，学生只有入学六个学期后才能申请博士学位，你不能在我这儿干坐六个学期啊! 这样吧，数学科学百科全书让我写相对论条目，你是专家，这活就交给你吧。”（大意）。于是乎，1920 年的泡利大约就是在忙乎这事。1921 年，泡利在第六个学期，也就是我们一般人上完大三的时候，以关于氢分子的量子力学研究获得博士学位。两个月后，这篇相对论综述文章刊行，洋洋洒洒 237 页（Relativitätstheorie, *Encyklopädie der Mathematischen Wissenschaften Vol.*19, Teubner, 1921），至今依然是相对论的经典文献。欧洲的物理大拿们的反应是，难以相信这篇构思宏伟的经典是一个 21 岁的小青年写的。泡利 28 岁时成了瑞士苏黎世联邦理工学院（ETH）

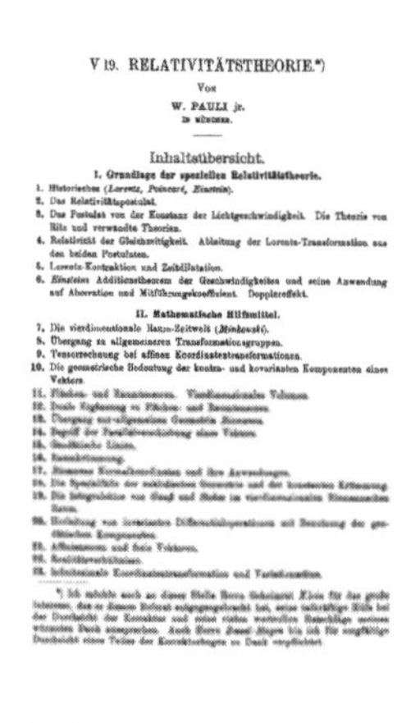

V 19. RELATIVITÄTSTHEORIE.*)

Von

W. PAULI jr.

IN MÜNCHEN.

Inhaltsübersicht.

I. Grundlage der speziellen Relativitätstheorie.

1. Historisches (*Lorentz, Poincaré, Einstein*).
2. Das Relativitätspostulat.
3. Das Postulat von der Konstanz der Lichtgeschwindigkeit. Die Theorie von Ritz und verwandte Theorien.
4. Relativität der Gleichzeitigkeit. Ableitung der Lorentz-Transformation aus den beiden Postulaten.
5. Lorentz-Kontraktion und Zeitdilatation.
6. *Einsteins* Additionstheorem der Geschwindigkeiten und seine Anwendung auf Aberration und Mitführungskoeffizient. Dopplereffekt.

II. Mathematische Hilfsmittel.

7. Die vierdimensionale Raum-Zeitwelt (*Minkowski*).
8. Übergang zu allgemeineren Transformationsgruppen.
9. Tensorrechnung bei affinen Koordinatentransformationen.
10. Die geometrische Bedeutung der kontra- und kovarianten Komponenten eines Vektors.

[illegible]

*) [illegible]

泡利和他的相对论综述的目录

的理论物理教授，预言了中微子的存在，以不相容原理获得**诺贝尔物理学奖**，那是后话了。

一个例子似乎说服力不够，那我们再来说说一位英国少年。狄拉克（P.A.M. Dirac，1902—1984），1902 年 8 月 8 日出生于英国布里斯托。1919 年，爱因斯坦的相对论突然进入了英国公众的视线，英国人戴逊（Frank Watson Dyson，1868—1939）和爱丁顿（Arthur Eddington，1882—1944）宣称通过测量日蚀时远处恒星光线的偏折证实了爱因斯坦的引力引起空间弯曲的预言，整个欧洲轰动了。相对论给人们带来了全新的思考。那一年，17 岁的狄拉克是布里斯托大学工程系的二年级学生，相对论让他跟着大伙儿一块儿激动。相对论激发了狄拉克关于时间与空间的思考，从此以后狄拉克热心于相对论的学习。1920—1921 年间，他上了一个哲学教授关于相对论的课。哲学教授讲相对论，除了说一切都是相对的，就没了（好熟悉的情景呃！100 年后一点儿没变）。真正让他熟悉一些相对论内容的是爱丁顿 1920 年出版的畅销书*Space, Time and Gravitation*（《空间、时间与引力》）。到 1921 年，狄拉克就已经掌握了狭义、广义相对论及其数学之大部。1923 年，狄拉克拿到奖学金进入剑桥大学的圣约翰学院，师从福勒（Ralph Fowler，1889—1944）钻研广义相对论并进入新生的量子力学领域。仅仅是到了 1926 年，24 岁的狄拉克就写出了电子能量的相对论形式，后来在此基础上于 1928 年构造出了相对论性量子力学方程，即狄拉克方程，一鸣惊人。相对论，量子力学，那可是近代物理的两大支柱啊，而接触相对论仅仅 7 年的、26 岁的狄拉克竟然写出了**相对论量子力学**方程！狄拉克方程解释了电子自旋的来源，还导致了反粒子的预言。狄拉克于 1933 年获诺贝尔物理学奖，此前于 1932 年成为剑桥大学卢卡斯教席数学教授——卢卡斯教席，那可是牛顿坐过的位置。虽然人们熟知狄拉克是量子力学奠基人之一，但是相对论一直是他的研究领域。在 20 世纪 50 年代，狄拉克运用哈密顿方法把广义相对论改造成哈密顿形式，开启了引力的量子化。他的著作*General Theory of Relativity*（《广义相对论》）和*The Principles of Quantum Mechanics*（《量子力学原理》），被杨振宁先生形容为“秋水文章不染尘”!

$$i\hbar\gamma^{\mu}\partial_{\mu}\psi = mc\psi$$

狄拉克和狄拉克方程

这两位物理学巨擘，泡利和狄拉克，不仅在少年时就学会了相对论，而且还会运用相对论。他们都是量子力学的奠基人，相对论的功底以及对相对论的贡献也可圈可点。他们之所以能到达如此的高度，重要的一点是在岁数更小的少年时期（应该是十三四岁吧）真正地学会了真正的数学。**所谓 the full command of the tools of mathematical physics（完全掌握了数学物理的工具），才是成为物理学家的不二法门**。注意，我说的数学是真正的数学，不是你家少年在教科书或辅导班上学到的那种数学，甚至都不是你家少年在这儿的数学系学到的数学。它大体上应该包括算术、代数、数论、微积分、变分法、数理方程、线性代数、实变函数、复变函数、复分析、傅里叶分析、泛函分析、群论、拓扑、微分几何、张量分析等入门级数学。

回到我们的问题，少年能学会相对论吗？当然能!

顺便说一句，今天是 2018 年 3 月 2 日，距离狭义相对论创立 113 年，广义相对论创立 103 年。百余年前别人家的少年都能对相对论做出贡献，而我，一个少年时从未听说过相对论现在对相对论也不甚了了但却是物理学教授的人，今天却要费尽口舌去讨论少年能不能学会相对论，除了无奈以外，我是不是还可以觉得有点丢人？

少年，你能学会相对论的，相信我。呃，不对，相信你自己!

| 如何读这本书 |

难！难！难！道最玄，莫把金丹作等闲。

不遇至人传妙诀，空教口困舌头干。

——[明] 吴承恩《西游记》

本书建议阅读方式如下：①先耐心读完这篇说明；→② 读“一页纸相对论”；→③ 读“两页纸相对论”；→④ 连贯阅读每章的摘要和关键词；→⑤ 研读正文和附录，将每篇正文读到读不动为止；→⑥重复步骤⑤；→⑦阅读文中所列原始文献和参考书目以加深理解。阅读过程对于暂时不理解的数学公式可径直跳过，只读文字即可。

亲爱的朋友，你打开了这本书，看样子你是准备开始学习相对论了。这事儿你做得对，这甚至可能是你人生中为数不多的几件做得正确的事情之一。笔者希望你在学会相对论之前不要放弃。对于我等泯然众人者，学会相对论可能不是一件特别容易的事儿。笔者 1984 年第一次从电动力学课本接触到相对论，至今依然没能学会，**但依然学得津津有味**。如你所见，笔者甚至还写了这本《相对论——少年版》。关于相对论的书籍汗牛充栋，作者从创立者爱因斯坦本人到一众连代数方程都没学过的门外汉都有。据信制造相对论文献是世界上不多的持续增长的工业门类之一，这简直太讽刺、太欢乐了。

关于相对论的介绍，做到对得起相对论这门学问很不容易。一方面，对爱因斯坦盲目的个人崇拜以及追求英雄史诗体叙事妨碍了人们对相对论这一伟大思想的客观认识，这不仅歪曲了相对论这门科学，贬低了爱因斯坦这位科学家，同时还忽略了众多其他科学家对相对论的贡献，当然也就误解了物理学的本质。另一方面，作者缺乏数学知识或者干脆置数学于不顾，让许多相对论的书籍沦为乏味的纯文本。一个号称对相对论感兴趣的人，要养成用数学说话的习惯——这句话对其他物理领域都有效。变换不变性、洛伦兹变换、(微分）几何和张量分析， 这些才是相对论的灵魂。没有这些内容，相对论就剩下了“一切运动都是相对的”的干瘪哲学教条。100 年前，这样的哲学教条惹恼了英国少年狄拉克，他不仅迅速地学会了真正的相对论，还在 24 岁时写下了相对论量子力学方程。

本书立意在于严肃的相对论论述，基于笔者自己的理解和自己的叙事方式。我期望它会是一本独特的教科书，不同于此前任何一本介绍相对论的书的书。初学者凭借它能弄懂相对论的大略，研究相对论的大家会在本书里找到很多有价值的原始文献和一个有参考价值的介绍体系。如同笔者（设想中）的其他物理学讲义，**没有边界、不计深浅、不设藩篱，它唯一的局限来自笔者本人的浅薄**。本书本着循序渐进的原则介绍相对论，但也会适时地提醒特定知识的未来形态及与其他知识的关联，因此它是一本需要反复阅读的书——其实，相对论的大量内容也是笔者反复回头才略知一二的。读了两页文艺范儿科普版的狭义相对论初步，就忙着宣称“爱因斯坦错了”或者急着跟人论战的，都是急性子，适合去鞭炮坊制作麻雷子。

这本书是为培养物理学家，至少是为培养对物理学感兴趣的人而准备的。知识、知识的创造过程以及知识创造能力的培养，才是它的关切。本书无意于助益任何人在任何级别上的物理考试。

本书名为《相对论——少年版》，是《量子力学——少年版》的姊妹篇——她们可能还期待有更多的姊妹。这是笔者为自家少年写的一本相对论，这期间他也从一个小学生成长为一位物理系的研究生了。写这本书的另一重衷肠是，我自己想理解相对论。因此，我写得很认真。为了我和我家的少年，我已经尽力了。我再强调一遍，它唯一的局限来自笔者本人的浅薄。对任何数学和物理概念，都有太多我不知道甚至根本学不会的内容，比方说数学里的加法（algebra）和物理学里的时间。我必须承认，哪怕到此时刻，对相对论我也几乎是一窍不通。这种学问，对笔者这样的智商和语言–哲学–数学–物理基础的人来说，属于越学越觉得自己无知和无助的那种。我甚至怀疑，大多数宣称懂得某门学问的人，其底气十有八九来自其根本不懂因此也就没有受过惊吓的经历。欧几里得的原本，伽利略的对话，牛顿的原理，爱因斯坦的基础，这些黄钟大吕谁读谁谦虚。

虽然很多物理学教授，包括笔者本人对相对论都不甚了了，然而本书的内容，却是一个 21 世纪少年该懂的基础物理知识。类似相对论这种独具思想性的初级课程要早早接触，而且要学就当真学，学最真实的学问。不要拿庸常的中学和大学物理课本当成你家少年该掌握的物理标准，那对物理和你家的少年都不公平。笔者必须强调，相对论实际包含的内容比这本书多得多，也深得多。根据爱因斯坦讲述相对论的原则，so einfach wie möglich，aber nicht einfacher（尽可能简单，但不能再简单了），我已经把它往简单里约化了。它真的不能再简单了。如果这样你还嫌深，我也表示无能为力。反过来说，一页上连两个公式都见不到的书，我说是相对论您信吗？打个不恰当的比方，给一个自行车配个棉垫子，当豪车卖给你你乐意？

然而，读者朋友完全不必因为相对论的艰涩而萌生退意。对于修习相对论的困难，笔者有深切的体会，因此先试着提供一条克服这个困难的途径。本书会先提供一页纸的相对论，对相对论仅作文字上的概括，其中的内容足以作为茶余饭后的谈资。若是读者此时对相对论兴趣正浓，不妨乘胜追击，接下来阅读两页纸的相对论，此处相对论的关键公式是齐备的。在谈论相对论时，若能随手在餐巾纸上写下几条相对论公式，定力稍欠的人都会自己佩服起自己来。经过了这个准备，可以阅读正文了。每章正文前，都有比常规偏长的摘要，以及关键词。读者仅仅阅读摘要部分，做到能把各章的摘要串联起来，对相对论就能获得一个较全面的粗略把握。对于此时依然斗志昂扬的读者，就可以阅读各章的正文了。正文里会以笔者能达到的严谨叙述相对论的逻辑与事实，会纳入所有必要的数学公式。说个小窍门，初读时完全可以把公式当作文本，径直阅读下去即可。当然，对于本书满足不了胃口的读者，各章后备有深度阅读推荐，多为相对论原始文献或者名著，可供参考。

本书沿着相对论自身的历史路径，试图把相对论相关的事件、人物及逻辑关系清楚地呈现给读者。那些对相对论的创生有所贡献的人与事，书中都会以一种自然的、逻辑的方式加以介绍。把相对论归于爱因斯坦一人和以为爱因斯坦之伟大系于相对论一端，都是一种极端浅薄的见识。笔者忽然认识到，任何试图表述相对论的人，都应该是半个爱因斯坦专家。若你还想找找创造相对论的那些思想家的感觉，不妨抽空读读爱因斯坦、庞加莱、洛伦兹、闵可夫斯基、普朗克、希尔伯特、狄拉克、泡利、外尔、列维–齐维塔等人的传记。记住，尽可能选择那种有公式的科学家传记，这方面 A. Pais 撰写的爱因斯坦传记*Subtle is the Lord*（《上帝心思缜密》，取自爱因斯坦语“Raffiniert ist der Herr Gott,. . . ”）是典范。

有些人可能会注意到，一些通俗相对论文本泛滥的内容在这本书里鲜有提及。学习科学的正确态度是关注学问而非热衷于怪力乱神与胡说八道。脱离知识体系的胡思乱想是允许的甚至是恰当的，但是，游离于知识体系以外的思维碎片终究不是知识! 笔者也将力求概念和表述的严谨、精确。对于中文语境中流传已久的各种谬误、偏差，我都将指出来，并在不产生歧义的地方予以纠正。此外，对关键词还会加上它的西文对应词，便于读者查找其他语言的文献。比如，为了纠正把电动力学当成力学的误解，我会偶尔把 electrodynamics 写成电–动力学。此外，本书中笔者总是努力按照其所携带的物理本源的形式把物理公式写出来，而不是呈现那些经过了扰乱物理图像的数学操作，比如移项、约分等，以后得到的形式。那些随意写出而不问其物理意义的物理公式的一大危害是，它们扭曲了物理公式所依据或者试图描述的图像。正确的物理公式就是一幅现实的图画、一段理论的乐章，它应该是天然的、自明的，当然也必须是严谨的。

人接触科学大体会从母语文章入手，一手教材水平的高低决定了他们的眼光有多高远、视角有多宽广——这是决定少年之未来的关键因素。不妨比较一下岩壁上的雏鹰与草窝里的小鸡。对鸡来说，飞翔是远大的理想；对鹰来说，飞翔只是普通的移动方式。对鸡来说，高度是梦想、是辉煌；对鹰来说，高度是庸常的落寞。很多有可能进一步深造的少年，因为不能迅速接触一门学问的原始文献，不能体会到思想者表达的初衷，可能早早就倦怠了。相对论是日耳曼文化和拉丁文化的产物，其原始文献主要是德语、法语和意大利语的。本书中笔者尽可能列举了那些德、法、意、英文的相对论关键原始文献，以方便读者查阅。非英文的相对论关键原始文献一般都有英译本，而且不断有更新。

相对性是一个物理学体系应该遵循的原则，在这个原则下用数学将物理量和物理定律表达正确，然后用相对性的物理理论去检视和理解物理学效应，这大概就是相对论的内在逻辑了。学习相对论，循着“相对性原则—物理量和物理定律的正确数学表达—物理效应”的路径，或可以得相对论之真谛。那种基于文字而非数学公式的，以猎奇而非学问为目的导向的相对论文本，可资茶余饭后的谈兴，却无助于将相对论作为一门严肃学问的修习。子不语怪力乱神，人们于修习类似相对论、量子力学这样的学问时，犹当谨记此诫。科学引领我们认识自然的深处神奇，科学的进步端赖人之思维的自由驰骋，但故弄玄虚不是科学的本义。

热衷于谈论相对论的人很多，但愿意静下心来学真正的相对论的人并不多。传说中相对论很难，实际上也确实不容易学，可能的原因有这么几个：① 市面上流传了太多非专业人士关于相对论的介绍，初学者接触这类东西容易误入歧途；② 大多文本里保留了很多前相对论叙事（pre-relativity notions），夹缠不清，很容易带来误解。其实相对论自身的脉络是非常清晰的；③ 相对论的思想以数学的形式展开，但总有人宣扬不用数学就能理解相对论的幻想。没有数学的物理不过是一团幻影。学习相对论，取决于拟达成的深度，准备充分多的数学知识是必要的。本书提供专门的章节介绍相对论必需的数学内容，喜欢深层次数学的读者可阅读各章后的推荐阅读。

国际上有一种说法，一本书每增加一个公式，它的读者就会减少一半。我觉得，这是对读者水平与求知欲的不尊重。脱离了数学，任何创造物理和理解物理的企图都是镜花水月。哪怕是关于自己创造的理论，爱因斯坦也得羡慕人家数学家因为掌握数学而来的工作时的逸兴遄飞、理解上的通透深邃和表达上的优雅严谨。爱因斯坦在其 1917 年 8 月 2 日写给意大利数学家列维–齐维塔的信中曾深情地写道："我钦羡您的计算方法之优雅。骑上真正的数学之马驰骋于这些领域（指相对论），那感觉多美啊，而我们这些人只能靠双脚艰难跋涉！"（Ich bewundere die Eleganz ihrer Rechnungsweise. Es muss hübsch sein, auf dem Gaul der eigentlichen Mathematik durch diese Gefilde zu reiten，während unsereiner sich zu Fuss durchhelfen muss ...）我这本书会包括相对论理论的全部框架、所有必需的公式和方程以及部分预备数学知识，读者朋友们哪怕暂时不能完全明白，也不妨认识一下，那可都是改变人类发展进程的智慧结晶。我甚至想对读者朋友们说，**你每读懂一个公式，这个世界上比你有学问的人就减少一半**。重要的是，我相信**孩子是天生的科学家**（Kinder sind die geborene Wissenschaftler），他们一定行，如果他们愿意。

给任何人写的量子力学都应该是量子力学，给任何人写的相对论都应该是相对论，而表述物理的最恰当的语言就是数学，任何人都没有讨价还价的余地。**高峰就是高峰，它既不迎合攀登者的热情，也不体谅攀登者的羸弱**。一切以回避数学的方式讨论物理的行为，都是隔靴搔痒。任何不纳入洛伦兹变换、曲线坐标、微分几何、张量分析的相对论文本，都属于纯文学的范畴！**思想和数学是一切学问的压舱石**。一个人如果看见公式就躲，还是不要到处宣称热爱科学了吧。深刻的学问，是留给深刻的人的！科学不会屈身俯就任何拿它不当真的主儿。这本书将包括系统的相对论的数学表达，一条都不能少。对于世界上任何一所大学的物理系从修习相对论到教授相对论层面的要求，这里的知识都是充分的，公式和文献都算齐全的。但是，我依然寄希望于任何一位拿起此书的人都能够把它看完。

任何关于这本书内容艰深的评论，如果还有人肯评论这本书的话，我都不接受。事实是，限于笔者的水平，这本书远没能反映相对论真实的思想深度和技术难度。学问就是学问，它不会也不该针对不同的人现出不同难易程度的"化身"。作为学习者，我们要做的就是不断提升自身的水平，而不是要求存在学问的简化版、稀释版。所谓的少年版，不过是希望读者总保有少年旺盛的热情罢了。

这书是否太厚，是否太难？答案都在你的态度里。若你真想学会，这书之厚、之难都是必须的，于你是挑战也是享受。天下事有难易乎？确实有难有易。相对论显然属于比较难的人类智力成果。劝学的话，老祖宗不知说了多少，便是翻新也没意思。录几句清人彭端淑的《为学》篇于此，与读者朋友共勉。"天下事有难易乎？为之，则难者亦易矣；不为，则易者亦难矣。人之为学有难易乎？学之，则难者亦易矣；不学，则易者亦难矣。……不自限其昏与庸而力学不倦者，自力者也。"

说什么真理无限，有一分了悟就得一分欣喜；怕什么相对论艰深难懂，多一分理解就添一分自豪！航标灯的光芒已经照亮了你英俊的脸颊，那理性的岸边虽然还隐藏在黑暗中，却已是不远。

少年爱因斯坦（1894）

| 一页纸相对论 |

物理学第零定律：物理世界存在于三维空间和一维时间中。物理学的舞台是时空 $(x,y,z;t)$。

物理定律用关于空间、时间以及其他必要的物理参数的方程来表示，$f(\boldsymbol{r},t;\lambda)=0$。

用关于空间–时间的二阶微分方程描述动力学过程。牛顿第二定律为 $m\boldsymbol{a}=\boldsymbol{F}$，其中加速度 $\boldsymbol{a}$ 是位置关于时间的二阶微分。不受外力的物体保持运动状态不变，此为惯性定律。质点的运动轨迹是曲线，用曲线弧长参数化的曲线方程提供了对曲线的自然描述。

相对性原理作为构造物理学的要求：物理定律对任意参照框架成立，物理方程的表述独立于坐标系的选择。

朴素相对论：若物理定律表示为 $f(\boldsymbol{r},t;\lambda)=0$，则对于任意 $\boldsymbol{r}_0$，$f(\boldsymbol{r}+\boldsymbol{r}_0,t;\lambda)=0$ 成立，即物理定律的形式不依赖于参照点的选取。典型案例为开普勒勘破行星轨道的奥秘。

伽利略相对论：若物理定律表示为 $f(\boldsymbol{r},t;\lambda)=0$，则对于任意 $\boldsymbol{v}$，$f(\boldsymbol{r}+\boldsymbol{v}t,t;\lambda)=0$ 成立，即物理定律的形式不依赖于参照空间的相对速度。

电磁学浓缩于麦克斯韦方程组和电荷的连续性方程。由麦克斯韦方程组可以推导出关于电磁势的二级微分方程 $\nabla^2\varphi = \mu_0\varepsilon_0\dfrac{\partial^2\varphi}{\partial t^2}$，据此预言了电磁波的存在，光是电磁波，光速无需参照物。麦克斯韦波动方程在洛伦兹变换 $x' = (x - vt)/\sqrt{1 - v^2/c^2}$，$t' = (t - xv/c^2)/\sqrt{1 - v^2/c^2}$ 下不变。洛伦兹变换构成群，得速度相加公式 $v = \dfrac{v_1 + v_2}{1 + v_1v_2/c^2}$。空间与时间合而为时空 $(x, y, z; ct)$。粒子的动力学被改造成洛伦兹变换不变的形式，粒子能量 $E = mc^2/\sqrt{1 - v^2/c^2}$，对静止粒子有 $E - mc^2$。相对论量子力学的狄拉克方程 $\mathrm{i}\hbar\gamma^\mu\partial_\mu\psi = mc\psi$ 预言了反粒子的存在。

牛顿的引力方程 $m_i\dfrac{d^2\boldsymbol{r}}{dt^2} = \nabla\left(G\dfrac{m_gM_g}{r}\right)$ 不满足洛伦兹变换不变，洛伦兹力 $F = q(E + v \times B)$ 下的粒子运动方程不满足伽利略相对论。加速度同运动轨迹的曲率相联系，时空曲率为黎曼张量。惯性质量与引力质量等价，加速度与均匀引力场等价。爱因斯坦引力场方程为 $R_{\mu\nu} - \dfrac{1}{2}Rg_{\mu\nu} = 8\pi GT_{\mu\nu}$；添加了宇宙常数项的形式为 $R_{\mu\nu} - \dfrac{1}{2}Rg_{\mu\nu} + \Lambda g_{\mu\nu} = 8\pi GT_{\mu\nu}$；引力场中物体的径迹为测地线。此为广义相对论。史瓦西等人给出引力场方程的各种解。引力理论用于研究宇宙学，可引出黑洞等概念。外尔将引力与电磁学统一的努力引出规范场论。

| 两页纸相对论 |

物理学第零定律：物理世界存在于三维空间和一维时间中。物理学的舞台是时空 $(x, y, z; t)$。

物理定律用关于空间、时间以及其他必要的物理参数的方程来表示，一般形式为 $f(\boldsymbol{r}, t; \lambda) = 0$。

用关于空间-时间的二阶微分方程描述动力学过程。牛顿第二定律为 $m\boldsymbol{a} = \boldsymbol{F}$，其中加速度 $\boldsymbol{a}$ 是位置关于时间的二阶微分。不受外力的物体保持运动状态不变，此为惯性定律。质点的运动轨迹是曲线，用曲线弧长参数化的曲线方程提供了对曲线的自然描述。

相对性原理作为构造物理学的要求：物理定律对任意参照框架成立，物理方程的表述独立于坐标系的选择。比如物体在引力场中运动满足的测地线方程，$\dfrac{d\boldsymbol{u}^\sigma}{d\tau} + \Gamma^\sigma_{\mu\nu}\boldsymbol{u}^\mu\boldsymbol{u}^\nu = 0$，其在所有参照框架下成立，且形式不依赖于坐标系的选择。

朴素相对论：若物理定律表示为 $f(\boldsymbol{r}, t; \lambda) = 0$，则对于任意 $\boldsymbol{r}_0$，$f(\boldsymbol{r} + \boldsymbol{r}_0, t; \lambda) = 0$ 成立，即物理定律的形式不依赖于参照点的选取。典型案例为开普勒将参照点从脚下挪到太阳上，勘破了行星绕太阳运动的奥秘。

伽利略相对论：若物理定律表示为 $f(\boldsymbol{r}, t; \lambda) = 0$，则对于任意 v，$f(\boldsymbol{r} + \boldsymbol{v}t, t; \lambda) = 0$ 成立，即物理定律的形式不依赖于参照空间的相对速度。牛顿力学

满足伽利略相对论。

电磁学浓缩于麦克斯韦方程组和电荷的连续性方程。由麦克斯韦方程组可以推导得关于电磁势的二级微分方程 $\nabla^2\varphi = \mu_0\varepsilon_0\dfrac{\partial^2\varphi}{\partial t^2}$，据此预言了电磁波的存在，光是电磁波，光速无需参照物。麦克斯韦波动方程在洛伦兹变换 $x' = (x - vt)/\sqrt{1 - v^2/c^2}$，$t' = (t - xv/c^2)/\sqrt{1 - v^2/c^2}$ 下不变。爱因斯坦的伟大之处在于从时钟校准方案就得到了一个微分方程，而该方程的解是洛伦兹变换，并将之用于解释光行差、得到多普勒效应和质能关系等。洛伦兹变换构成群，得速度相加公式 $v = \dfrac{v_1 + v_2}{1 + v_1v_2/c^2}$；不同方向上的两次洛伦兹变换等价于一个洛伦兹变换加上空间转动。空间与时间合而为时空，记为 $(x, y, z; ct)$ 或者 $(x, y, z; ict)$，后者更体现时间的本质。粒子的动力学和电磁学改造成洛伦兹协变形式，速度、动量和加速度，以及磁矢势，都是 4-矢量，满足洛伦兹变换。麦克斯韦方程组可改造为洛伦兹协变形式。4-矢量的内积是洛伦兹变换不变量，对于电子、光子的动量 4-矢量来说，它还是普适的常数，故使用动量 4-矢量可以方便解粒子的碰撞问题。用光的波矢 4-矢量变换容易得到相对论多普勒效应公式。相对论语境下粒子的能量为 $E = mc^2/\sqrt{1 - v^2/c^2}$，对静止粒子有 $E = mc^2$。质量为 m 的粒子静止时也具有能量 mc^2，这为理解亚原子过程的能量问题以及质量起源问题提供了理论依据。质能关系写成 $m = E/c^2$ 的形式，其意思是能量为 E 的物质体系，其动力学等价于质量为 m 的质点。质能关系 1903 年已由德・普莱托提出，由普朗克于 1907 年将其表示为 $E = mc^2$，最后由劳厄和克莱因迟至 1918 年才完成严格的证明。相对论量子力学的狄拉克方程 $\mathrm{i}\hbar\gamma^\mu\partial_\mu\psi = mc\psi$ 预言了反粒子和反物质的存在，阐明了自旋是相对论效应。欲研究相对论动力学，应严格使用洛伦兹变换讨论问题。

牛顿的引力方程 $m_i\dfrac{d^2\boldsymbol{r}}{dt^2} = \nabla\left(G\dfrac{m_gM_g}{r}\right)$ 不满足洛伦兹变换不变，洛伦兹力 $F = q(E + v \times B)$ 下的粒子运动方程不满足伽利略相对论。加速度同运动轨迹的曲率相联系，时空曲率为黎曼张量。引力等价于弯曲空间，宜使用曲线坐标系表示微分。惯性质量与引力质量等价，加速度与均匀引力场等价。广义相对论同时是引力理论，是非线性的场论。爱因斯坦假设物理时空为黎曼流形，其几何性质由度规张量 $g_{\mu\nu}$ 决定。由度规张量可以导出克里斯多夫符号、列维–齐维塔联络、曲率张量、里奇张量 $R_{\mu\nu}$ 和标量曲率 R。爱因斯坦引力场方程为 $R_{\mu\nu}-\frac{1}{2}Rg_{\mu\nu}=8\pi GT_{\mu\nu}$，其中的能量–动量张量 $T_{\mu\nu}$ 意味着能量、质量和动量的统一；添加了宇宙常数项的形式为 $R_{\mu\nu}-\frac{1}{2}Rg_{\mu\nu}+\Lambda g_{\mu\nu}=8\pi GT_{\mu\nu}$，可得到静态宇宙解。广义相对论场方程只包含度规张量及其一、二阶微分，根据贝尔特拉米不变量理论，爱因斯坦场方程就应该是那样的形式。由爱因斯坦–希尔伯特作用量可通过变分法得到引力场方程。空的空间里，即只有引力的空间里，爱因斯坦张量的散度为零。广义相对论的惯性运动是引力之下的自由下落，引力场中物体的径迹为测地线。解释了水星近日点反常进动、光线引力偏折和引力红移可看作爱因斯坦广义相对论的胜利。史瓦西等人给出引力场方程在各种特殊情形下的解。引力理论用于研究宇宙学，可引出黑洞等概念。外尔将引力与电磁学统一的努力引出规范场论，等等。

广义相对论的时空依然是有结构的时空。整体相对论要求物理的原初方程关于任意相对运动都是等价的，坐标系的选择只是个约定问题，在建构原初方程时要剔除任何的内禀时空结构。相对论还有发展的空间。

第1章　引　子

E pur si muove![1]

——Galileo Galilei

2007 年 8 月 13 日上午 9 时许，在从北戴河开往北京的 D518 次和谐号列车上，正在玩着一个矿泉水瓶的曹逸锋小朋友突然问我，为什么列车开得那么快（超过 160 千米 / 小时），而物体下落却和地面上一样？我心里一动。这是一个我们的祖先早就注意到了的现象，近代科学奠基者伽利略（Galileo Galilei，1564—1642，意大利人）在四个世纪前就有详细的描述。在 20 世纪初经过几个天才头脑的努力，当然主要来自爱因斯坦，这个思想被发展成了系统的相对论 —— 现代物理的两大支柱之一。这样的伟大思想，它的起源现象可以由一个少年注意到，就也一定能够为少年所理解。这让我萌生了写一本《相对论——少年版》的想法，正好此时我在准备《量子力学——少年版》，那就不妨攒个姊妹篇好了。我想，如果我能够让成千上万的少年朋友早早领略到相对论 —— 还有量子理论 —— 的精妙思想，那无论如何都是对我平凡人生的至高奖赏。

我们坐在列车里，看到大地上的景物从我们身旁飞速掠过，列车、我们的同伴相对于我们都保持基本未动的姿态。然而，我们的结论却是列车在动。这

① 它（地球）确实在动！—— 伽利略

是因为我们的头脑里有一个坚实的观念:“大地是不动的。” 在我们分明看到大地在动的时刻，我们习惯性用我们已有的观念加以校准，得出了大地不动而列车在动的结论。生命就是这么进化来的，在进化的过程中有些观念固化在了我们的本能认知中，比如视觉总按照光走直线来判断光源所在。固有观念（proper conception）是我们对我们生存于其间的世界之最直观、最朴实的认识，难免有其局限性。随着对世界认识的深入，我们会发现我们的头脑中有更多复杂的但必须修正的固有观念，这为我们认识自然平添了一重天然的障碍。那些最终成为科学家的，是惯于思辨的人。

就大地＋列车的体系来说，大地的物理尺度是列车不能比的。人们偏好大地不动、列车在运动的结论有其心理上、或者方便性的考虑，毕竟几乎影响我们的一切都是发生在地球表面上的。如果关注的是两列火车的运动状态，人们把任何一列看作不动都不具有特别的优势或者劣势，因此更容易接受运动的相对性 —— 这就是列车里正眯瞪的人常常为到底是对面的车开了还是自己的车开了感到恍惚的原因。两个小朋友紧拉一根绳子，互相绕着转动，可以模拟双星体系，体会一下转动相对性的感觉。从感觉、观察开始，加上点儿批判性思维，再学会点儿用数学语言表达思想的能力，一个人成为科学家的基本条件就算具备了。

相对性（relativity）的思想始于观察，自然地就隐藏在物理各领域的理论细节中。比如，相互作用是物理的主体，而相互作用势可表示为 $V=\sum\limits_{i<j}V(\boldsymbol{r}_i-\boldsymbol{r}_j)$ 的形式，其对于简单的坐标变换 $\boldsymbol{r}'\rightarrow\boldsymbol{r}'=\boldsymbol{r}+\boldsymbol{v}_0t+\boldsymbol{r}_0$ 是不变的。当一个极具批判思维的大脑在 1905 年将相对性提升为原理的时候，它便如在其前的最小作用量原理、卡诺原理以及在其后的规范原理那样在物理学的发展中发挥出了原理级的威力。相对论（Relativitätstheorie，theory of relativity）最初的成就是改变了我们关于时空的认识，而时空恰是物理事件展开的舞台。将相对性原理作为指导原则应用于物理学各领域，物理学不仅由此获得了更加紧致、系统、

自洽的理论结构，还产生了更多更深刻的知识。

相对论是人类思想之最辉煌的一角。对于乐于接受智力挑战的头脑，相对论非常迷人。

第2章　物理时空、参照框架与坐标系

▼

… la géometrie n'est vraie pas, elle est advantageuse.[①]

——Henri Poincaré *La Science et l'hypothèse*

摘　要　物理学依托空间和时间的概念描述运动与变化。空间是三维的，时间是一维的，这是物理学的第零定律。物理定律用关于时空的微分方程描述。描述运动要选取作为静止背景的参照框架，运动状态取决于所选取的参照框架。坐标系是一个数学概念，一组独立的变量可以唯一地确定空间中所有的点。对于给定的空间，可以选择不同形式的坐标系。选取合适的参照框架，选取合适的坐标系，可以让问题变得易于处理，但又不仅是为了简单。简单更易见问题的本质，不会让本质被掩盖在丑陋形式的芜杂草丛中。绝对时空的概念，以太的概念，都和参照框架有关，狭义相对论毅然摒弃了这些观念。相对性原理认为物理规律的形式不依赖于参照框架。几何对象，比如距离，在不同坐标系下会有不同形式的表达式。对于弯曲空间宜采用曲线坐标。曲线坐标系可能是局域的，不同点上的坐标系之间都有变换的问题，这是广义相对论的难点。欲掌握相对论，熟悉坐标系和坐标变换的数学

① ……几何不是真实的，但是提供便利。——庞加莱《科学与假设》

是基本功。在相对论文献中，参照框架和坐标系的概念经常是混用的，特别提请读者注意。

关键词　物理学第零定律，空间，时间，参照框架，坐标系，绝对时空，以太，相对性，坐标变换，距离，度规

2.1 物理时空

我们的物理直觉告诉我们，我们生活在三维空间（space）中。描述我们活动的空间自由度有上下、前后和左右三种选择，对这个事实的认知是物理学的起源之一。考虑到人被束缚在地球表面的事实，我们在各个方向上的运动自由度，尤其是上下这个方向，其实是大打折扣的。然而，我们仍然凭想象认定我们的空间是具有三个等价的自由度的。此外，对变化的观察，让我们有了时间（time）[①]的概念，对规则变化之现象的观察，如日升日落，让我们学会了计时。反过来，我们用时间作为参数来描述变化。由此，有了关于物理学的第零定律："物理空间是三维的，时间是一维的。" 虽然我们感觉时间是单向的，但是对于经典力学、电–动力学等领域所涉及的情形，忽略单向性，依然可用实数 R 来映射时间。这样，描述物理的背景，包括三维空间和一维空间，可表述为 $(x, y, z; t)$。物理事件在时空中展开。物理现象就用关于空间和时间的函数或方程来描述，比如琴弦的小振幅振动，满足近似方程 $\dfrac{\partial^2 u}{\partial x^2} = \dfrac{1}{v^2}\dfrac{\partial^2 u}{\partial t^2}$，函数 $u(x,t)$ 表示琴弦在 x 处于 t 时刻偏离平衡位置的位移。在狭义相对论以前的物理中，时间和空间是独立的，用时髦的语汇描述，时间提供了一个基空间，而三维空间是时间的纤维丛。在我们接下来要学习的相对论中，时间–空间不再是独立的，时间同空间以光速 c 相连接，构成了时空（space-time），可表述为 $(x, y, z; ct)$，或者 $(x, y, z; ict)$。可以想象，光速在相对论中扮演了重要的角色，而时空的时间坐标同空间坐标相比有些特别。

① Time 和 dimension 是同源词，本义是 divide up。Time，即中文时间一词中的间 (jiàn) 字。

2.2 参照框架

研究世界的一个前提是观察世界。一辆在船甲板上运动的电动玩具车，对它感兴趣的人既可能是岸上坐着不动的观察者，也可能是船甲板上站着不动的观察者，还可能是岸边游乐场里绑在大转盘上的观察者。不同的观察者将看到不同的运动图像。设想你在一个平移中的平台上释放一颗苹果。固定在平台上的观察者看到的苹果运动轨迹是一条垂直的线段，而地面上的观察者看到的则是一条朝向前方的抛物线，见图 2.1。这里就引出了参照框架（frame of reference，physical frame of reference，frame）的概念 —— 关于运动的描述与参照框架的选取有关。

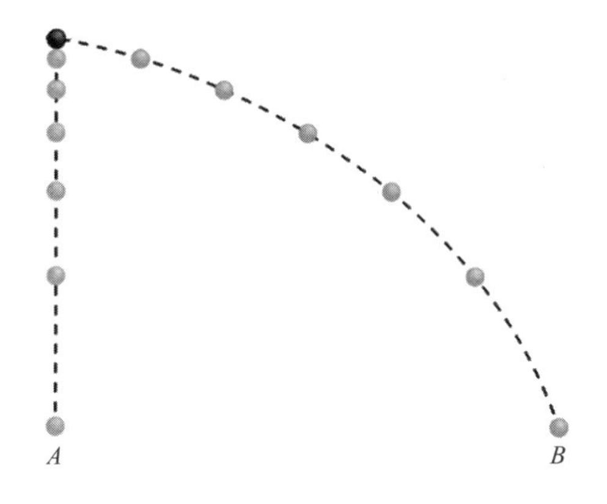

图 2.1 观察在相对大地运动的平台上的自由落体，在平台上看到的轨迹是垂线 (A)，在大地上看到的轨迹是抛物线 (B)

所谓参照框架，可理解为观察者携带的背景空间，这个空间与观察者总是作同样的运动。选定了用于观察的参照框架（observational frame of reference），就决定了研究对象的运动状态该如何描述。一个参照框架，包含一组物理的参照点，还可以引入一个抽象的坐标系。对于 n-维空间，一般来说有 $n+1$ 个参照点就足够了。比如，一个观察者坐在岸边观察江中船只的运动，观察者和大地就可以定义一个空间，配合一个合适的坐标系就提供了一个参照框架。若是以船上的观察者为参照，观察者和船的甲板、桅杆等就能定义一个空间，也可以配上一个恰当的坐标系，参照这个框架就能描述其他船只或者岸上大楼的运动。

针对特定的问题选择合适的参照框架，会让问题容易求解。从前就有选用不同参照框架的做法，包括选择运动的参照框架，比如经典力学处理散射问题时，就会引入零动量参照框架（zero-momentum frame），也叫动量中心参照框架（center-of-momentum frame）。设一体系包含若干个质量为 m_i 的单元，对应的在实验室参照框架（laboratory frame）内的速度为 v_i，则体系的质心速度为

$$\boldsymbol{v}_c = \sum_i m_i \boldsymbol{v}_i / \sum_i m_i \tag{2.1}$$

在随着质心一起运动的观察者所在的框架里，粒子的总动量恒为零，

$$\boldsymbol{P} = \sum_i m_i(\boldsymbol{v}_i - \boldsymbol{v}_c) = 0 \tag{2.2}$$

碰撞前后动量守恒，$\boldsymbol{P}' = \boldsymbol{P} = 0$。对于两体碰撞的情形，碰撞后两粒子的动量分别为

$$\boldsymbol{p}_1' = -\boldsymbol{p}_2' = \frac{m_1 m_2}{m_1 + m_2} \Delta \boldsymbol{v} \tag{2.3}$$

其中 $\Delta \boldsymbol{v}$ 是两个粒子碰撞前的相对速度，这个量在实验室框架和零动量框架中是一样的。这样，借助零动量框架容易计算碰撞后的速度。顺带说一句，转动参照框架下处理运动问题一般来说是困难的，但有时也能带来便利。

（观察到的）运动状态与参照框架的选择有关。但是，不同参照框架下对物理事件得来的不同观测结果，应该引导我们得出同样的物理规律。比如地面上的自由落体问题，当抽取加速度的概念时，不管采用哪个参照框架，这个物体的加速度只来自地球的吸引且满足万有引力的平方反比律。又比如两体的弹性

碰撞，满足动量守恒和动能守恒，

$$
\begin{aligned}
&m_1\boldsymbol{v}_1+m_2\boldsymbol{v}_2=m_1\boldsymbol{v}_1'+m_2\boldsymbol{v}_2'\\
&\frac{1}{2}m_1v_1^2+\frac{1}{2}m_2v_2^2=\frac{1}{2}m_1v_1'^2+\frac{1}{2}m_2v_2'^2
\end{aligned}
\tag{2.4}
$$

对方程（2.4）中的所有速度加上一个常数 $\boldsymbol{v}_0$，方程仍成立，这意味着换个参照框架，问题的解不变。物理定律是用来描述存在的客观规律的，它必须超越赖以获得规律的方式和过程。运动定律的形式不依赖于观察者及其运动状态，即不依赖于参照框架的选择，这是相对性对物理学的基本要求。不变原理（invariance principle）一直是爱因斯坦构造物理学的指导原则。

就研究运动而言，参照框架应为观测者构建一个平静的背景。漫天飞舞的萤火虫让人眼花缭乱，就不适于作为研究落叶的参照框架，虽然原则上也并无不可。历史上人们相信存在绝对静止的大背景可以用来研究运动。行星（planet，流浪者）的运动，可看作是相对极远处不动之天球（天幕）的运动。这个思想应该自然地出现在许多人的头脑中，在哥白尼（Nicolaus Copernicus，1473—1543，波兰人）的著作中已有体现。牛顿后来抽象出绝对空间的概念，同时还有绝对时间的概念。绝对空间和绝对时间，不依赖于具体的物理事件，如同供戏剧展开的舞台不依赖于其上上演的节目。以绝对空间为参照框架，一个物体是运动的还是静止的具有绝对的意义。后来的电磁理论复活、具象、扩展了从前的以太理论，光传播的力学（机械）模型认为存在作为介质的光以太（light aether），有弹性能支撑起电磁波并让电磁波在其中传播但又不阻碍物体的运动。光以太提供了一个绝对空间（绝对参照框架）的候选。

绝对时间和绝对空间的概念，许多人并不认同，莱布尼茨、马赫等人对此多有批判。马赫坚持相对运动是力学的主题，而所谓的质量（惯性）是相对运动的表现，等等。不存在绝对静止，物理规律在不同参照框架中是相同的，见于伽利略的思想。爱因斯坦抛弃了绝对时间、绝对空间以及以太和绝对同时性等概念，从而建立起了狭义相对论。其实，如果存在绝对静止的参照框架，则在任意运动框架内表达的物理定律，应该带入那个框架的速度。人们大概不喜欢这样的物理学。此外，即便存在绝对空间，我们对世界的描述也还是局域的!

2.3　坐标系

对给定的空间，比如三维欧几里得空间 R^3 或者球面 S^2，选定一个原点，再选取一组独立变量，唯一地标定空间各点的位置，这样的一组变量就构成了坐标系（coordinate system）。注意，从字面上看，前缀 co-和 sys-都有“一起”的意思，故 coordinate system 应是指二维以上的情形。

对于一般的欧几里得空间，习惯上会采用简单的笛卡尔坐标系，过原点有 n-个互相垂直的坐标轴，任意点的坐标用 $(x_1, x_2, \cdots, x_n)$ 表示，其中 $x_1, x_2, \cdots, x_n$ 为一组实数，量纲皆为长度，故 n-维欧几里得空间也记为 R^n。采用笛卡尔坐标系，欧几里得空间中的距离由公式 $ds^2 = dx_1^2 + dx_2^2 + \cdots + dx_n^2$ 给出，这本质上就是推广的毕达哥拉斯定理。对于二维的球面 S^2，其上任意一点可由两个坐标 (θ, φ) 表示，$\theta \in [0, \pi)$，$\varphi \in [0,\ 2\pi)$，无量纲。相应地，球面上的距离由公式 $ds^2 = R^2 d\theta^2 + R^2 \sin^2 \theta d\varphi^2$ 给出，其中 R 为球的半径。再举一例，对于三维欧几里得空间，可引入球坐标系，(r, θ, φ)，其中 $r \in [0, \infty)$，$\theta \in [0, \pi)$，$\varphi \in [0, 2\pi)$，采用球坐标系，三维欧几里得空间中的距离由公式 $ds^2 = dr^2 + r^2 d\theta^2 + r^2 \sin^2 \theta d\varphi^2$ 给出。

对于给定的空间，如何构造（不是随便挑选）适于特定物理问题的坐标系，这手功夫几乎没人教了。一般的数学书、物理书只是提供几种已知的坐标系而已。采用不同的坐标系，各坐标系之间会有变换（transformation）的问题。对于平直空间，坐标系之间的变换还算简单。对于弯曲空间宜采用曲线坐标，且坐标系可能是局域的，不同点上的坐标系之间都有变换的问题 —— 这是广义相对论的难点。就几何研究来说，坐标系改变最直接地体现在距离平方的表达式中。距离平方的表达，或者说度规张量，隐含着所涉及空间的几何信息。

欲从根本上掌握相对论，应熟悉坐标系和坐标变换的数学，这是基本功。

2.4 参照框架与坐标系

参照框架和坐标系是两个不同的概念，但在许多相对论文献中这两者都是混用的，特此提醒读者注意。参照框架，英语为 reference frame，德语为 Bezugssystem，字面上指向单一的存在（entity）。坐标系，英语为 coordinate system，德语为 Koordinatensystem，字面上是一组共同起排序作用（ordinate）的标签。必须谨记参照框架和坐标系是两个不同性质的概念。参照框架是个物理概念，提供描述运动状态的背景时空。在给定的参照框架内，每一个时空点上有明确的运动。同一个物体的运动，在不同参照框架内有不同的状态描述。静止与运动，同时与否，是参照框架语境下的概念。与此相对，坐标系是个数学概念。作为描述工具的坐标系是有自由选择的余地的。选定参照框架后对运动的描述，可以有多种坐标系以供选择。对于某些特定问题的描述，选择恰当的坐标系会带来数学上的方便。相对论中，不涉及参照框架改变的坐标系变换是数学问题，描述的是数学关系。物理关系不依赖于坐标系的选择，逻辑上是天经地义的，不带来任何物理结果。但是，参照框架具有物理的现实意义，物理定律独立于参照框架的要求，对物理量的表达形式和物理方程的表达形式都施加了强的约束，这恰是相对论的精神所在！物理定律不依赖于参照框架，从某种意义上说，它强调物理定律形式的绝对性及其内蕴的高对称性，难怪有说法认为相对论其实是绝对论。关于这一点我会一遍遍地强调。

在狭义相对论中，若只考虑相互间作匀速平动的不同参照框架，且因为是平直时空，故可以始终使用同一个坐标系（比如笛卡尔坐标系）。区分参照框架和针对各参照框架所引入的坐标系没有特别的意义。但是，若参照框架间不是匀速平动的，遑论广义相对论考虑的弯曲时空，坐标系是局域的，则严格区分参照框架和坐标系这两个概念就显得十分必要了。在相对论发展初期的爱因斯坦、闵可夫斯基等人的论述中，参照框架和坐标系的概念常常是混用的，这为后来关于相对论的理解带来了不小的困扰。本书将尽可能地严格区分这两个概念的用法，实在做不到的地方会注明。

推荐阅读

1. Harvey R. Brown, Special Relativity: Space-time Structure from a Dynamical Perspective, Oxford University Press (2007).

2. Guido Rizzi; Matteo Luca Ruggiero, Relativity in Rotating Frames, Springer (2003).

3. P. Moon, D. E. Spencer, Field Theory Handbook, second edition, Springer (1971).

第3章　朴素相对论

日月经天

——《后汉书》

摘　要　开普勒研究第谷留下来的行星观测数据，总结出了行星运动三定律。开普勒第一定律指明，行星绕太阳的轨道为以太阳为焦点之一的椭圆。从地球上看到的火星轨迹，是有八个退行点的一团乱麻，难以想象如何用数学加以描述。依据地球上看到的太阳的轨迹，可以粗略换算得到火星绕太阳的轨迹，一切忽然变得明朗起来，那近似就是一个椭圆。成就开普勒伟大的关键一步，是把观察火星轨道的参照点从地球挪到了太阳上。自地球看到的火星运动和自太阳看到的火星运动是同一个运动。物理规律不依赖于空间参照点的选择，这可算是最朴素的相对论。用公式表示，朴素相对论的思想是，若宇宙的规律由方程 $f(\boldsymbol{r},t;\lambda)=0$ 描述，f 的形式未知，λ 是除位置、时间之外其他必要的物理参数，则对任意常数 $\boldsymbol{r}_0$，$f(\boldsymbol{r}+\boldsymbol{r}_0,t;\lambda)=0$ 必然成立。

关键词　火星轨道，坐标原点，开普勒行星运动三定律，朴素相对论

3.1　经典力学范式

在学习相对论之前，有必要复习一下牛顿运动三定律。牛顿运动三定律的常见表述如下:（1）除非被施加了外力，物体会保持其静止或者匀速直线运动的状态（Every body perseveres in its state of rest, or of uniform motion in a right line, unless it is compelled to change that state by forces impressed thereon）;（2）运动的变化正比于所施加的驱动力，且发生在力被施加的方向上（The alteration of motion is ever proportional to the motive force impressed; and is made in the direction of the right line in which that force is impressed）；（3）针对每一个作用，都存在一个等量的、相反的作用；或者说，两个物体的相互作用总是等量的，且指向对方（To every action there is always opposed an equal reaction: or the mutual actions of two bodies upon each other are always equal, and directed to contrary parts）。牛顿第三定律常常被不负责任地表述为作用力等于反作用力，错! 对于作用，总存在着反作用。作用和反作用（action et reaction）在西方与其说是一条物理定律，毋宁说是一个哲学信条。至于这作用如何表述，再说，但不必然用力的概念 —— 近代物理中 action 的量纲为能量乘上时间的量纲，汉译作用量。请允许笔者强调一遍，自打 1894 年赫兹（Heinrich Hertz，1857—1894，德国人）的经典著作*Die Prizipien der Mechanik in neuem Zusammenhange dargestellt*（《力学原理新论》）出版以后，力学（mechanics，机之理）里就没有力（force）这个概念的立足之地了。科学，在产生新概念的同时，也会随时抛弃过时的观念。学科学，一定要自严谨的科学家、严谨的著作那里去学。

牛顿第二运动定律说:“运动的变化正比于所施加的驱动力，且发生在力被施加的方向上”，这话在力学中被翻译成数学语言，就是 $m\boldsymbol{a} = \boldsymbol{F}$，其中矢量 $\boldsymbol{a}$ 是加速度，矢量 $\boldsymbol{F}$ 是力（这是个说不清、道不明的物理量）。加速度是速度矢量 $\boldsymbol{v}$ 随时间的变化率，$\boldsymbol{a} = d\boldsymbol{v}/dt$，而速度是物体的位移矢量随时间的变换率，$\boldsymbol{v} = d\boldsymbol{x}/dt$。牛顿第二运动定律加上第一运动定律为运动的表述打下了基调，描述物体的运动涉及物体的位置、速度和加速度。因此，当人们谈论运动的相对性（绝对性）时，那就要针对位置、速度和加速度这三个对象来构造具有绝对性（即具有变换不变性）的运动描述（理论体系）。

3.2 参照点

人类自自己的脚下眺望远方，脚下是天然的参照点。这样选择参照点，地心说的出现就成为人类认知史上的必然——地球，或者作为世界观察者的我们，就是宇宙的中心。我们就是从这个观-点出发构建我们关于世界的认知体系的。

以我们自己的脚下为参照点，会看到有个大火球规律地从我们头顶掠过。我们把接连两次在天上（差不多）相同位置看到太阳的时间间隔定义为基本时间单位，即一日。所谓的一日，就是计数到了一个太阳（等人类认识到看到的那些个太阳是同一个太阳时，那已经是妥妥的智人啦，*Homo sapiens* 可不是说着玩的噢）。以此为时间单位，月亮的盈亏① 周期（一个月）约为 29.5 天，而地球上一些地方的寒来暑往的一个周期约为 365.25 天。除非遇到阴雨天，人类每天都可以欣喜地迎接一轮太阳的升起，哼起小曲“太阳出来啰喂，喜洋洋啰郎啰 ⋯⋯”。许多时候，人们也可以在晚上哼唱“月亮出来啰喂，喜洋洋啰郎啰 ⋯⋯”。不知道从前的人们，是否曾幻想过有一天人类也能哼唱“地球出来啰喂，喜洋洋啰郎啰 ⋯⋯”？当人类能以地球以外的地方为参照点，想象或者干脆实际看到天边升起蓝色地球的壮观景象，这会让我们认识到挪动参照点看世界的重要性和必要性。

① 物理学中非常重要的基本概念，phase，相，就来自月相。这个词被汉译成了相位、位相，其实它的词义与位置无关。

3.3　开普勒三定律

很久很久以前，人类就把目光投向了布满星斗的夜空 —— 夜空的壮观美丽在人类心中引起的好奇与敬畏，带来了走向抽象王国的思考。人们凭肉眼发现，在几乎不动的满是星星的天幕下面，有几颗星星的位置变化很明显，说它们在天上游荡也不为过，它们因此被称为行星（planet，来自希腊语流浪者，$\pi\lambda\alpha\nu\tilde{\eta}\tau\alpha\iota$）。今天我们知道，它们和地球的地位是一样的，都是围绕太阳的行星。太阳系的行星包括（离太阳由近及远）水星（Mercury）、金星（Venus）、地球（Earth）、火星（Mars）、木星（Jupiter）、土星（Saturn）、天王星（Uranus）和海王星（Neptune）。此前冥王星（Plato）曾被当作第九大行星，但于 2006 年被降格为矮行星了，排在了谷神星（Ceres）和阋神星（Eris）之间。火星是我们的近邻，也就是说它的视觉形象清晰，运动幅度较大，便于观察。我国战国时期的甘德和石申各有天文学著作，后人合编为《甘石星经》，其中就有关于金、木、水、火、土五大行星出没规律的记载。甘德发现了火星和金星的逆行现象（retrograde motion），“去而复还为勾”、“再勾为巳”。到了开普勒（Johannes Kepler，1571—1630，德国人）的时代，关于火星在天空的运行踪迹已经有了完整的观测数据（图 3.1）。要想用数学的语言，即使用公式，描述这样一个打了八个旋儿的轨迹，太难了！但这个问题在开普勒那里得到了解决，解决问题的关键就是改变看问题的出发点，在这里就是改变描述火星轨道的参照点，把参照点从地球挪到了太阳上。从数学上说，就是把从地球上看到的火星位置，减去（差不多同一时刻的）太阳的位置，得到火星相对于太阳的位置随时间的变化。具体数据和计算细节不详。但是，以太阳为参照点的火星轨道，变成了一条单调的闭合曲线（图 3.2）—— 它看起来简单多啦！

开普勒（图 3.3）1571 年出生于德国斯图加特附近，从小就养成了对天文学的爱好，且极具数学天分。6 岁时，开普勒被妈妈带到高处去看 1577 年的大

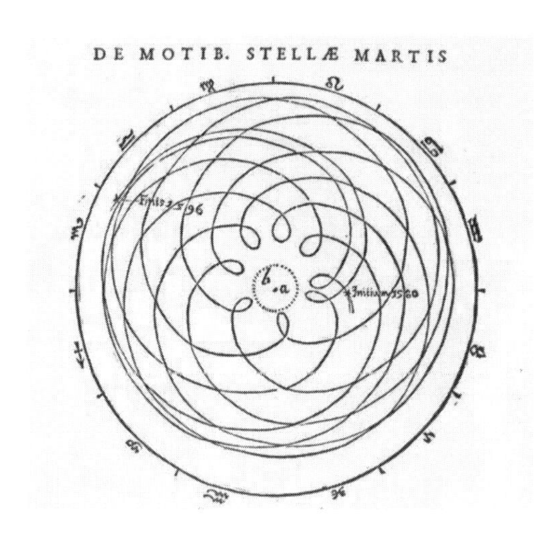

图 3.1 火星在天空中划过的轨迹。图上的字为拉丁语 de motib. stellae Martis（论火星的运动），取自*Astronomia nova*（《新天文学》）一书

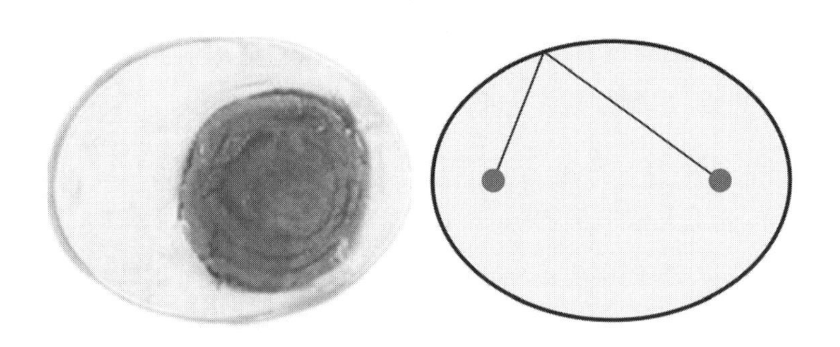

图 3.2 行星的轨道是以火红的太阳为焦点的简单闭合曲线，后来被用椭圆加以近似

彗星，9 岁时赶上了月蚀。在图宾根大学上学期间，开普勒熟悉了行星运动的托勒密体系和哥白尼体系。哥白尼的行星体系是日心体系，但是讨论行星运行问题时的参照点依然是地球，这一点笔者以为对于理解天文学历史是至关重要的。1599 年 12 月，丹麦天文学家第谷（Tycho Brahe，1546—1601）邀请开普勒到捷克布拉格的观象台去工作，帮助分析火星观测数据。第谷一开始还保守自己的资料，但他为开普勒的理论功底所折服，所以慢慢地就允许开普勒接触更

多的观测数据。1601 年第谷不幸辞世，开普勒成为继任者。开普勒自从开始和第谷一起工作以来，关切的一个问题就是火星的轨道。旧的方法得到的拟合火星轨道总是不太精确，开普勒试着用卵形线拟合火星绕太阳的轨道。开普勒设想太阳发射的驱动力随距离的增大而变弱，这引起了行星运动的快（近日时）慢（远日时）变化。根据地球和火星各自的近日点和远日点附近的观测数据，开普勒于 1602 年得出了一个大胆的结论：行星轨道在相同时间内扫过相同的面积。这即是所谓的开普勒行星运动第二定律。

图 3.3　德国天文学家约翰内斯 · 开普勒

开普勒用卵形线（图 3.2）计算行星整个轨道的努力一直不成功（那时候还没有卵形线方程），直到 1605 年年初他才终于打起了椭圆的主意——椭圆因为太简单竟然被早年的天文学家给撇到一边了。发现椭圆可以很好地近似火星的轨道，开普勒马上未经计算就得出结论：“所有行星的轨道都是以太阳为焦点之一的椭圆”。这是开普勒行星运动第一定律。Focus，汉译为焦点，其实它的本义是炉子，太阳可不就是天上的火炉子嘛。绕火炉子的闭合曲线，和绕着蛋黄的咸鸭蛋外缘，两者形象太接近了，用卵形线来近似火星轨道，不是空穴来风而是最自然的选择。1605 年年底，开普勒把他的发现写入*Astronomia nova*（《新天文学》）一书，该书于 1609 年出版。顺便说一句，开普勒第三定律的内容是“行星轨道周期的平方同轨道平均距离的三次方之比，对所有行星来说是一样的”。开普勒自己说他是 1618 年 3 月 8 日突发灵感得到这个结论的，但没有细节。

得出了行星运动的定律，这可是勘破自然的奥秘啊。可以想见，开普勒当时是多么得意！开普勒一生著述颇丰，后世编纂的*Johannes Kepler Gesammelte Werke*（《开普勒全集》）共有 22 卷。在该全集卷 18 中开普勒用“胜过整个人类”来谈论他关于行星运动定律的发现，“如果你们原谅我，我很高兴；如果你们感到气愤，我也受得了；骰子已经掷出，书已经写了，留给今人或者后人去研读，我才不管是谁呢；也许要一个世纪它才能等来一位读懂它的人，上帝不也等了足足六千年才等来某人看明白他的杰作嘛！”

3.4 朴素相对论

物理学中关于位置相对性的描述，从前似乎没有专门赋予其格外的意义。笔者以为，就相对论思想体系的完整性而言，这个问题有另眼相看的必要。物理规律不依赖于参照点的选择，此一思想可名之为朴素相对论（primitive relativity）。或者，也可以名之为平凡相对论（trivial relativity）。

开普勒勘破了自然的一大奥秘 —— 行星运行的规律，他所凭借的关键一步是把行星观测数据从以地球为参照点的换算成以太阳为参照点的。不管以何处为参照点，宇宙还是那个宇宙，宇宙里的事件所应遵循的规律还是那个规律，这就是笔者要阐述的朴素相对论的原理。套用我国古人的智慧，这叫“无去来处”（见书前彩页）。用数学的语言来表达，设若用方程 $f(\boldsymbol{r},t;\lambda)=0$ 来描述宇宙的规律，其中 $\boldsymbol{r}$ 是位置矢量，可以是多维的；λ 是位置、时间以外的其他必要的物理参数，比如电荷啊、质量啊之类的，到底是什么、有哪些我们并不清楚；函数 f 的具体形式我们也不清楚。但是，相对论原理要求，描述物理定律的方

程在任何参照框架中都具有同样的形式。朴素相对论要求函数 f 的形式满足如下条件：若方程

$$f(\boldsymbol{r},t;\lambda)=0 \tag{3.1a}$$

成立，则对任意常数 $\boldsymbol{r}_0$，必然有

$$f(\boldsymbol{r}+\boldsymbol{r}_0,t;\lambda)=0 \tag{3.1b}$$

关于朴素相对论，我们的基础物理学定律必然形式上要满足它，只是未认识到其重要性不特别强调而已。举例来说，考察我们周围的物质，比如食盐（NaCl）晶体，其组成单元为带一个单位正电荷的 Na^+ 离子加上带一个单位负电荷的 Cl^- 离子，整体上是电中性的，$Q=\sum\limits_i q_i=0$。这个体系的物理量，比如电偶极矩，必然满足朴素相对论的要求。电偶极矩，即电荷乘上它所在位置对应的位置矢量，求和，得 $P=\sum\limits_i q_i\boldsymbol{r}_i$。如果改变参照点，即作变换 $\boldsymbol{r}\to\boldsymbol{r}+\boldsymbol{r}_0$，$P'=\sum\limits_i q_i(\boldsymbol{r}_i+\boldsymbol{r}_0)=\sum\limits_i q_i\boldsymbol{r}_i+\boldsymbol{r}_0\sum\limits_i q_i=\sum\limits_i q_i\boldsymbol{r}_i$，显然变换后电偶极矩的表达式不变。当然了，四极矩、八极矩也应该满足这个要求。

对于我们的祖先来说，把参照点从脚下挪到地球以外的别处只是幻想和数学操作。今天，人类已经能够飞离地球，把参照点从脚下挪到地球以外的别处已经成为现实。当宇航员看到蓝色的地球从月平线（horizon of the moon）上冉冉升起（图 3.4），他或许真会欢快地哼起“地球出来啰喂，喜洋洋啰郎啰……”，那一刻他一定对朴素相对论的内容有了真实的感触。

图 3.4（左）在地球上看到的月亮升起　（右）在月球附近看到的地球升起

太阳和它的八大行星。由近及远依次为水星、金星、地球（卫星为月球）、火星、木星、土星（有环和多颗卫星）、天王星和海王星。地球上的人类所发展出的物理学，其中的诸多概念都来自日、月和行星们

朴素的相对论此前没人提，还是因为对狭义相对论的认识不够全面。运动可分解为平动和转动，对于狭义相对论里的 4-维闵可夫斯基时空中的运动，时空变换为 $\boldsymbol{X}' = \boldsymbol{M} \cdot \boldsymbol{X} + \boldsymbol{D}$，其中 $\boldsymbol{D}$ 含 4 个独立变量，$\boldsymbol{M}$ 含 6 个独立变量，因此狭义相对论语境下时空变换的对称性表现为 10-参数的庞加莱群。庞加莱群是狭义相对论的数学基石。笔者所谓的朴素相对论，对应的就是矢量 $\boldsymbol{D}$ 的空间分量所表示的那部分变换性质（此时 $\boldsymbol{M} = \boldsymbol{I}$，为单位矩阵）。虽然简单，但它是时空对称性变换不可或缺的一部分。

开普勒的变换不涉及时间，没有 $t' \mapsto t + t_0$，可能是因为没人敢。愚以为，人类关于时间平移对称性到开普勒的时代依然是含糊的。一方面人们认识到人不能两次踏入同一条河流，另一方面又很难相信爷爷小时候见到的月亮不是今天的月亮，太奶奶小时候见到的雨滴和今天的雨滴不以同样的规律下落。不能

重复的事件让时间有了意义，但可重复的事件才让时间计数有了可能。关于时间，需要思考的还太多。

挪动原点几乎是自发的事儿，只是人们未能认识到其重要性而已，或者是认为这不重要。人类生活在地球表面上，研究地球便是以自己的足下为原点。地心说认为地球是宇宙的中心，中间有太阳、月亮、行星和恒星等，远处是布满星星的天球。在谈论地心说的宇宙时，人类采用的是上帝的视角，把原点（立足点）放到了天球之外。顺便提一句，如今对物理问题的认识，也有要挪动理论原点的问题。

不得不说一句，用开普勒的例子说明朴素相对论有点儿不太恰当。太阳和地球的相对空间位置是随时间改变的，严格说来，开普勒所作的变换是 $r' \to r+r_0(t)$，时间被隐性地带入了。这也是无奈，朴素相对论的变换 $r' \to r+r_0$，$t' \to t+t_0$，确实太平庸了。

推荐阅读

1. Max Caspar, Johannes Kepler, W. Kohlmammen (1958), 德语版；Kepler, Dover (1993), 英语版, C. Doris Hellman 译.
2. Arthur Koestler, The Sleepwalkers: a History of Man's Changing Vision of the Universe, Penguin (1990).

第4章　伽利略相对论

卧看满天云不动，不知云与我俱东。

——[宋]陈与义《襄邑道中》

摘　要　伽利略是物理学的奠基者，单摆公式、落体公式和惯性定律皆出自其手。在惯性参照框架中，一个不受外力的物体会保持静止或者匀速直线运动的状态。相互间作匀速直线运动的参照框架，若其一为惯性参照框架，则全部都是惯性参照框架。伽利略发现置身于匀速运动的船舱内，人对周围环境的观察不能判断船是否在运动。力学实验不能区分相互间作匀速运动的参照框架。伽利略相对论可用数学表述如下："若描述物理规律的方程为 $f(\boldsymbol{r},t;\lambda)=0$，则对任意常数 $\boldsymbol{v}$，$f(\boldsymbol{r}+\boldsymbol{v}t,t;\lambda)=0$ 成立。" 1909 年，人们把空间–时间坐标的变换 $\boldsymbol{r}'=\boldsymbol{r}+\boldsymbol{v}t$，$t'=t$ 称为伽利略变换，对应的速度复合公式为 $\boldsymbol{v}=\boldsymbol{v}_1+\boldsymbol{v}_2$。三维空间加上时间的伽利略变换构成一个 10 参数群。牛顿力学满足伽利略相对论，但电磁学却不满足，这为日后相对性思想的进一步拓展埋下了伏笔。惯性定律后来成了牛顿第一定律，摆脱对惯性参照框架的依赖是推广狭义相对论的原初动机之一。

关键词　匀速运动，伽利略相对论，伽利略变换，惯性，惯性参照框架，

牛顿力学

4.1　伽利略与近代物理学

伽利略（Galileo Galilei，1564—1642），意大利哲学家、艺术家、作家、数学家、天文学家，近代科学的奠基人，一个善于摆弄小玩意儿的人①。单摆运动周期的规律，$T^2 \propto \ell$，即单摆周期平方近似地正比于摆绳长度但与摆锤质量无关，自由落体或者物体沿斜面无摩擦滑下的运动规律，$h = \dfrac{1}{2}\boldsymbol{a}t^2$，即下落高度与时间平方成正比，都是伽利略在没有时间测量的条件下得出来的基本运动规律。通过研究一个从斜坡滚下的小球在对面斜坡上能爬升的高度，伽利略得出结论，在没有摩擦的极限情形下（不存在哦！醉心于通过什么测量研究物理学的人，不妨多思考一下伽利略的工作），小球应该爬升到下落时的初始高度而与斜坡的坡度无关。伽利略进一步做他的思想实验（Gedankenexperiment）：“若小球从高处滚下后接着滚到了一个倾角为零度的斜坡上，倾角为零度的斜坡那就是地平面，按理它依然要爬升到初始时的高度，可是在地平面上它又一点儿也爬升不起来，那结果会怎样呢？小球就只好一直、永远这么无助地往前滚下去。也就是说，一个物体，若没有来自外部的强迫，会一直保持自己的运动状态。”这揭示的就是所谓的物质的惯性（inertia，惰性，懒的量度）②。在爱因斯坦的相对论文献中，惯性、质量和惯性质量是混用的，因为爱因斯坦明白实质上它们就是一个概念。牛顿第一定律就是惯性定律，早在牛顿出生之前就由伽利略揭示出来并完整表述了。牛顿第二定律为 $m\boldsymbol{a} = \boldsymbol{F}$，其中的 m 可以理解为物体

---

① 人类获得对世界的感知的重要途径之一是手。就造就科学家一事而言，手的训练一点儿也不比脑的训练欠缺丁点儿意义。学会用手写字、推导公式、做实验，用眼观察，用脑子思考，当这些成为习惯的时候，一个人就初具科学家雏形了。

② Inertia，还有 resistance 的意思，即 electrical resistance （电阻）中的 resistance。Inert gas，惰性气体，指氦、氖、氩、氪、氙和氡六种元素，因为它们懒得与别的元素发生化合反应，所以基本上以单质气体的形式存在（不总是这样）。其中，氩，argon，西文字面意思就是不干活。

懒惰程度的量度。施加同样的外力 $\boldsymbol{F}$，m 越大，其获得的加速度 $\boldsymbol{a}$ 就越小。所以在牛顿第二定律 $m\boldsymbol{a}=\boldsymbol{F}$ 中出现的这个质量，为了严谨，会被称为惯性质量（inert mass），以区别于牛顿万有引力公式 $\boldsymbol{F}_{12}=-G\dfrac{m_1m_2}{|\boldsymbol{r}_1-\boldsymbol{r}_2|^3}(\boldsymbol{r}_1-\boldsymbol{r}_2)$中出现的质量，那里的质量是引力质量（gravitational mass）。Mass，本义为一大坨。关于质量概念的意义及其在物理学中的演化，请参见本章的深度阅读。

传说中，伽利略曾登上比萨的斜塔，抛下大小不同的两个铁球，证明了质量（重量）不同的物体是同时（同步）下落的。这个实验，包括落体公式、惯性定律，都是相对论理论发展过程中里程碑式的内容，后文我们会详细讨论。

4.2 伽利略相对论与伽利略变换

研究运动要用到时间、位置矢量、速度和加速度。朴素相对论关切位置矢量变换 $\boldsymbol{r}'=\boldsymbol{r}+\boldsymbol{r}_0$（通过改变空间参照点实现）下物理规律的不变性，没有纳入时间的因素。伽利略更进一步，伽利略相对论关切速度变换下物理规律的不变性。

关于运动的感知问题，我国东汉时期成书的《尚书纬 · 考灵曜》中有句云:“地恒动不止而人不知，譬如人在大舟中，闭牖而坐，舟行而不觉也。”这说的是，人坐在船中无视船外之物，若船是匀速行驶的，则人不能感知船是否在移动，遑论船移动的快慢。由此，作者（姓名未知，可惜!）进而推论，大地也是一直在（飘）动的，但我们无从察觉大地的运动。这段话反映了一个特定层面上的相对论原理，即后来爱因斯坦所宣称的伽利略相对论原理。我国古人的思想，由于没有给出对这个原理进一步的阐述，更谈不上用数学语言的系统表述及物理应用，未被看作是相对论理论的前身。我们甚至可以设想，在历史上的某个时刻，还有别人也认识到了这一点。

伽利略相对论，源自其 1632 年出版的《关于托勒密和哥白尼两大主要世界体系的对话》一书中的一段描述。伽利略以“表明所有用来反对地球运动的那些实验全然无效的一个实验”为题，*详细叙述了封闭船舱内发生的现象。伽利略写道：“为了最终表明实验（揭示匀速运动）的完全无效，我觉得此处正好给各位展示一个容易进行验证的途径。把你和几位朋友一起关进一艘大船甲板下的主舱里，带上几只苍蝇，几只蝴蝶，以及别的能飞的小动物。再带上一大碗水，水里有鱼；吊起一只瓶子，让里面的水滴到下面放置的广口容器中。船静止时，请仔细观察小动物在船舱里是以同样的速度四处乱飞的。鱼儿游动，无所谓是朝着哪个方向；水滴会落到正下方的容器里；朝你的朋友扔过去个什么东西，你也无需在这个方向上加把劲儿，那个方向上省点力儿，扔出去的距离都是一样的；双脚起跳，你在不同方向上会跳出去一样远。当你仔细做了这些观察（毫无疑问，船静止的时候事情就应该是这个样子的）后，让船以任何速度前行，只要速度是均匀而非忽快忽慢的，你将会看到前述效应不会有一丝儿改变，你也不能从这些观察判断出船到底是走是停。起跳，你会越过跟从前一样的距离，不会是朝着船尾跳得远而朝着船头跳得近一些，尽管船在高速前行，在你浮在空中的时候你脚下的船板（在你往船尾跳时）在相反的方向上一直前行。朝对面的同伴扔个什么东西，你也无需因为他是在船头或者船尾的方向而格外用力。水滴会和从前一样落到正下方的容器而不是飘向船尾，尽管下落过程中船往前窜出了一大截。碗中的鱼儿往前游和往后游一样轻松，会一样自在地游向碗边的鱼食。最后提一下，蝴蝶和苍蝇会继续四下乱飞，而不会朝船尾聚集，好像因为不得不总停留在空中跟船分离又要长途旅行而终于累了跟不上船的行程似的。再者，如果点着什么东西升起了烟，那烟会直直地升起形成一团小云彩，静止在那里，既不往前也不往后。这些（船动与静时）效应相对应的原因是，大船的运动为其所容纳之所有物体共享，包括空气。这就是为什么我说过你要待在甲板下的原因；如果是在开放的空间中，空气就不能跟上船的行程了，则我们所说的效应多少会有些不同。无疑地，烟要比空气自身更落后一截，苍蝇，还有蝴蝶，会被空气裹挟而落后，因而若它们跟船离得远的话就跟不上船的行程。但是让它们保持靠近船，它们就能轻松地跟上；因为船，连带着它周围的空气，是一个整体。因为类似的缘故，当我们骑马的时候，会看到一些苍蝇和牛虻会老跟着我们的马，在马身上从这块儿飞到那块儿。”伽利略在这里想要说明的一个根本思想是：“不能以任何力学实验来判断一艘船是静止还是在以任何速度匀速行驶中。”自然可以由此推论，对于地球的运动，人们也无法觉察到。比较伽利略的这一段同《尚书纬 · 考灵曜》中的论述，论证采用的情景以及论证模式分毫不差。当然，如今我们知道，地球的运动包括公转、自转和章动（nutation，轴对称刚体之转动轴的摆动，英文俗称 nodding motion），比我们假定的船在水上的匀速运动复杂多了。后来法国科学家傅科（Jean Bernard Léon Foucault，1819—1868）发明的傅科摆可演示地球的自转①。不管怎样，伽利略在这里传达了一个思想，即不能用力学实验区别一运动系统的不同匀速运动状态。爱因斯坦把伽利略这个思想当成（特定层面上的）相对论，称之为伽利略相对论。

伽利略的相对论是说，对于以任何速度匀速运动的观察者来说，宇宙还是那个宇宙，宇宙里的事件所应遵循的规律还是那个规律。套用我国古人的智慧，这叫“动静等观”。用数学的语言来表达，设若用方程

$$f(\boldsymbol{r},t;\lambda)=0 \tag{4.1a}$$

来描述宇宙的规律，λ 是时间和空间坐标以外的其他必要的物理参数，伽利略相对论要求对任意常数 $\boldsymbol{v}$，必然有

$$f(\boldsymbol{r}+\boldsymbol{v}t,t;\lambda)=0 \tag{4.1b}$$

将朴素相对论同伽利略相对论一并考虑，则此时的相对论性原理要求描述物理规律的方程 $f(\boldsymbol{r},t;\lambda)=0$ 满足如下条件：对任意常数 $\boldsymbol{v}$ 和 $\boldsymbol{r}_0$，

---

① 微小的加速运动也是感知不到的，这属于探测极限的问题 (detection limit)。对任何信号的测量，都要求信号强度达到某个阈值以上。手头的仪器探测不到光就以为物质是暗的或者某区域是个黑洞，就属于对实验物理常识的无知。

$$f(\boldsymbol{r}+\boldsymbol{v}t+\boldsymbol{r}_0,t;\lambda)=0 \tag{4.2}$$

成立。注意，在伽利略相对论中，参照系的相对匀速运动只带来了位置变换 $\boldsymbol{r}'=\boldsymbol{r}+\boldsymbol{v}t$，而时间保持不变，$t'=t$。若同时考察空间与时间的变换，伽利略相对论中涉及的变换，写成矩阵形式，可表示为

$$\begin{pmatrix} \boldsymbol{r}' \\ t' \end{pmatrix}=\begin{pmatrix} 1 & \boldsymbol{v} \\ 0 & 1 \end{pmatrix}\begin{pmatrix} \boldsymbol{r} \\ t \end{pmatrix} \tag{4.3}$$

此时，在我们的观念中，空间和时间依然是相对独立的概念。但是，在伽利略相对论中时间确实是被纳入到空间变量上去的，这一点的重要性要到狭义相对论诞生后才得到充分认识。1909 年，变换（4.3）式，即 $\boldsymbol{r}'=\boldsymbol{r}+\boldsymbol{v}t$，$t'=t$，被称为伽利略变换。如考虑三维空间加一维时间全部的参照点平移、空间转动以及匀速运动带来的空间平移，伽利略变换可表示为

$$\begin{pmatrix} \boldsymbol{r}' \\ t' \end{pmatrix}=\begin{pmatrix} R\boldsymbol{r}+\boldsymbol{v}t+\boldsymbol{r}_0 \\ t+t_0 \end{pmatrix} \tag{4.4}$$

其中 R 是三维空间的转动矩阵，由三个参数表征。

伽利略变换对应的速度复合公式，考虑速度沿相同方向的情形，为

$$\boldsymbol{v}=\boldsymbol{v}_1+\boldsymbol{v}_2 \tag{4.5}$$

意思是说速度为 $\boldsymbol{v}_1$ 和 $\boldsymbol{v}_2$ 的两次伽利略变换的效果对应速度为 $\boldsymbol{v}=\boldsymbol{v}_1+\boldsymbol{v}_2$ 的伽利略变换。伽利略相对论的速度复合公式（4.5）在速度很小时很难觉察其中有什么不妥。但是，当考虑运动物体的光发射问题时，这时候会牵扯到与光速有关的速度相加问题，公式（4.5）的固有问题就暴露出来了。

4.3　伽利略相对论下的物理学

伽利略相对论常被诠释为惯性的体现。一个支撑伽利略相对论的实验是匀速运动体系内，自由落体过程同静止体系中的自由落体过程是一样的。你在行

驶中的大船的垂直桅杆顶部释放一个铁球，它会砸在桅杆的基部。在一个岸上的观察者看来，船匀速向前运动，而球的运动是匀速运动加上落体运动。球作为船之成体系的一部分，它和船具有同样的向前的恒定速度。球砸到甲板时，船和球向前走过了同样的距离，因此球必然会砸在桅杆的基部。这里暗含的另一个重要内容是，描述运动的位置、速度和加速度都是矢量，而矢量是具有可加性的①。将速度乘上时间，加速度乘上时间的平方，就变成了和位置矢量同样的数学对象 —— 本来就是运动造成的位移矢量。一个抛体的动态位置矢量，就是其初始位置矢量，同匀速运动造成的位移矢量以及自由下落造成的位移矢量之和，即 $\boldsymbol{r}=\boldsymbol{r}_0+\boldsymbol{v}_0t+\frac{1}{2}\boldsymbol{g}t^2$，其中 $\boldsymbol{g}$ 是重力加速度矢量，$\boldsymbol{v}_0$ 是初速度。运动的分解与求和，对应的是数学上矢量的分解与求和。

牛顿的万有引力理论（约成于 1684 年）是满足伽利略相对论的。考察一个质量为 m 的小物体（设想是一个西瓜），其位置矢量为 $\boldsymbol{r}_1$，被一个质量为 M 的大物体（设想是地球），其位置矢量为 $\boldsymbol{r}_2$，所吸引的问题。由于 $m \ll M$，可以设想成是西瓜向着不动的地球下落。西瓜受到的力为西瓜–地球之间的万有引力，$F_{12}=-G\frac{mM}{|\boldsymbol{r}_1-\boldsymbol{r}_2|^3}(\boldsymbol{r}_1-\boldsymbol{r}_2)$，则根据牛顿第二定律，西瓜的运动方程为 $m\frac{d^2\boldsymbol{r}_1}{dt^2}=-G\frac{mM}{|\boldsymbol{r}_1-\boldsymbol{r}_2|^3}(\boldsymbol{r}_1-\boldsymbol{r}_2)$。作变换 $\boldsymbol{r}_1'=\boldsymbol{r}_1+\boldsymbol{v}t+\boldsymbol{r}_0$，$\boldsymbol{r}_2'=\boldsymbol{r}_2+\boldsymbol{v}t+\boldsymbol{r}_0$，$t'=t$，显然有 $\frac{d^2\boldsymbol{r}_1'}{dt'^2}=\frac{d^2(\boldsymbol{r}_1+\boldsymbol{r}_0+\boldsymbol{v}_0t)}{dt^2}=\frac{d^2\boldsymbol{r}_1}{dt^2}$，$\boldsymbol{r}_1'-\boldsymbol{r}_2'=\boldsymbol{r}_1-\boldsymbol{r}_2$，因此新坐标依然满足同样形式的运动方程。用专业语言来表述，就是新参照框架下运动方程形式不变。变换不变性，这是相对论理论的精髓。也恰是在这个意义上，相对论本质上毋宁说是绝对论。

描述带电粒子的运动方程就不满足伽利略相对论。在磁场下，电荷 q 的受

① 矢量是对 vector（携带者）的误解和误译。Vector 只需要有线性代数结构（乘以标量系数和相加），可以但无须有方向和长度。

力为洛伦兹力 $f = q\boldsymbol{v} \times \boldsymbol{B}$①，其运动方程为 $m\frac{d^2\boldsymbol{r}}{dt^2} = q\boldsymbol{v} \times \boldsymbol{B}$。作变换 $\boldsymbol{r}' = \boldsymbol{r} + \boldsymbol{u}t + \boldsymbol{r}_0$，$t' = t$，这相当于引入变换 $\boldsymbol{v}' \to \boldsymbol{v} + \boldsymbol{u}$，则有 $m\frac{d^2\boldsymbol{r}'}{dt'^2} = q(\boldsymbol{v} + \boldsymbol{u}) \times \boldsymbol{B}$，但是，$m\frac{d^2\boldsymbol{r}'}{dt'^2} = m\frac{d^2\boldsymbol{r}}{dt^2} = q\boldsymbol{v} \times \boldsymbol{B}$，显然哪儿不对劲儿！相对性在这儿遭遇的不协调，尤其是在电–动力学中的表现，未来会成为爱因斯坦建立狭义相对论以及推广狭义相对论而得广义相对论的动机。

4.4　惯性与惯性参照框架

伽利略在研究自一个斜坡滚下的小球在对面斜坡上爬升的问题时得出了运动的惯性定律:“一个不受外力影响的物体会保持其运动状态不变。” 这个惯性定律后来成了牛顿第一定律。后来的广义相对论之于狭义相对论的一大进步是对惯性运动概念的修正。

惯性定律成立的参照框架（reference frame）是惯性参照框架（inertial reference frame）。所谓惯性，就是懒，不会主动改变。在惯性参照框架中，一个不受外力的物体会保持静止或者匀速直线运动的状态。惯性参照框架不能分辨加速度。相互间作匀速直线运动的参照框架，若其一为惯性参照框架，则全部都是惯性参照框架。惯性和惯性参照框架是相对论的关键词。摆脱对惯性参照框架的依赖是推广狭义相对论的原初动机之一，这是后话。

推 荐 阅 读

1. 曹则贤,《物理学咬文嚼字》卷一，中国科学技术大学出版社 (2018).

2. Galileo Galilei, Dialogo sopra i Due Massimi Sistemi del Mondo Tolemaico e Copernicano (《关于托勒密和哥白尼两大主要世界体系的对话》), 收录于 *Le*

---

① 这里的 $\times$ 不是 $2 \times 3 = 6$ 中的乘号，而是两个矢量的叉乘。但是，叉乘只对三维空间里的矢量成立。这里的问题需要更多的数学知识才能理解。科学，至少物理学是这样，在不断修正错误的过程中才多少有点儿正确的内容。

Opera di Galileo Galilei (《伽利略全集》) 卷七。英文为 Dialogue concerning the two chief world systems-Ptolemaic & Copernican, translated by Stillman Drake, 2nd edition, University of California Press (1967)。这一段文献非常重要，故将英文内容照录如下：For a final indication of the nullity of the experiments brought forth, this seems to me the place to show you a way to test them all very easily. Shut yourself up with some friend in the main cabin below decks on some large ship, and have with you there some flies, butterflies, and other small flying animals. Have a large bowl of water with some fish in it; hang up a bottle that empties drop by drop into a wide vessel beneath it. With the ship standing still, observe carefully how the little animals fly with equal speed to all sides of the cabin. The fish swim indifferently in all directions; the drops fall into the vessel beneath; and, in throwing something to your friend, you need throw it no more strongly in one direction than another, the distances being equal; jumping with your feet together, you pass equal spaces in every direction. When you have observed all these things carefully (though there is no doubt that when the ship is standing still everything must happen in this way), have the ship proceed with any speed you like, so long as the motion is uniform and not fluctuating this way and that. You will discover not the least change in all the effects named, nor could you tell from any of them whether the ship was moving or standing still. In jumping, you will pass on the floor the same spaces as before, nor will you make larger jumps toward the stern than toward the prow even though the ship is moving quite rapidly, despite the fact that during the time that you are in the air the floor under you will be going in a direction opposite to your jump. In throwing something to your companion, you will need no more force to get it to him whether he is in the direction of the bow or the stern, with yourself situated opposite. The droplets will fall as before into the vessel beneath without dropping toward the stern, although while the drops are in the air the ship runs many spans. The fish in their water will swim toward the front of their bowl with no more effort than toward the back, and will go with equal ease to bait placed anywhere around the edges of the bowl. Finally the butterflies and flies will continue their flights indifferently toward every side, nor will it ever happen that they are concentrated toward the stern, as if tired out from keeping up with the course of the ship, from which they will have been separated during long intervals by keeping themselves in the air. And if smoke is made by burning some incense, it will be seen going up in the form of a little cloud, remaining still and moving no more toward one side than the other. The cause of all these correspondences of effects is the fact that the ship's motion is common to all the things contained in it, and to the air also. That is why I said you should be below decks; for if this took place above in the open air, which would not follow the course of the ship, more or less noticeable differences would be seen in some of the effects noted. No doubt the smoke would fall as much behind as the air itself. The flies likewise, and the butterflies, held back by the air, would be unable to follow the ship's motion if they were separated from it by a perceptible distance. But keeping themselves near it, they would follow it without effort or hindrance; for the ship, being an unbroken structure, carries with it a part of the nearby air. For a similar reason we sometimes, when riding horseback, see persistent flies and horseflies following our horses, flying now to one part of their bodies and now to another.

3. Albert Einstein, the Meaning of Relativity, Taylor & Francis (2004). Translated by Edwin Plimpton Adams, 原文为 Vier Vorlesungen über Relativitätstheorie (相对论四讲), Vieweg (1922).

现代科学奠基人伽利略

第5章　变换不变性与洛伦兹变换

Physics is becoming too difficult for the physicists.①

——David Hilbert

摘　要　在我们熟悉的平面几何里，平面上的一点 (x,y)，其到原点的距离平方为 x^2+y^2。线性变换 $(x',y')=\Lambda(\theta)^{\mathrm{T}}(x,y)$，其中 $\Lambda(\theta)=\begin{pmatrix}\cos\theta & \sin\theta\\ -\sin\theta & \cos\theta\end{pmatrix}$，保持二次型 x^2+y^2 不变，$x'^2+y'^2=x^2+y^2$。类似地，线性变换 $(x',y')=\Lambda(\theta)^{\mathrm{T}}(x,y)$，其中 $\Lambda(\theta)=\begin{pmatrix}\cosh\theta & \sinh\theta\\ \sinh\theta & \cosh\theta\end{pmatrix}$，保持二次型 x^2-y^2 不变。后者可以改写为线性变换 $(x',iy')=\Lambda(\theta)^{\mathrm{T}}(x,iy)$，$\Lambda(\theta)=\begin{pmatrix}\cos\theta & \sin\theta\\ -\sin\theta & \cos\theta\end{pmatrix}$。可见，这两个变换都是简单的转动。为了区别，后者常被称为赝转动或者双曲转动。物理时空由三维空间加一维时间构成，记为 $R^{3,1}$ 空间，其中点 $(x,y,z;t)$ 到原点的距离平方为 $x^2+y^2+z^2-c^2t^2$。保持二次型 $x^2+y^2+z^2-c^2t^2$

① 如今物理对于物理学家来说是太难了点。—— 希尔伯特

不变的变换为洛伦兹变换，它也是波动方程 $\nabla^2\varphi = \dfrac{1}{c^2}\dfrac{\partial^2\varphi}{\partial t^2}$ 的不变变换。记住保 $x^2 - y^2$ 不变的变换，就能理解狭义相对论之大概。

洛伦兹变换有 6 个自由度，其中 3 个描述三维空间的转动，3 个描述空间同时间之间的关联。涉及时间和一个空间坐标之间的转动称为洛伦兹推进，比如 $x - t$ 平面内保持二次型 $x^2 - (ct)^2$ 不变的洛伦兹推进为 $(x', ct') = \Lambda(\theta)^{\mathrm{T}}(x, ct)$，$\Lambda(\theta) = \begin{pmatrix} \cosh\theta & \sinh\theta \\ \sinh\theta & \cosh\theta \end{pmatrix}$，其中的 θ 由公式 $\tanh\theta = v/c$ 决定。文献中提及洛伦兹变换，多数情形指的就是洛伦兹推进。在一般教科书中，洛伦兹变换表示为 $x' = \gamma(x - vt)$; $y' = y$; $z' = z$; $t' = \gamma(t - vx/c^2)$，其中 $\gamma = 1/\sqrt{1 - v^2/c^2}$。洛伦兹变换的前驱是关于 $x^2 + y^2 + z^2 - R^2$ 的不变变换，即如何让球依然是球，以及关于 $x^2 + y^2 + z^2 - c^2t^2$ 的不变变换，即如何让球波依然是球波。同一方向上相继两次的洛伦兹推进等价于一次洛伦兹推进，则由 $\tanh(\theta_1 + \theta_2)$ 的展开公式就能得到狭义相对论的同一方向上速度的相加公式，$v = \dfrac{v_1 + v_2}{1 + v_1 v_2/c^2}$。洛伦兹变换和伽利略变换可以统一到一个变换中去。庞加莱引入 ict 来表示时间坐标，指明洛伦兹推进不过就是双曲转动，并研究了洛伦兹变换的群特性。洛伦兹变换构成洛伦兹群。闵可夫斯基引入了时空的概念，将时空标记统一为 $(x_1, x_2, x_3, x_4) = (x, y, z, ict)$①，这为后续的相对论表述提供了极大的方便。四维时空 $R^{3,1}$ 的等距变换构成庞加莱群，洛伦兹群是其子群。相对论首先是一门几何的学问，洛伦兹变换是狭义相对论的核心，掌握了洛伦兹变换，就比较容易理解狭义相对论了。要求物理定律满足洛伦兹变换就足以带来一些深刻认识，比如正确的粒子能量–动量关系

① 本书作者偏好使用 $(x, y, z; ict)$ 的记法，是为了强调时间与空间本质上的不同。

等。洛伦兹变换的意义在于开启了对称性是物理学主角的时代，物理规律、物理方程的对称性能够揭示自然更深刻的实质。对洛伦兹群的深入研究在相对论量子力学、量子电-动力学、粒子的标准模型理论等领域中更见其威力。

关键词 平直空间几何，距离，(微分) 二次型，西尔维斯特惯性定理，波动方程，球波，变换不变性，(赝) 转动，洛伦兹推进，洛伦兹变换，等距群，洛伦兹群，庞加莱群

5.1 二次型、转动与变换不变性

物理世界是变化着的，变化着的世界里体现着某些不变性。相较于变化，变化表现出的不变性才是核心，也更容易描述和把握。寻找变化中的不变性，这是物理研究的一个范式。对函数或者方程作变换（transformation），使得函数或者方程的形式保持不变的变换具有特殊的意义。本章关于洛伦兹变换的数学，是理解狭义相对论的关键预备知识，本质上是平直空间几何的最简单内容。

举一个简单的例子。考察线性方程 $x-y=c$。作坐标变换 $x'=x+a$；$y'=y+a$，这相当于把坐标原点挪到了 $(-a,-a)$ 点上，显然有 $x'-y'=c$，即方程形式保持不变。这个例子太简单，没有太多的物理可供讨论。如果考虑二次型（quadratic form）的变换不变性，那能带来的物理就多了。物理学中，(微分) 二次型及其变换随处可见，学物理者当用心体会掌握。这里涉及的是物理和数学都关切的一个基础概念：距离和等距变换。

所谓二次型，即全由二次幂项组成的代数多项式，比如 $ax^2+bxy+cy^2$，其中 a,b,c 为无量纲常数，这是一个关于变量 x,y 的二次型——可以简单地扩展到更多变量的情形。如果二次型中的变量都以微元的形式出现，比如 $adx^2+bdxdy+cdy^2$，则是关于变量 x, y 的微分二次型。关于二次型有西尔维斯特（James Joseph Sylvester，1814—1897，英国人）于 1852 年提出的惯性定律，即

对于一般的二次型

$$a_1x_1^2 + a_2x_2^2 + a_{12}x_1x_2 + a_3x_3^2 + a_{23}x_2x_3 + a_{31}x_3x_1 + \cdots + a_nx_n^2 \tag{5.1}$$

总可以通过线性变换将之变成

$$y_1^2 + \cdots + y_p^2 - (y_{p+1}^2 + \cdots + y_{p+q}^2), \quad p+q \leqslant n \tag{5.2}$$

的形式，即仅包含 p 个系数为 1 和 q 个系数为 -1 的平方项的简单形式，p 和 q 分别称为惯性正指标和惯性负指标，故一个二次型可以标记为 (p,q) 型二次型。根据这个标记约定，可记 x^2+y^2 为（2, 0）型的二次型，x^2-y^2 为（1, 1）型的二次型。考察最简单的二次型 x^2+y^2。将 $(x,\ y)$ 看作平面内的一个点，则 $x^2+y^2=R^2$ 代表以（0, 0）为中心的一个圆；若 $x>0$，$y>0$ 分别是直角三角形的两直角边，则等式 $x^2+y^2=R^2$ 中的 $R>0$ 是该直角三角形的斜边，等式 $x^2+y^2=R^2$ 即是勾股定理。你看，二次型 x^2+y^2 已经同圆和勾股定理这两个重要几何概念联系到一起了。如果 $x,\ y$ 分别对应一个谐振子的位置 q 和动量 p，则二次型 $H=q^2+p^2$ 是经典谐振子的哈密顿量，其动力学行为通过研究这个二次型就能得到。进一步地，若此处的变量 q 和 p 还存在某种关联，比如 $[q,\ p]=qp-pq=\mathrm{i}\hbar$（此为所谓的谐振子的量子化条件），则二次型 $H=q^2+p^2$ 是量子谐振子的哈密顿量。研究二次型的数学有多重要，估计此时大家都已经有感觉了。顺带强调一句，任何一个数学和物理的概念都有太多我不知道、知道了也可能不理解的内容。

考察二次型 x^2+y^2 的变换不变性，即找寻线性变换形式，

$$\begin{pmatrix} x' \\ y' \end{pmatrix} = \begin{pmatrix} a_{11} & a_{12} \\ a_{21} & a_{22} \end{pmatrix} \begin{pmatrix} x \\ y \end{pmatrix} \tag{5.3}$$

使得 $x'^2+y'^2=x^2+y^2$ 成立。选择变换 $x'=x\cos\theta+y\sin\theta$，$y'=-x\sin\theta+y\cos\theta$，或者写成紧凑的矩阵形式

$$\begin{pmatrix} x' \\ y' \end{pmatrix} = \begin{pmatrix} \cos\theta & \sin\theta \\ -\sin\theta & \cos\theta \end{pmatrix} \begin{pmatrix} x \\ y \end{pmatrix} \tag{5.4}$$

简单计算表明 $x'^2 + y'^2 = x^2 + y^2$ 确实成立，计算过程中用到了恒等式 $\sin^2\theta + \cos^2\theta \equiv 1$。注意，$x^2 + y^2 = 1$ 是单位圆方程。变换（5.4）的物理意义是：将坐标系绕原点，也即圆心，转动一个角度 θ，圆（的方程）不变。新坐标下的方程同样表示的是单位圆。

如果使用复平面的概念，可以很容易得到变换（5.4）。在以圆心为原点的复平面内，单位圆上任意一点对应的复数为 $r = x + iy = e^{i\varphi}$；若将坐标系绕原点逆时针转动角度 θ，则在新坐标系中 $r = e^{i\varphi}$ 变为 $r' = x' + iy' = e^{i(\varphi-\theta)}$。将 $e^{i(\varphi-\theta)}$ 展开成三角函数形式，即得变换（5.4）。

比 $x^2 + y^2$ 略复杂一点的是（1, 1）型二次型 $x^2 - y^2$。作变换 $x' = x\cosh\theta + y\sinh\theta$，$y' = x\sinh\theta + y\cosh\theta$，其中 $\sinh\theta$ 是双曲正弦函数（hyperbolic sine），$\cosh\theta$ 是双曲余弦函数（hyperbolic cosine），或者写成紧凑的矩阵形式

$$\begin{pmatrix} x' \\ y' \end{pmatrix} = \begin{pmatrix} \cosh\theta & \sinh\theta \\ \sinh\theta & \cosh\theta \end{pmatrix} \begin{pmatrix} x \\ y \end{pmatrix} \tag{5.5}$$

则计算表明 $x'^2 - y'^2 = x^2 - y^2$ 成立，计算过程中用到了关系式 $\cosh^2\theta - \sinh^2\theta \equiv 1$。（5.5）式中的变换常被称为赝转动（pseudo-rotation），法文文献喜欢称之为双曲转动（rotation hyperbolique）。后文我们会看到变换（5.5）就是所谓的洛伦兹推进（Lorentz boost），它是狭义相对论的精髓！这是任何一个号称对相对论感兴趣的人都必须掌握的最低限度的数学。脱离洛伦兹变换谈论狭义相对论的意义都是隔靴搔痒，也是诸多误解得以产生的原因。

变换（5.5）用到了双曲余弦函数 $\cosh\theta$ 和双曲正弦函数 $\sinh\theta$。许多人没有学过双曲函数，可能会被吓唬住，其实大可不必。双曲余弦函数和双曲正弦函数与大家中学时就掌握了的余弦函数和正弦函数如出一辙。注意，由欧拉公

式 $e^{i\theta} = \cos\theta + i\sin\theta$，易知 $\cos\theta = (e^{i\theta} + e^{-i\theta})/2$；$\sin\theta = (e^{i\theta} - e^{-i\theta})/2i$。而双曲余弦函数和双曲正弦函数的定义如下：

$$\cosh\theta = (e^{\theta} + e^{-\theta})/2; \quad \sinh\theta = (e^{\theta} - e^{-\theta})/2 \tag{5.6}$$

相较于余弦函数和正弦函数，双曲余弦函数和双曲正弦函数其实更简单，至少它们连复数的概念都不涉及。将两者比较，可以发现

$$\begin{aligned} &\cos\theta = \cosh(i\theta), \quad \cos(i\theta) = \cosh(\theta) \\ &\sin\theta = \sinh(i\theta)/i, \quad \sin(i\theta) = i\sinh(\theta) \end{aligned} \tag{5.7}$$

有一个简单的方法可以得到变换（5.5）。实际上，利用虚数，我们可以把二次型 $x^2 - y^2$ 改写成 $x^2 + (iy)^2$ 的样子，这样我们就可以套用变换（5.4）得到如下变换：

$$\begin{pmatrix} x' \\ iy' \end{pmatrix} = \begin{pmatrix} \cos\theta & \sin\theta \\ -\sin\theta & \cos\theta \end{pmatrix} \begin{pmatrix} x \\ iy \end{pmatrix} \tag{5.8}$$

这个变换保等式 $x'^2 + (iy')^2 = x^2 + (iy)^2$ 成立。变换（5.8）再现了变换（5.5）的所有内容。这当然没有什么奇怪的。不妨将变换（5.4）和变换（5.5）理解为一个是 $x-y$ 平面内的转动，一个是 $x-iy$ 平面内的转动，都是简单的转动。

熟悉了对二次型 $x^2 + y^2$ 和 $x^2 - y^2$ 的不变变换后，我们再来看看连续两次变换的效果。对平面上的一个圆，将其绕圆心转动一个角度 θ_1 后再转动角度 θ_2 后（等价的操作是逆方向转动坐标系），这和一次就转动角度 $\theta = \theta_1 + \theta_2$ 的效果是一样的。那么，这会揭示什么更深刻的关系吗？由变换（5.4），我们知道这意味着

$$\begin{pmatrix} \cos\theta & \sin\theta \\ -\sin\theta & \cos\theta \end{pmatrix} = \begin{pmatrix} \cos\theta_2 & \sin\theta_2 \\ -\sin\theta_2 & \cos\theta_2 \end{pmatrix} \begin{pmatrix} \cos\theta_1 & \sin\theta_1 \\ -\sin\theta_1 & \cos\theta_1 \end{pmatrix} \tag{5.9}$$

对右侧进行矩阵相乘，得到 $\cos(\theta_1+\theta_2)=\cos\theta_1\cos\theta_2-\sin\theta_1\sin\theta_2$；$\sin(\theta_1+\theta_2)=\sin\theta_1\cos\theta_2+\cos\theta_1\sin\theta_2$。进一步地，有 $\mathrm{tg}(\theta_1+\theta_2)=(\mathrm{tg}\theta_1+\mathrm{tg}\theta_2)/(1-\mathrm{tg}\theta_1\mathrm{tg}\theta_2)$，这些三角函数关系是中学数学里都会有的内容。

仿照（5.9）式，由变换（5.5）的连续操作，可得

$$\tanh(\theta_1+\theta_2)=(\tanh\theta_1+\tanh\theta_2)/(1+\tanh\theta_1\tanh\theta_2) \tag{5.10}$$

公式（5.10）就是狭义相对论中的速度相加公式，见后文。

如果用三角函数或者双曲函数表示嫌麻烦的话，对前述的不变变换还可以换一种表示，比如

$$\begin{pmatrix} x' \\ y' \end{pmatrix}=\frac{1}{\sqrt{1+\beta^2}}\begin{pmatrix} 1 & \beta \\ -\beta & 1 \end{pmatrix}\begin{pmatrix} x \\ y \end{pmatrix} \tag{5.11}$$

这个变换把 x^2+y^2 变换为 $x'^2+y'^2$，保持（2,0）型二次型不变。相应地，

$$\begin{pmatrix} x' \\ y' \end{pmatrix}=\frac{1}{\sqrt{1-\beta^2}}\begin{pmatrix} 1 & -\beta \\ -\beta & 1 \end{pmatrix}\begin{pmatrix} x \\ y \end{pmatrix} \tag{5.12}$$

这个变换会把 x^2-y^2 变换为 $x'^2-y'^2$，保持（1,1）型二次型不变。代入 $\beta=v/c$，$y=\mathrm{i}t$，式（5.11）就是常见的洛伦兹变换；代入 $\beta=v/c$，$y=t$，式（5.12）就是常见的洛伦兹变换。

对于矩阵，可以定义矩阵值（determinant），符号为 det。注意，记矩阵 $\Lambda_1=\begin{pmatrix} 1 & \beta \\ -\beta & 1 \end{pmatrix}$，$\Lambda_2=\begin{pmatrix} 1 & -\beta \\ -\beta & 1 \end{pmatrix}$，有 $\det\Lambda_1=1+\beta^2$；$\det\Lambda_2=1-\beta^2$，则变换（5.11）和（5.12）中的系数分别为 $\frac{1}{\sqrt{1+\beta^2}}=\frac{1}{\sqrt{\det\Lambda_1}}$，$\frac{1}{\sqrt{1-\beta^2}}=\frac{1}{\sqrt{\det\Lambda_2}}$。变换（5.11）和（5.12）可分别改写为

$$\begin{pmatrix} x' \\ y' \end{pmatrix}=\frac{1}{\sqrt{\det\Lambda_1}}\Lambda_1\begin{pmatrix} x \\ y \end{pmatrix} \tag{5.11$'$}$$

$$\begin{pmatrix} x' \\ y' \end{pmatrix} = \frac{1}{\sqrt{\det \Lambda_2}} \Lambda_2 \begin{pmatrix} x \\ y \end{pmatrix} \tag{5.12'}$$

变换（5.12）和（5.12′）就是狭义相对论中的洛伦兹变换。变换（5.11′）和（5.12′）的表示虽然样子看着怪异，但它们图像清晰，其中的矩阵 Λ 让二次型形式不变，它对二次型的缩放效果经 $\det \Lambda$ 消除掉以后才是等距变换，故在变量变换的层面上就是要除以因子 $\sqrt{\det \Lambda}$。在广义相对论中，经常会在一些表达式中出现 $\sqrt{-g}$ 这个因子，比如对于标量场 S，$\int S\sqrt{-g}d^4x$ 是不变量。那里为了定义时空距离会引入一个度规张量 g_{ij}，其是一个 4×4 的矩阵，$g = \det g_{ij}$ 是度规张量的矩阵值。读者在学习广义相对论时遇到这样的带 $(\sqrt{-g})^{-1}$ 因子的表示如果感到困惑，请回头参详此部分。

把变换（5.12）写成 $\begin{pmatrix} x' \\ ct' \end{pmatrix} = \Lambda(\beta) \begin{pmatrix} x \\ ct \end{pmatrix}$，其中

$$\Lambda(\beta) = \frac{1}{\sqrt{1-\beta^2}} \begin{pmatrix} 1 & -\beta \\ -\beta & 1 \end{pmatrix}, \quad \beta = v/c \tag{5.13}$$

就是带物理图像的洛伦兹变换，其中 c 是光速，v 被诠释为惯性参照框架之间沿 x-方向的相对速度。

类似（5.4）、（5.5）、（5.13）式这样的变换之集合构成了一个群。构成群，意思是每一个这样的变换都有逆变换，两个变换 T_1 和 T_2 相继作用的结果也是一个变换（（5.9）式的含义即在于此），变换的相继作用满足结合律。（5.4）式是二次型 x^2+y^2 的不变变换，其集合构成一个简单的转动群，而（5.5）或者（5.13）式是二次型 x^2-y^2 的不变变换。虽然（5.13）式有时会特别称为洛伦兹推进，但文献中一般就含糊地称之为洛伦兹变换。三维空间的转动，以及三维空间任一方向同时间之间的赝转动（洛伦兹推进），它们一起构成了物理时空 $R^{3,1}$ 的保持原点不动的等距群，称为洛伦兹群（详见下文）。对应 6 个自由度，洛伦兹群有 6 个生

成元。洛伦兹群是非阿贝尔的。

附带说一句，研究变换不变性，以及找到物理方程的不变形式，都不是一件容易的事情。在经典力学中，有哈密顿正则方程 $\dot{q} = \partial H/\partial p$，$\dot{p} = -\partial H/\partial q$，其中 $H = H(q,p)$ 是系统的哈密顿量，它决定系统的一切动力学行为。作变换 $(q,p) \to (Q,P)$，得到新的哈密顿量表示 $H = H(Q,P)$，但必须有 $\dot{Q} = \partial H/\partial P$，$\dot{P} = -\partial H/\partial Q$，即正则方程的形式不变！诺特女士（Emmy Noether，1882—1935，德国人）1918 年的论文《不变的变化问题》将物理学上的对称性同守恒律联系了起来，使得物理学的研究模式与品味都得到了提升。在数学上，一个紧致的凸集（比如圆盘）到自身的连续变换，必有一个固定点，这是著名的布劳威尔（Luitzen Brouwer，1881—1966，荷兰人）固定点定理。大家可以想象一下，想到这样的定理和证明这样的定理都不是一件容易的事儿，可是有的人就做到了。他们才是真正意义上的科学家。

5.2 波动方程的不变变换

设想有一根琴弦，函数 $u = u(x,t)$ 表示弦上水平位置为 x 的那一小段在时刻 t 偏离平衡位置的幅度，作小振幅近似，则函数 $u = u(x,t)$ 满足方程

$$\frac{\partial^2 u}{\partial x^2} = \frac{1}{v^2}\frac{\partial^2 u}{\partial t^2} \tag{5.14}$$

形如式（5.14）这样的方程叫作波动方程，其中 v 是弦上波的传播速度。推广到三维空间，则三维波动方程形式为

$$\frac{\partial^2 u}{\partial x^2} + \frac{\partial^2 u}{\partial y^2} + \frac{\partial^2 u}{\partial z^2} = \frac{1}{v^2}\frac{\partial^2 u}{\partial t^2} \tag{5.15}$$

那么，它的不变线性变换是啥样子的呢？显然，这要从微分关系 $\frac{\partial}{\partial x'_\mu} = \sum_\nu \frac{\partial x_\nu}{\partial x'_\mu}\frac{\partial}{\partial x_\nu}$ 去找。

由前一节我们知道，变换 $\begin{pmatrix} x' \\ vt' \end{pmatrix} = \gamma \begin{pmatrix} 1 & -\beta \\ -\beta & 1 \end{pmatrix} \begin{pmatrix} x \\ vt \end{pmatrix}$，其中 $\gamma =$

$1/\sqrt{1-\beta^2}$，$\beta=\dfrac{\omega}{v}$，都是无量纲参数，会保持 $x'^2-(vt')^2=x^2-(vt)^2$ 形式不变。1909 年，英国人巴特曼（Harry Bateman，1882—1946）和康宁翰（Ebenezer Cunningham，1881—1977）证明，这个变换也让方程 $\dfrac{\partial^2 u}{\partial x^2}=\dfrac{1}{v^2}\dfrac{\partial^2 u}{\partial t^2}$ 的形式保持不变。对于三维空间的波动方程（5.15），可证明洛伦兹群是它的对称群。巴特曼还证明了麦克斯韦波动方程满足 15 个参数的 SO（4,2）共形群。

注意，$x^2+y^2+z^2-(vt)^2=0$ 描述自原点出发的速度为 v 的球波①的传播。容易理解，让 $x^2+y^2+z^2-(vt)^2$ 形式不变的变换，使得在此一参照框架中的球波，在另一参照框架中也是球波。

5.3　麦克斯韦波动方程

摩擦生电，磁铁会吸附一些碎铁屑，这些是电磁现象。后来，我们认识到电流可以产生磁，利用磁场中的运动引起的感应可以产生电流，电磁现象是统一的。英国科学家麦克斯韦（James Clerk Maxwell，1831—1879）在其于 1861—1862 年间分四部分发表的一篇文章中，把当时的电磁学定律总结入一套方程

$$\nabla\cdot\boldsymbol{D}=\rho;\quad \nabla\cdot\boldsymbol{B}=0;\quad \nabla\times\boldsymbol{E}=-\frac{\partial\boldsymbol{B}}{\partial t};\quad \nabla\times\boldsymbol{H}=\boldsymbol{J}+\frac{\partial\boldsymbol{D}}{\partial t}\qquad(5.16)$$

这即是如雷贯耳的麦克斯韦方程组[这个形式其实是英国科学家亥维赛德（Oliver Heaviside，1850—1925）给出的]。对于真空，有 $D=\varepsilon_0 E$；$B=\mu_0 H$。外加上连续性方程 $\partial\rho/\partial t+\nabla\cdot J=0$，它们构成电磁现象的基本方程。方程 $\partial\rho/\partial t+\nabla\cdot J=0$ 来自电荷守恒。电荷运动形成电流，则电流的分布和电荷密度随时间的变化就密切相关。或者说，这干脆就是电流的定义：“各处电荷密度随时间的改变就表现为空间各处电流的分布。”

---

① Spherical wave，汉译球面波，估计是参照 plane wave 的平面波译法。对应的德语词为 Kugelwelle，明白无误是球波。Spherical wave 到底该译成球面波还是球（形）波，读者可根据相关物理图像自行判断。

很少有人能正确理解这组方程，大部分书籍中关于这部分的介绍会因为作者数学的不足而基本上是错误的，比如连电场 $\boldsymbol{E}$ 和磁场 $\boldsymbol{B}$ 不是同一类数学对象但因为处于三维空间又常常可混为一谈都不知道。你可以不管上面的意思，接下来你只要记住，电磁现象导出了电磁波动方程，一个跟弦振动方程（5.15）形式上一样但实质上有很多不同的波动方程。这个方程给物理学带来了深刻的变化，促进了第二次、第三次工业革命的发生。

根据 $\boldsymbol{B}=\nabla\times\boldsymbol{A}$ 和 $\boldsymbol{E}=-\nabla\varphi-\partial\boldsymbol{A}/\partial t$ 引入电磁势 $(\boldsymbol{A};\varphi)$，对于真空，采用洛伦兹（Ludvig Lorenz，1829—1891，丹麦人）规范，可得方程

$$\frac{\partial^2\varphi}{\partial x^2}+\frac{\partial^2\varphi}{\partial y^2}+\frac{\partial^2\varphi}{\partial z^2}=\frac{1}{c^2}\frac{\partial^2\varphi}{\partial t^2} \tag{5.17}$$

其中 $c=1/\sqrt{\varepsilon_0\mu_0}$，$\varepsilon_0$ 和 μ_0 分别是真空介电常数和磁导率。

注意，方程（5.17）和方程（5.15）形式上是一样的，它们都是波动方程。既然方程（5.17）是个波动方程，而波动方程描述波动现象，难道它意味着世界上存在电磁波吗？1887 年，德国物理学家赫兹用图 5.1 中的装置产生了电磁波，证实了电磁波的存在。今天，电磁波已深入我们生活的方方面面，电磁波如同我们自己的存在一样真实。电磁波的存在，让对这个方程的研究更有价值了。根据定义值 $\mu_0=4\pi\times10^{-7}\mathrm{N/A^2}$，$\varepsilon_0=8.854187817\cdots\times10^{-12}\mathrm{F/m}$，计算可得方程（5.17）中的 c 约为 $3.0\times10^8\mathrm{m/s}$. 这个数值同当时光速的测量值接近（其实，这两者的差别比任何别的速度差都大，但关键是，那么大的速度就这个计算值和光速测量值呀!），这启发人们猜测，难道光就是电磁波。今天我们知道，我们眼睛能看到的光，可见光，就是波长大致为 390~780 nm 的电磁波。再者，笔者觉得更具意义、更加值得强调的是，当我们谈论速度的时候，我们自然而然地会强调或者是不言自明地以为是相对于什么的速度，比如水流相对于河岸的速度，船相对于水流的速度，等等，都需要参照框架。而在这里，这个电磁波的速度，它是从两个在不同情境下分别得到的常数 ε_0 和 μ_0 计算而来的 —— 它没有

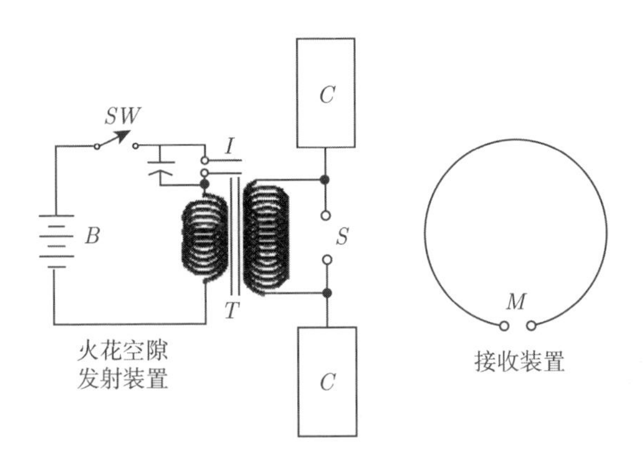

图 5.1　赫兹用来产生电磁波的装置。按压开关 I 让电容充放电，会在两个金属球的缝隙（S 处）中产生火花，在远处简单地用导线连接的两个金属球缝隙（M 处）中偶尔也能引起火花，这表明有电磁作用从电路部分飞出去了

参照框架，或者说我们没法给它安排一个参照框架。难道，光速是个无需任何参照框架的物理量？光相对于任何存在，它的速度都是恒定值。笔者以为，这并不是说光速是不变的，而是说 Light needs to refer to nothing（光不需要参照物）。当我们写下 $(x, y, z; ct)$ 或者 $(x, y, z; ict)$ 时，c 就是一个使得 ct 同空间坐标具有相同量纲的那么一个常数，我们并没有当它是什么速度（矢量），也无意谈论它的参照框架。

5.4　洛伦兹变换

保持麦克斯韦波动方程（5.17），即 $\dfrac{\partial^2\varphi}{\partial x^2}+\dfrac{\partial^2\varphi}{\partial y^2}+\dfrac{\partial^2\varphi}{\partial z^2}=\dfrac{1}{c^2}\dfrac{\partial^2\varphi}{\partial t^2}$，形式不变的变换，就是保持二次型 $x^2+y^2+z^2-(ct)^2$ 或者 $x^2+y^2+z^2+(ict)^2$ 不变的变换。注意，这个二次型属于（3,1）型，其中时间和空间的地位是不一样的。把 $(x, y, z; ct)$ 或者 $(x, y, z; ict)$ 说成四维空间或者四维时空都不准确。物理时空 $R^{3,1}$ 的性质隐含在距离平方为二次型 $x^2+y^2+z^2+(ict)^2$ 这个事实中。时空

$R^{3,1}$ 中的点 $(x,y,z;ct)$ 也可以表示成矩阵形式

$$X=\begin{bmatrix} z+ct & -x+iy \\ x+iy & z-ct \end{bmatrix} \tag{5.18}$$

矩阵值 $\det X = x^2+y^2+z^2-(ct)^2$ 即是时空间距的平方。

对（3,1）型二次型的变换，可以分段考虑。对于涉及空间坐标 (x,y,z) 部分的不变变换，那就是简单的转动，$\begin{pmatrix} x' \\ y' \end{pmatrix} = \begin{pmatrix} \cos\theta & \sin\theta \\ -\sin\theta & \cos\theta \end{pmatrix}\begin{pmatrix} x \\ y \end{pmatrix}$；而涉及时间坐标和一个空间坐标之间的变换，在相对论中有专门的称谓洛伦兹推进

$$\begin{pmatrix} x' \\ (ct)' \end{pmatrix} = \begin{pmatrix} \cosh\theta & -\sinh\theta \\ -\sinh\theta & \cosh\theta \end{pmatrix}\begin{pmatrix} x \\ ct \end{pmatrix} \tag{5.19}$$

这个变换中的参数 θ 可通过 $\tanh\theta = v/c$ 得到，相应地 $\sinh\theta = \frac{v/c}{\sqrt{1-v^2/c^2}}$，$\cosh\theta = \frac{1}{\sqrt{1-v^2/c^2}}$。这里的实数 v 具有速度的量纲，而光速 c 是电磁波动方程固有的。**对光速 c 的理解应该基于电磁波动方程而不是洛伦兹变换**。笔者认为，关于相对论的一些误解，比如误以为光速不变以及什么光速不变是相对论原理，就是对着洛伦兹变换肆意发挥的结果。再强调一遍，洛伦兹推进是一个单变量的变换，这个变换用到的变量（argument）可写成 v/c 的形式，其中 v 是可变的，而参数 c 的出现是由于电磁波动方程的缘故。洛伦兹推进数学上是双曲转动，其和欧几里得转动的类比是部分意义上的。这个想法后来被闵可夫斯基（Hermann Minkowski，1864—1909）进一步发展来表述电–动力学方程，用以阐发麦克斯韦方程的不变性。

常见的以无量纲量 v/c 作为变量的时间–空间变换，即洛伦兹变换，形式为

$$\begin{aligned} t' &= \gamma\left(t-\frac{vx}{c^2}\right) \\ x' &= \gamma(x-vt) \end{aligned}, \quad \gamma = 1/\sqrt{1-v^2/c^2} \tag{5.20}$$

其实，若写成如下关于 (x, ct) 变换的形式，这个变换的对称性质会更明显，

$$
\begin{aligned}
(ct)' &= \gamma\left(ct - \frac{v}{c}x\right) \\
x' &= \gamma\left(-\frac{v}{c}ct + x\right)
\end{aligned}
\tag{5.21}
$$

即

$$
\begin{pmatrix} ct' \\ x' \end{pmatrix} = \Lambda(\beta)\begin{pmatrix} ct \\ x \end{pmatrix}, \text{其中}\Lambda = \frac{1}{\sqrt{1-\beta^2}}\begin{pmatrix} 1 & -\beta \\ -\beta & 1 \end{pmatrix}, \beta = v/c \tag{5.21$'$}
$$

看这个表达式多简单、多对称!

洛伦兹推进的逆变换形式为

$$
\begin{aligned}
ct' &= \gamma(ct + \beta x) \\
x' &= \gamma(x + \beta ct) \\
y' &= y \\
z' &= z
\end{aligned}
\tag{5.22}
$$

或者说，$\Lambda^{-1}(\beta) = \Lambda(-\beta) = \dfrac{1}{\sqrt{1-\beta^2}}\begin{pmatrix} 1 & \beta \\ \beta & 1 \end{pmatrix}$，$\beta = v/c$。

由（5.21）式，记 $dx'/dt' = u'$，$dx/dt = u$，则有 $u' = \dfrac{u-v}{1-uv/c^2}$。在参照框架 S 中的运动速度 u，在一相对以速度 v 运动的参照框架 S' 中的运动速度应为 $u' = \dfrac{u-v}{1-uv/c^2}$，这里假设了 u, v 沿同一方向。

注意，洛伦兹推进中的 (x, t) 都是被当作实数处理的，但这很不物理。时间具有单向性，时间间隔 $dt > 0$ 的物理事件间才可以建立起因果律。不同坐标系中对事件发生的顺序（temporal ordering of events）可能有不同的判断，但是对于存在因果关系的事件，其时间顺序不应该改变。在狭义相对论中，将坐标和时间简单地缝在一起构成时空 $R^{3,1}$，有内在的缺陷。有鉴于此，在谈论洛伦兹变换时，有时会使用正时洛伦兹推进（orthochronous Lorentz boost）的说法，以

把变换限制在时间都取正值的正统情形，但这于事无补。当然了，这里涉及什么是时间的物理终极问题，不是狭义相对论能回答的。

如果速度变量 $\boldsymbol{v}$ 的方向，记为 $\boldsymbol{n}$，其可不同 (x,y,z) 中的任何一个坐标轴一致，考察这种情形下位置矢量 $\boldsymbol{r}$ 同时间 t 经历的洛伦兹推进，则洛伦兹推进的表达式为

$$\begin{aligned}(ct)' &= \gamma\left(ct - \frac{\boldsymbol{v}}{c}\boldsymbol{n}\cdot\boldsymbol{r}\right)\\ \boldsymbol{r}' &= \gamma\left(-\frac{\boldsymbol{v}}{c}ct\boldsymbol{n} + \boldsymbol{r}\cdot\boldsymbol{n}\boldsymbol{n}\right) + (\boldsymbol{r} - \boldsymbol{r}\cdot\boldsymbol{n}\boldsymbol{n})\end{aligned} \tag{5.23}$$

这个公式很明白，意思是 $\boldsymbol{r}$ 在速度 $\boldsymbol{v}$ 方向上的部分 $\boldsymbol{r}\cdot\boldsymbol{n}\boldsymbol{n}$ 有洛伦兹推进，而垂直部分 $(\boldsymbol{r} - \boldsymbol{r}\cdot\boldsymbol{n}\boldsymbol{n})$ 没有。请时时注意数学和物理图像的严格对应。显然，当 $\boldsymbol{v}$ 落在某个坐标轴上时，变换（5.23）退化为式（5.20）。一般文献中，任意方向上的洛伦兹推进被表示为

$$\begin{aligned}t' &= \gamma\left(t - \frac{v}{c^2}\boldsymbol{n}\cdot\boldsymbol{r}\right)\\ \boldsymbol{r}' &= \boldsymbol{r} + (\gamma-1)\boldsymbol{r}\cdot\boldsymbol{n}\boldsymbol{n} - \gamma t v\boldsymbol{n}\end{aligned} \tag{5.23'}$$

不仅难记，还看不出物理图像来!

洛伦兹推进的叠加效果引出了狭义相对论的一个关键话题 —— 速度相加公式。考察最简单的关于 (x,t) 的两次推进。根据洛伦兹推进（5.19）式，若关于同一个空间轴和时间 t 之间两次推进的参数由 $\tanh\theta_1 = v_1/c$ 和 $\tanh\theta_2 = v_2/c$ 表征，其效果等价于一次推进的效果，$\tanh\theta = v/c$，则恒等式（5.10）这意味着

$$\frac{v}{c} = \frac{v_1/c + v_2/c}{1 + v_1v_2/c^2} \tag{5.24}$$

这个公式就是狭义相对论中的（同向）速度相加公式，即

$$v = v_1 \oplus v_2 = \frac{v_1 + v_2}{1 + v_1v_2/c^2} \tag{5.24'}$$

这个公式的意思是，同一个方向上两个速度 v_1 和 v_2 按照相对论规律相加的效果，对应或者得到的速度为 $v = \dfrac{v_1 + v_2}{1 + v_1v_2/c^2}$。这里 v/c 构成洛伦兹变换的参数，

是个无量纲的数，因此 v 应该是速度。至于 v 是什么样的速度，应由物理意义决定。

空间坐标之间使得时空距离平方不变的变换是转动，空间坐标和时间之间的不变变换是洛伦兹推进——本质上依然是转动。涉及不同空间方向的两个洛伦兹推进，其叠加效果不是简单的洛伦兹推进，而是还包含空间坐标之间的转动。计算其中所含的空间转动部分不是一件易事。记住如下事实或许是有帮助的。选定了空间坐标轴后，任意一个固有洛伦兹变换总可以表示为 $R_2L_u^zR_1$ 的形式（类似三维空间转动的欧拉角表示），意思是可以分解为一个空间某方向上的转动 R_1 跟着一个以 z 方向上速度 u 表示的洛伦兹推进 L_u^z 再跟着另一个某方向上的转动 R_2。

5.5　洛伦兹变换的历史

三维球面的方程为 $x^2+y^2+z^2=R^2$。如果变换使得 $x^2+y^2+z^2-R^2$ 不变，那就是球面的不变变换。关系式 $x^2+y^2+z^2-(ct)^2=0$ 可描述自原点出发以速度 c 向外发射的波，则保持 $x^2+y^2+z^2-(ct)^2$ 不变的变换保持球波总是球波。从物理角度来说，如果变换保持 $x^2+y^2+z^2-(ct)^2$ 不变，这相当于说这个速度为 c 的波在一个参照框架内是球波，在另一个参照框架中**仍然是速度为 c 的球波**，这是洛伦兹变换的物理诠释。把球变换成球是个有趣的数学问题。让球还是球的对称变换早已有讨论，有专门的学问 —— 球几何（sphere geometry）。

针对球变换的问题，1850 年前后法国数学家刘维尔（Joseph Liouvilles，1809—1882）使用的是莫比乌斯几何范畴内的共形变换或者互为倒数半径变换（transformation by reciprocal radii），而 1880—1885 年期间拉盖尔（Edmond Laguerre，1834—1886，法国人）使用的是拉盖尔几何范畴内的互反方向变换（transformation by reciprocal directions）。这些变换使得 $dx^2+dy^2+dz^2=\lambda(d\alpha^2+d\beta^2+d\gamma^2)$ 成立。1871 年，挪威数学家李（Sophus Lie，1842—1899）

把这个变换推广到任意维数的情形。1909 年巴特曼等人证明共形变换不仅让二次型不变，也可让麦克斯韦波动方程不变。

拉盖尔于 1882 年使用的反演或者互反方向变换为

$$\begin{aligned} x' &= x \\ y' &= y \\ z' &= \frac{1+k^2}{1-k^2}z - \frac{2k}{1-k^2}R \\ R' &= \frac{2k}{1-k^2}z - \frac{1+k^2}{1-k^2}R \end{aligned} \tag{5.25}$$

这个变换使得 $x^2+y^2+z^2-R^2=x'^2+y'^2+z'^2-R'^2$。这其实就是后来的洛伦兹变换，对应这里的 $R=ct$，$v/c=2k/(1+k^2)$，$\dfrac{1+k^2}{1-k^2}=\gamma$。

福格特（Woldemar Voigt，1850—1919，德国人）1887 年引入一个同不可压缩介质和多普勒效应相关联的变换，证明此变换让波动方程 $\nabla^2\psi-\dfrac{1}{c^2}\dfrac{\partial^2\psi}{\partial t^2}=0$保持不变。后来，福格特坦言自己得到这个结果是基于光的弹性理论而不是光的电磁理论。福格特的变换是

$$\begin{aligned} t' &= t - xv/c^2 \\ x' &= x - vt \\ y' &= y\sqrt{1-v^2/c^2} \\ z' &= z\sqrt{1-v^2/c^2} \end{aligned} \tag{5.26}$$

或者是

$$\begin{aligned} t' &= (t - vx/c^2) \\ x' &= (x - vt) \\ y' &= y/\gamma \\ z' &= z/\gamma \end{aligned} \tag{5.26$'$}$$

爱因斯坦和电动力学奠基人洛伦兹

这个变换混合了洛伦兹推进和尺度缩放（rescaling），如果都乘上因子 $\gamma = 1/\sqrt{1-v^2/c^2}$，就是洛伦兹变换。

其实，洛伦兹变换可以扩展为

$$\begin{aligned} t' &= \ell\gamma(t - xv/c^2) \\ x' &= \ell\gamma(x - vt) \\ y' &= \ell y \\ z' &= \ell z \end{aligned} \tag{5.27}$$

令 $\ell = 1/\gamma$ 则得到福格特变换（5.26）式。但是，真空中的光学现象是尺度共形的（scale conformal），但尺度变换却不是所有物理定律的对称性。这样的变换不可以用来构造相对论原理。庞加莱和爱因斯坦表明，只有选择使得上述变换是对称的且**构成群**的形式，才符合相对论原理的要求。

洛伦兹是电–动力学的主要缔造者。为了用麦克斯韦理论解释光行差，法国科学家斐佐（Hippolyte Fizeau，1819—1896）1851 年给出了光在（顺）流水中的速度为 $\omega_+ = \dfrac{c}{n} + v\left(1 - \dfrac{1}{n^2}\right)$ 的实验结果，其中 n 是水的折射率，v 是水流速度。洛伦兹于 1892 年引入了一个模型试图加以解释，其中有静止以太，光速在以太中各向都相同，而拖曳效应来自水流和静止以太间的相互作用。在以太和运动系统之间的变换为

$$\begin{aligned} x' &= \gamma(x - vt) \\ y' &= y \\ z' &= z \\ t' &= t - \gamma^2(x - vt)v/c^2 \end{aligned} \tag{5.28}$$

其中 t 是以太中的时间，t' 是引入的计算运动体系中过程的辅助量。期间多经改动，到 1904 年，洛伦兹得到了如下的变换：

$$\begin{aligned} x' &= \ell\gamma(x - vt) \\ y' &= \ell y \\ z' &= \ell z \\ t' &= \ell[t/\gamma - \gamma(x - vt)v/c^2] \end{aligned} \tag{5.29}$$

相对论奠基人之一、科学巨擘庞加莱

其中 ℓ 是速度的参数，因为速度为零时，$\ell=1$，故 $\ell=1$ 始终成立。由此可见空间变换只发生在速度方向上。1892 年，为了解释 Michelson–Morley 实验的零结果，洛伦兹引入了长度收缩的概念。这个概念菲茨杰拉德（George FitzGerald，1851—1901，爱尔兰人）在 1889 年先提出过。洛伦兹认为长度收缩是个物理现象，但时间变换就是个 heuristic working hypothesis（启发性的工作假设）。

1905 年，庞加莱给出了

$$x'=\ell\gamma(x-vt),\quad y'=\ell y,\quad z'=\ell z,\quad t'=\ell\gamma(t-vx) \tag{5.30}$$

形式的变换，他在这里把光速当成 $c=1$①。第一次，庞加莱将这个变换称为洛伦兹变换。他表明，当 $\ell=1$ 时，这个变换有群的特征。紧接着他又在另一篇文章里详细证明这个变换可以从最小作用量原理得到。他详细地研究了洛伦兹变换的群特征。他还明确指出，若把时间表示换成 ict，洛伦兹变换就是一个简单的转动。他还初步使用了 4-矢量的形式。

爱因斯坦于 1905 年表明，若将光速 c 当成常数，仅仅通过钟表的校准方案就能得到洛伦兹变换（笔者以为这才是爱因斯坦发展狭义相对论过程中最惊艳的一击，堪称 a stroke of genius 的典范）。变换后的在运动体系里的时间对洛伦兹和庞加莱来说是表观时间（apparent time），爱因斯坦则认为变换后得到的时间就是运动参照框架的惯性坐标。这个变换不是为了计算的便利，而是反映了时空的特性。这是认识上的一大飞越。见下文。

闵可夫斯基于 1907 年和 1908 年改进了时间–空间和洛伦兹变换的表述。他用 $(x_1,x_2,x_3;x_4)$ 表示时空 $(x,y,z;ict)$，相应的洛伦兹变换为

$$\begin{aligned}&x_1'=x_1;\quad x_2'=x_2;\quad x_3'=x_3\cos i\psi+x_4\sin i\psi;\\&x_4'=-x_3\sin i\psi+x_4\cos i\psi\end{aligned} \tag{5.31}$$

① 光速是上限，将单调变化的标量的上限当成 1，这是所谓的归一化。物理学在很多场合会用到不同意义的归一化，比如量子力学中所有的波函数都是模为 1 的矢量。

其中 $\cos i\psi = \gamma$。闵可夫斯基的表示具有四维几何的特点，方便从几何的角度研究狭义相对论。闵可夫斯基称式（5.31）这样的变换是赝转动。

从前得到洛伦兹变换都是从光学、电-动力学或者光速是常数出发，俄罗斯物理学家伊纳托夫斯基（Vladimir Sergeyevitch Ignatowski，也叫 Waldemar Sergius von Ignatowsky，1875—1942）于 1910 年发现，仅利用相对性原理和相关的群性质就可以得到两个惯性框架之间的变换

$$x' = p(x - vt), \quad y' = y, \quad z' = z, \quad t' = p(t - nvx) \tag{5.32}$$

其中 n 是个时空常数，由其他的物理来决定。明显地，$n = 0$ 时此变换是伽利略变换，$n = 1/c^2$ 时是洛伦兹变换。与单纯的伽利略变换和洛伦兹变换相比，这个变换技高一筹。

5.6　洛伦兹群与庞加莱群

三维空间和一维时间一起拼成了一个四维的 $R^{3,1}$ 空间，即闵可夫斯基空间。闵可夫斯基空间中的点表示一个事件发生的地点和时间。洛伦兹变换使得闵可夫斯基时空中的两个位置（变化）矢量的内积不变，即

$$(cdt_1, dx_1, dy_1, dz_1)(cdt_2, dx_2, dy_2, dz_2) = -c^2dt_1dt_2+dx_1dx_2+dy_1dy_2+dz_1dz_2$$

不变。洛伦兹变换实际上是闵可夫斯基空间中的转动。1905 年庞加莱证明洛伦兹变换构成一个群，命名为洛伦兹群。所谓群，简单地说，是这样的一个集合，其元素存在单位元，两元素之积仍为该集合中的一个元素，每个元素都有逆，元素的乘积满足结合律。落实到洛伦兹变换上，就是存在一个不变变换，每个变换都有逆变换 $\Lambda^{-1}(\beta) = \Lambda(-\beta)$，其中 $\beta = v/c$。连续两个变换的结果仍是一个洛伦兹变换（正是由这个性质，才有了相对论的速度相加问题)，以及结合律 $[\Lambda(\beta_3)\Lambda(\beta_2)]\Lambda(\beta_1) = \Lambda(\beta_3)[\Lambda(\beta_2)\Lambda(\beta_1)]$。洛伦兹群是李群，每个转动都可以由重复进行无穷小的转动得到。闵可夫斯基空间 $R^{3,1}$ 是平直空间，度规张量可简写

为 $\eta=(1,1,\ 1;-1)$，洛伦兹矩阵满足

$$\Lambda^T\eta\Lambda=\eta \tag{5.33}$$

在未来的弯曲空间语境中，洛伦兹变换 $x'^{\mu}=\Lambda^{\mu}_{\nu}x^{\nu}$ 保持四维时空的间隔不变，即 $x'^{\mu}x'_{\mu}=x^{\nu}x_{\nu}$. 依据时空间隔的定义 $ds^2=x^{\mu}x_{\mu}=g_{\mu\nu}x^{\nu}x^{\mu}$，$g_{\mu\nu}x^{\nu}x^{\mu}=g_{\mu\nu}\Lambda^{\mu}_{\rho}x^{\rho}\Lambda^{\nu}_{\sigma}x^{\sigma}=g_{\rho\sigma}x^{\rho}x^{\sigma}$，则有

$$g_{\mu\nu}\Lambda^{\mu}_{\rho}\Lambda^{\nu}_{\sigma}=g_{\rho\sigma} \tag{5.34}$$

这就是度规张量 $g_{\mu\nu}$ 要满足的洛伦兹方程。

如果把闵可夫斯基时空中的平移也包括进来，这样就把洛伦兹群扩展成了庞加莱群。庞加莱群是闵可夫斯基空间的一般等距变换，洛伦兹群是它的各向同性子群，保持原点不变的。洛伦兹群是齐次的，有时候人们又把庞加莱群称作非齐次洛伦兹群。作为李群的洛伦兹群，其李代数有六个生成元。李代数是矩阵矢量空间，它模型化全等元素附近的群。李代数比李群简单，故一般地会从李代数的角度研究一个李群。洛伦兹变换和洛伦兹群的意义是开启了从对称性的角度研究物理学的时代。群是对称性的语言，从群以及群表示的角度研究物理体系的对称性，可以揭示许多此前不可见的奥秘。比如洛伦兹群的李代数与泡利矩阵有关，这提供了一个研究粒子自旋、为不同自旋的粒子构造相对论量子力学方程的切入点和判据。洛伦兹群反映时空的基本对称性。它来自对麦克斯韦场方程的研究，意义见于狭义相对论动力学规律，在基于其上的狄拉克方程和粒子物理的标准模型中自然扮演着重要的角色。学好群论，群论是物理学多有仰仗的独特数学分支。

推 荐 阅 读

1. James Clerk Maxwell, On Physical Lines of Force, Philosophical Magazine, Series 4, 161-175 (part I); 281-291; 338-348 (part II) (1861); 12-24(part III); 85-95(part IV) (1862).

2. Norbert Dragon, The Geometry of Special Relativity: a Concise Course, Springer (2012).

3. William Kingdon Clifford, On the Space Theory of Matter, Proceedings of the Cambridge Philosophical Society 2, 157-158(1864, Printed 1876).

4. Joseph Liouville, Théorème sur l'équation $dx^2+dy^2+dz^2 = \lambda(d\alpha^2+d\beta^2+d\gamma^2)$ (关于方程 $dx^2 + dy^2 + dz^2 = \lambda(d\alpha^2 + d\beta^2 + d\gamma^2)$ 的一个定理), Journal de Mathématiques Pures et Appliquées 15, 103(1850).

5. Harry Bateman, The Transformation of the Electrodynamical Equations, Proceedings of the London Mathematical Society 8, 223–264 (1910).

6. Oswald Veblen, Invariants of Quadratic Differential Forms, Cambridge University Press (1927).

7. Joseph Edmund Wright, Invariants of Quadratic Differential Forms, Cambridge University Press (1908).

8. John Gregory, Quadratic Form Theory and Differential Equations, Academic Press (1980).

9. Shigeyuki Morita, Geometry of Differential Forms, American Mathematical Society(2001).

10. Tracy Yerkes Thomas, The Differential Invariants of Generalized Spaces, 2nd edition, American Mathematical Society(1991).

11. Tevian Dray, Differential Forms and the Geometry of General Relativity, CRC Press (2014).

12. Eugene P. Wigner, Special Relativity and Quantum Theory: A Collection of Papers on the Poincaré Group, M. E. Noz, Y. S. Kim (eds.), Kluwer Academic Publishers (1988).

13. Sophus Lie, Über diejenige Theorie eines Raumes mit Beliebig Vielen Dimen-

sionen, die der Krümmungs-Theorie des Gewöhnlichen Raumes Entspricht(与平常空间曲率理论相对应的任意维空间的理论), Göttinger Nachrichten, 191–209(1871).

14. B. Delamotte, Theorie des Groupes de Lie, Poincare et Lorentz (李群、庞加莱群和洛伦兹群的理论，见于互联网).
15. Harry Bateman, The Transformation of the Electrodynamical Equations, Proceedings of the London Mathematical Society 8, 223–264 (1910).
16. Woldemar Voigt, Über das Doppler'sche Princip (论多普勒效应), Nachrichten von der Königl. Gesellschaft der Wissenschaften und der Georg-Augusts-Universität zu Göttingen (2), 41–51(1887).
17. Henri Poincaré, Sur la Dynamique de l'électron (电子的动力学), Comptes Rendus 140, 1504–1508(1905); Rendiconti del Circolo matematico di Palermo 21, 129–176 (1906).
18. Hermann Minkowski, Die Grundgleichungen für die Elektromagnetischen Vorgänge in Bewegten Körpern (运动物体中电磁过程的基本方程), Nachrichten von der Gesellschaft der Wissenschaften zu Göttingen, Mathematisch-Physikalische Klasse, 53–111(1908).
19. Waldemar von Ignatowsky, Einige Allgemeine Bemerkungen über das Relativitätsprinzip (相对性原理通论), Physikalische Zeitschrift 11, 972–976 (1910).
20. Waldemar von Ignatowsky, Das Relativitätsprinzip, Archiv der Mathematik und Physik 18, 17–40(1911).

第 6 章　狭义相对论基础

Die Natur verbirgt ihr Geheimnis durch die Erhabenheit ihres Wesens, aber nicht durch List.①

——Albert Einstein

摘　要　从相对性原理出发，即要求物理规律在所有相对匀速平动的惯性参照框架内具有相同的形式，外加光速恒定，爱因斯坦于 1905 年创立了狭义相对论。狭义相对论只关注平直时空里的物理，故相对于后来的推广而得名 special relativity。光速是速度的极限，是时间和空间的连接，通过 ct 使得时间具有长度的量纲。坚持相对性原理，对不同参照框架使用同一个光速 c 联系其时空的时间和空间分量，即采用时空坐标 $(x, y, z; ct)$，就能逻辑地导出一套刚性的理论来。通过对运动钟表的时间校准，爱因斯坦建立起不同参照框架之间时空坐标的联系，进而导出洛伦兹变换。笔者以为，这才是爱因斯坦最天才的神来之笔，是狭义相对论最见物理的地方。洛伦兹变换是使得球波 $x^2 + y^2 + z^2 = c^2t^2$ 在所有参照框架内都是球波的变换，是麦克斯韦波动方程的不变变换，因了爱因斯坦的洞见它成了狭义相对论的灵魂。由时空 4-矢量 $(x, y, z; ct)$

① 自然隐其奥秘于其实质之高贵而非狡黠中。—— 爱因斯坦

出发，可以构造遵循洛伦兹变换的速度、加速度、动量、波矢等物理量的 4-矢量形式，从而建立起相对论动力学。用动量 4-矢量表示电子同光子之间的散射，容易得到康普顿散射公式。爱因斯坦、普朗克把牛顿第二定律成立的参照框架当成 静止 参照框架，配合时空与电磁场的洛伦兹变换得到的一个重要结论是，一个质量为 m 以速度 v 运动的物体，其能量为 $E=mc^2/\sqrt{1-v^2/c^2}$，静止时能量为 $E=mc^2$。用狭义相对论可以理解诸多效应，如时间膨胀与长度收缩、光行差、多普勒效应、斐佐实验、托马斯进动等等。容易将经典电磁学写成狭义相对论的协变形式。光速不依赖于参照框架，故光在任意框架中有相同的波矢 4-矢量，可轻松得到相对论多普勒公式。狭义相对论是一门几何学，凭借洛伦兹群的一个很小的子群就可以建立起狭义相对论，故有非常特殊相对论之说。本章呈现那些构造狭义相对论之方法、技巧与思考的细节。

关键词 相对性，光速不变，力学世界观①，电磁学世界观，惯性参照框架，钟表校准，时空，洛伦兹变换，4-矢量，质能关系，时间膨胀，长度收缩，光行差，斐佐实验，多普勒效应，托马斯进动，相对论动力学，相对论经典电磁学，伽利略群，洛伦兹群，庞加莱群，非常特殊相对论

6.1 狭义相对论缘起

就一般性思考而言，狭义相对论来自爱因斯坦对获得物理学定律之（始于观测的）构造方法的绝望。爱因斯坦在其小传（*Autobiographical Notes*）里说，在 1900 年后，就在普朗克宣称力学和电–动力学都不能算严格有效时，他对是否能够依据已知事实通过构造方法发现物理规律的可能性感到失望。他越是绝望地尝试，越是觉得只有发现普适的形式原则才能引领我们去获得具有确定性的结

① Mechanistic view of world，被不恰当地译成了机械世界观。

果。如今我们知道，物理学的建立曾采用过构造的方法（如牛顿力学、电磁学、量子力学），从原理出发的方法（热力学）和从对称性出发的方法（规范场论），等等。相对论是热力学之后从原理出发构造出的又一个具有普遍意义的理论。

就具体问题而言，爱因斯坦在其 1905 年文章的导言部分明确提到，他注意到了麦克斯韦电–动力学理论在描述电磁现象时导致了某种非对称性。考察一块磁铁和一根导线之间的感应问题，按说所发生的现象只取决于两者之间的相对运动，但是当时的理论描述却分明区别对待何者在运动。若磁铁朝向导线运动，磁铁周围会因变化的磁场而产生电场，在导体中引起电流；若是导线朝向磁铁运动，磁铁周围没有产生电场，导线中产生的电流被归因于所谓的电动势（elektromotorische Kraft, electrolocomotive force）。磁铁和导线相对运动产生的效果 —— 电流的出现 —— 是客观的，但关于这个现象的描述根据何者在相对于观察者运动，何者在相对于观察者静止而起了差别。

爱因斯坦之前的亚里士多德物理学和牛顿物理学中已经存在各种程度的相对性原理，人们注意到物理学本质上不是关于客观存在的绝对真理的学问，而是一门关于物理概念提取、物理量关系构建的学问。伽利略的相对性思想到 1905 年时也有约 300 年的历史了，牛顿力学满足伽利略的相对性。如果力学定律（方程）相对于任何参照框架成立，则电–动力学和光学的定律按说亦应如此。爱因斯坦把“相对性原理”提升到要求的层面 —— 构造的物理理论应满足这个前提，且认定**光在真空中以不依赖于光源运动状态的恒定速度传播**。爱因斯坦在 1905 年把牛顿第二定律成立的参照框架（爱因斯坦用的是坐标系一词）当成静止坐标系，普朗克也是认识到这一点的，可惜这至关重要的一点竟被众多相对论文献给忽略了。

19 世纪是电磁学和电–动力学的世纪。1830 年，法拉第发现了电磁感应现象:“导体在磁场中运动，电就产生了”。电磁学和电–动力学，关键是运动电荷的问题。电荷是粒子的内禀性质，电荷以运动的形式存在，运动的电荷带来电流，加速运动的电荷还辐射电磁场。关于运动电荷的电–动力学，以及关于光发射体的动力学，应该有满足相对性的描述，但（关于静止体系的）麦克斯韦电磁学未能体现相对性原则。对运动电荷的一般性研究，导出了 Liénard–Wiechert 电磁势 —— 由里耶纳（Alfred-Marie Liénard，1869—1958，法国人）于 1898 年和维歇特（Emil Wiechert，1861—1928， 德国人）于 1900 年独立提出 —— 这是迈向狭义相对论的重要一步。处于位置 $\boldsymbol{r}_s$、以速度 $\boldsymbol{v}_s$ 运动的点电荷，其所产生的电磁势为

$$\varphi(\boldsymbol{r},t)=\frac{q}{4\pi\varepsilon_0}\left(\frac{1}{(1-\boldsymbol{n}\cdot\boldsymbol{\beta})\left|\boldsymbol{r}-\boldsymbol{r}_s\right|}\right)_{t-|\boldsymbol{r}-\boldsymbol{r}_s|/c},\quad A(\boldsymbol{r},t)=\boldsymbol{\beta}\varphi(\boldsymbol{r},t)/c \tag{6.1}$$

其中 $\boldsymbol{\beta}(t)=\boldsymbol{v}_s(t)/c$，$\boldsymbol{n}=(\boldsymbol{r}-\boldsymbol{r}_s)/\left|\boldsymbol{r}-\boldsymbol{r}_s\right|$。这里的关键是延迟势的概念，即时空点 $(\boldsymbol{r},t)$ 上的电磁势由时空点 $(\boldsymbol{r}_s,t-\left|\boldsymbol{r}-\boldsymbol{r}_s\right|/c)$ 上的电荷及其运动状态所决定。时间延迟 $t_r=t-\left|\boldsymbol{r}-\boldsymbol{r}_s\right|/c$ 与位置 $\boldsymbol{r}$ 有关，对电荷运动和电磁势（波）传播的分析导致了对时空的相对论描述。此外，如何让球波在运动参照系中依然是球波的讨论，也是导致洛伦兹变换的路径之一。哲学里所谓的从力学世界观的解放，说的是在电磁学中摆脱力学观念的束缚，后来进一步地有根据电磁学改造力学的努力。对物理问题视角的根本变化对于相对论的构思极为重要。

到 19 世纪末，经典力学和电磁学都已相当成熟。关于运动，牛顿第二定律给定下了基调，$md^2\boldsymbol{x}/dt^2=\boldsymbol{F}(t,\boldsymbol{x};d\boldsymbol{x}/dt)$。加速度是空间位置关于时间的二阶微分，力是时间、位置以及位置对时间一阶微分的函数，这样就保证了运动方程被限制在二阶微分方程的层面①。关于万有引力，$\boldsymbol{F}=\boldsymbol{F}(\boldsymbol{x})$，力仅是空间位置的函数；而电磁学里的洛伦兹力，$\boldsymbol{F}=q(\boldsymbol{E}+\boldsymbol{v}\times\boldsymbol{B})$②，这形式上是 $\boldsymbol{F}=\boldsymbol{F}(\boldsymbol{x},d\boldsymbol{x}/dt)$。显然，万有引力和洛伦兹力对应的运动方程，会表现出不同的对称性。后者要复杂一些，存在向下兼容的可能性和必然性。两者之间的不一致随着物理学的进展一定会被注意到。

① 关于真正的波 —— 水之皮的振荡 —— 的一些波动方程会包含三阶微分项。

② 以相对论的眼观看，我总觉得洛伦兹力的表达式应该是 $F=q\left[\boldsymbol{E}+\frac{\boldsymbol{v}}{c}\times(c\boldsymbol{B})\right]$。

值得注意的是，狭义相对论是社会生产力发展所直接催生的学问。在 19 世纪末 20 世纪初，三种工业成就及其相应的物理学标志，即火车（热力学）、电报（电磁学）与钟表（力学，基础物理），凑到了一起。钟表的广泛使用，让人们认识到钟表间的互相校准是计时的内在问题，火车的运行提出了异地时间校准的问题（对相对论的建立来说，重要的是运动钟表的校准问题），电报的使用为时间校准提供了工具。运动（火车）、电磁波（电报）和时间（钟表），狭义相对论的主角都出场了。狭义相对论一些内容之来源的另两个途径为变换不变性和原子衰变行为的研究，它的各个要素在爱因斯坦的 1905 奇迹年以前已经结晶于欧洲的多个智慧大脑中，尤以德国和意大利为盛。在德国南部出生长大、父母在意大利开厂、在瑞士（法国、德国、奥地利和意大利四国围成的一个小区域，那儿钟表、火车和电报一样不缺）接受物理学高等教育然后在瑞士审查专利（如何让钟表同步有铺天盖地的专利）的天才思想者爱因斯坦成了狭义相对论的奠基人，有一种宿命的必然。

6.2　长度、时间与时空

物理学关注运动与变化。运动用位置关于时间的变化描述（牛顿第二定律），事物的变化用关于时间–空间的方程描述（麦克斯韦方程组）。为此应首先讨论时间和长度的度量。人是一切的量度，时间和长度的度量（$\mu\varepsilon\tau\rho\acute{\omega}$）都基于人的时空特征。

长度的度量，是用我们认定的刚性的、直的标准杆去同待测物体比对实现的。标准尺可度量的那些体系之间才能比较，故公度（commensurability）是重要的数学、物理基本概念。长度的基准是米，就是基于人类伸展双臂得到的两指尖距离，约为身高。从毫米到千米的尺度范围够满足从前农业社会人类的日常长度度量需求了。大尺度上的测距，用标准杆测量没有可行性，必须使用能自我延伸的东西。反过来，微观距离的测量，也要求有活跃在微观世界里的标尺。光，无远弗届的光，可折返的光，无形的光，就成了用来测量长度的唯一指望。光中见物理，依据即在于此。

关于时间，比较麻烦。什么是时间？这是个深不见底的物理学终极问题，撇开不论。此处我们只关切关于时间度量的现实问题。不断再现的事件为时间提供了度量的可能。一个提供不断再现事件的设备，如晃动的机械指针、振荡的电脉冲等，可笼统地称为时钟。时钟给出一个当前时刻的读数，可当作时间，记为 t。时间由选定参照框架内静止的钟表给出。当我们说某时刻的时间时，说的是（同在一个参照框架内的）某个具体事件、某个设备的指针位置或者读数，比如日晷指针影子的位置或者数字式钟表的显示。

关于时钟和时间，校准始终是个关键话题。一个地点上的钟表总要给出相同的时间吧，但实践上这是不可能的——所有实际的钟表都有**校准装置**。进一步地，对于相对静止的不同点，比如火车站 A 与火车站 B，要求其上的钟表给出的时间是一致的[①]，也不过分（其实很过分 —— 它导致了狭义相对论的诞生）。不同地域静止点之上的钟表的校准，由专门的授时机构负责。

时间校准问题，需要认真考虑。对不同地点上时钟的校准，首先需要建立不同点之间的联系，联系才是关键。联系靠光信号。时间差是个距离除以信号传递速度 $\Delta x/v$ 那样的量。从前用钟鼓报时的时代，这个速度是声速，如今这个速度是光速 —— 在光无远弗届、人类使用视觉的世界，光速恐怕会是作为时空连接的终极速度和物理选择 —— 它必须是恒常的存在。电报被发明不久之后，人们就认识到了这一点。至于校准，不同点上相对静止或者相对运动的钟之间采用何种方案，这是个物理问题。但是，我们总可以先验地要求校准具有传递性，即若钟 A 与钟 B 都和钟 C 校准了，则钟 B 和钟 C 之间就是校准了的，这样才有谈论时间关系的可能。用光校准时钟还暗含一个互反性的假设，即光从 A 点到 B 点所需的时间 t_{AB}，等于光从 B 点到 A 点所需的时间 t_{BA}。前提是，

① 两点的时间互相是单调函数就行，就足够拿来建立物理了，我觉得。

我们的物理空间是 metric space，满足 $d_{\mathrm{AB}} = d_{\mathrm{BA}}$。但是，空间不必然满足条件 $d_{\mathrm{AB}} = d_{\mathrm{BA}}$，存在 $d_{\mathrm{AB}} \neq d_{\mathrm{BA}}$ 这种几何的空间（quasimetric space）。

谈论时间的判断，总涉及事件同时性的判断。同时性由两个事件的光信号到达观测者的同时来确定，由**观测者说了算**—— 观测是个与光有内在联系的概念。也就是说，同时性的判断是在单个空间点上进行的！两个事件是否是同时发生的，不同地点、处于不同运动状态的观察者有不同的判断，即同时性是观察者依赖的结论，不具有绝对性。同时性这个概念是依赖于参照框架的。放弃同时性的绝对性，是爱因斯坦带来的认识上的一大进步。不只是放弃同时性的绝对性，而是放弃两事件的空间间隔和时间间隔各自都不依赖于参照框架的运动状态的假说。这样相对性假设和光速应当作常数的做法就相容了。

设想我们有一个三维的平直空间，每个点上都隐藏着一个显示时间的钟，在一个静止参照框架里看来，它们是同步的。或者换个思路，假设先有时间，对任意时刻，这个世界都是三维的平直空间。这个闵可夫斯基时空，一个其中的事件之间的间隔定义为 $ds^2 = dx^2 + dy^2 + dz^2 - (cdt)^2$ 的时空，就是狭义相对论展开的舞台。显然，这里光速 c 是一个普适的、连接时空的内禀参数，它不（能）依赖于运动状态。在任何参照框架内，都用同一个 c 连接时空坐标，$(x', y', z'; ct') \leftrightarrow (x, y, z; ct)$。即便从校准时钟的角度来看，用于校准的光，其速度也不能依赖于光源的运动状态。我们只能这样选择！

顺便说一句，概念上时间是第二位的、导出的（derivative），长度和运动才是第一位的。但是，实践上，我们用运动（光速）和时间（可重复事件的计数）来标定距离。长度测量实质上也变成了时间的测量。雷达、导航卫星，其测距的核心单元是高精度时钟。

6.3　光速

在暗夜里划上一根火柴或者按下光源的开关，光亮会迅速刺破黑暗，这给人以光有有限速度传播的直觉。但是由于光速很大，人们也曾以为光是瞬时到达的。伽利略试图用遮蔽、敞开灯笼的方法估测光速，当然由于光速太大这不可能成功。可用某些天体上的光到达地球的时间（差）来表征光速，比如现在我们依然会随口说太阳光在 8 分钟内到达地球。1676 年，丹麦天文学家罗默尔（Olaus Rømer，1644—1710）通过观察木星月蚀的时间差，估算光速约为 214000 km/s；1728 年，英国天文学家布莱德利（James Bradley，1693—1762）借助光行差估算的光速约为 301000 km/s。地面上测量光速的装置有著名的 Fizeau-Foucault 装置，其关键部件是转动的反射镜，斐佐 1849 年的结果为 315000 km/s，傅科的结果是 298000 km/s，这已经接近了当前采用的数值。虽然这些测量采用不同的体系，使用的设备上有不同的机巧，但测量依据的都是 $\Delta x/\Delta t$，是把距离和时间当作第一位的。这样的光速测量，精确值依赖于长度测量和时间测量的精度。

等到麦克斯韦在 1864 年前后导出电磁场波动方程，其中的电磁波速度为 $c=1/\sqrt{\mu_0\varepsilon_0}$，$\varepsilon_0$ 和 μ_0 是真空中的介电常数和磁导率。以当时的值计算得到的电磁波速度和光速差不多，这让麦克斯韦怀疑光也是电磁波。光就是电磁波，因此光速的精确测量顺势变成了精确测量真空中的介电常数和磁导率，1907 年的光速计算值为 299788 km/s。

与此同时，人们也逐渐认识到了光速的其他特征。光速与频率无关（这是光速问题的一个关键所在），否则当一颗恒星被暗星邻居遮掩的时候，其发射的不同频率的光之最小强度就不会同时到达观测者，那恒星看起来就花了。再者，基于双星的观察，荷兰天文学家德西特（Willem de Sitter，1872—1934）在 1913 年推测光的传播速度不可依赖于发光体的速度。双星中一个冲着我们过来，另一个离我们远去。若光速依赖于发射体的速度，冲着观察者时快 $(c+v)$，离去时慢 $(c-v)$，则在某些地方，后来的冲着观察者时发射的光甚至会赶上此前时刻远离观察者时发射的光，那星星的轨道看起来就拧巴了，明显不遵从开普勒定律[①]。洛伦兹的电–动力学和光学研究倾向于光速不依赖于方向以及发射体的运动状态。当然了，1905 年，爱因斯坦的狭义相对论将光速不变作为前提，并成功解决了光速不变同相对性之间的矛盾。

既然光速不变，则在距离、时间和光速之间，可接受恒定光速的前提并为之赋值，实际去操作时间的精确测量，借助 $\Delta x = c\Delta t$ 把长度测量转变成时间测量，是物理上的可行选择。虽然，从前长度测量被理解为用标尺去度量待测物体的长度，但它只具有非常有限的可行性。毕竟，光能到达宇宙的每一个角落，而人类的手却伸不了多长。另一方面，我们没有特别短的标尺，但可以操控特别短的（光脉冲）时间间隔，借助 $\Delta x = c\Delta t$ 用很短的时间间隔标定小空间尺度也具有实践意义。这样，预设光速的值就成了物理学的合理选择。1983 年，光速被设定为 299792458 m/s。注意，光速不仅是一个定值，还是一个整数，因为它是人为设定的。

设定了光速，长度测量基于公式 $\Delta x = c\Delta t$ 就转化成了时间的精密测量。至于微小距离的测量，其核心是高精度时钟和超短光脉冲的制备。时间本质上是对物理事件的计数，精确的时间测量依赖于选取高频率事件并实现对事件的精确计数。当前，依赖石英钟、原子钟、冷原子喷泉钟，人类已一步步地将时间测量精度提高到了 10^{-16} 甚至更高。

6.4　相对性原理

为了避免误解和随意发挥，爱因斯坦对相对论原理的表述有必要原文重现："Die Gesetze, nach denen sich die Zustände der physikalischen Systeme ändern, sind unabhängig davon, auf welches von zwei relativ zueinander in gleichförmiger Parallel-Translationsbewegung befindlichen Koordinatensystem diese Zustandsänderungen bezogen werden（Relativitätsprinzip）." 这句话大致上可译为"物理体

① 我很怀疑这样的论证有现实意义。行星的运动速度与光速相比太小了。

系所据之改变的定律，与以两个相对处于匀速平动的坐标系中的哪一个为参照无关（相对原理）。”注意，爱因斯坦这里使用的坐标系应当理解为参照框架——在爱因斯坦的原文中，参照框架和坐标系混用的现象极为普遍。以笔者的理解，相对性原理就是：“物理规律不依赖于任何（相互间匀速运动的）参照框架。”相对性原理的内核就在于此。有鉴于此，物理学规律数学上应该表示为不依赖于坐标系的形式。这一点因为是纯数学的，在物理文献中鲜有强调。其实，追求不依赖于坐标系的几何和代数表示在 1905 年以前一直进行着，且不断渗透到物理学中。比如，外微分不依赖于空间的度规，用电磁势外微分表示的洛伦兹张量，$F=\partial\wedge A$，就能揭示电磁学更深刻的本质。李代数在物理学中的重要地位，就与外微分有关。提醒读者，用外微分表示热力学，热力学的数学简单明了，可以有效避免对各种热力学势的误解与误用。

欲将相对论用于构建物理理论，还需配合其他一些不言自明的假设，比如空间的均匀性。在爱因斯坦的原文中，光速恒定也是作为一个与相对性原理并列的 postulate（公设、要求）[①]提出来的。后来人们认识到光速的问题不是简单的不变或者恒定的，这牵扯到光的本性和时空特性。狭义相对论用到光速的方式，实际上就是对任意参照框架，其时空坐标 $(x,y,z;ct)$ 中的 c 都是同一个物理对象。光速不变不是接下来构造物理理论的出发点或者必须满足的要求，因此它和时空均匀性一样不具有 postulate 的地位。光速不变在爱因斯坦构造狭义相对论中的作用更多是技术性的。利用空间的各向同性和相对论原理所要求的对称性，就可以表明惯性参照框架之间的变换只有欧几里得的、伽利略的和洛伦兹的三种可能。洛伦兹变换里用到光速 c，同将时空坐标选为 $(x,y,z;ct)$ 是一致的。

相对性原理是 postulate（要求），具体地，就是要求物理定律经过关于时空

---

① Postulate 在欧几里得几何的语境下是公设，可作为出发点的那种信条，但这里不是这个意思。Postulate，来自拉丁语 poscere，意思是 to demand，要求。相对性原理要求物理定律在所有惯性参照框架内以相同的面目出现。

的洛伦兹变换保持形式不变 —— 自然的一般规律相对于洛伦兹变换都是协变的（general laws of nature are co-variant with respect to Lorentz transformations）。因此，相对论对寻找自然的一般规律就具有启发式（heuristic）[1]的意义，提供有价值的启发式帮助。因为相对论和洛伦兹变换来自电–动力学，所以电–动力学的规律得以部分保持原样。相对论需要改造的就是经典力学，这就是弥漫在 20 世纪初欧洲文献中所谓的电磁世界观自力学世界观的解放，此处的 mechanistic worldview 在中文哲学文献中被译成了“机械世界观”或者“机械观”。电磁学世界观自力学世界观的完全解放对于相对论的形成具有重要意义（electromagnetic worldview complete emancipation from the mechanistic worldview was of crucial importance for the formation of the theory of relativity），读者如果不明白这句话，可仔细研究麦克斯韦的电磁学著作。

6.5　为什么叫狭义相对论？

相对论在 1916 年之前就简单地被称为相对论（Relativitätstheorie）。狭义相对论一词出现在爱因斯坦 1916 年的“广义相对论的基础”（Die Grundlage der allgemeinen Relativitätstheorie）一文中，当他试图将相对论推广到任意相对运动的参照框架（天然地也是引力的理论）时，便将之前的、以参照框架间相对匀速运动为特征的相对论称为 spezielle Relativitätstheorie（狭义相对论），而将其要阐述的包含引力理论的相对论称为 allgemeine Relativitätstheorie（广义相对论，也称推广了的相对论，verallgemeinerte Relativitätstheorie）。可以理解，狭义相对论是在相对论要被推广的时候才有了对照物、才变得有必要加以区分的。Spezielle Relativitätstheorie，英译 special theory of relativity，或者 restricted

① Heuristic 来自阿基米德发现浮力定律时喊出的 Εύρηκα (eureka)，来自动词 εύρησκω（发现），它的意思是“有助于发明、创造、学习的（辅助性方法等）”，而非仅仅是口头上的启发。爱因斯坦是善用 heuristic working principle 的高手。

theory of relativity（有局限的相对论），法语为 relativité restreinte，汉译狭义相对论。一般文献中会说狭义相对论处理的是惯性参照框架之间匀速平动的特殊情形，或者处理速度远小于光速的情形，这些都会给（笔者这样的）读者带来误解。首先，相对论和量子力学一样，其主角是电子和光，它处理速度为零到光速的所有情形。再者，狭义相对论也涵盖加速运动和加速参照框架的问题。所谓 special relativity 关注的特殊情形，实际上指的是平直时空。狭义相对论是关于平直时空 $R^{3,1}$ 里的相对论，其中的时空间距为 $ds^2 = dx^2 + dy^2 + dz^2 - (cdt)^2$ 或者 $ds^2 = dx^2 + dy^2 + dz^2 + (icdt)^2$，这是时空几何意义上的特殊情况。与此相对，广义不只是把相对性从平直空间推广到弯曲时空的推广（Verallgemeinerung），更重要的还有对物理量和微分方程的一般协变性（allgemein kovariante）要求。广义相对论摆脱了对惯性参照系的依赖，在广义相对论语境中，惯性运动是除引力以外其他的力为零时的运动，空的空间（empty space）是只包含有引力场的空间。

狭义相对论和广义相对论是非常文艺的说法。其实，相对论的前缀 general 和 special 都是常见的用来限制数学对象的修饰词。线性变换群是物理上常用的非交换群，所有的一对一线性变换的集合构成一个 general linear group，其中比较特殊的（变换矩阵的矩阵值为 1）那部分也构成群，称为 special linear group。这里的 general linear group 和 special linear group 就简单地翻译为一般线性变换群和特殊线性变换群。酉群（unitary group）的表示矩阵之矩阵值可以为 1 和 -1，其中矩阵值为 1 的就是 SU 群（special unitary group）。读者不妨关注一下这里的共通性问题，因为毕竟相对论是一门关于时空变换的学问。

6.6 爱因斯坦的开山之作

1905 年，爱因斯坦发表了“论运动物体的电–动力学”（Zur Elektrodynamik bewegter Körper）和“物体的惯性依赖于其所蕴含的能–量吗？”（Ist die Trägheit eines Körpers von seinem Energieinhalt abhängig?）两篇文章，标志着狭义相对论的诞生。熟读这两篇文章，有利于从头把握狭义相对论的精神。

电–动力学对导线与磁铁相对运动感生电流的效应的描述，大致如下："若磁铁运动，磁铁周围产生感应电场；若导线运动，导线切割磁力线产生电动力。"运动的磁场产生电场，运动的导体却不影响磁场，麦克斯韦电磁学的这两种描述显然是非对称的。然而，所谓磁体的运动或者导体的运动，都是相对观察者的描述！磁体—导线间相对运动引起的电磁感应现象，理应只依赖于磁体–导线之间的相对运动，立足于体系之一部分相对于观察者运动状态的描述，出现不对称的地方是天经地义的。这说明我们的描述方式有问题。

爱因斯坦把相对性原理由 conjecture（猜想）提升到 postulate（要求）的地位，把相对性原理当成对物理定律（形式）的要求。相对性，加上光速不依赖于参照框架，凭借这两条可以在麦克斯韦关于静止物体电–动力学的基础上建立起运动物体的电–动力学。但是，光速不变看似和相对性不可调和，注意从前同一方向上的相对速度都是直接算术相加的，这就有一个如何理解相对性（相对速度间是什么关系，对应什么样的时空结构）使这两者调和的问题。相对性要求物理体系之状态改变所遵循的规律，不受所选取的相互间作匀速平动的参照框架的影响。这可以从两方面来理解。① 这是对物理学家的要求。人类得到的物理定律不要加入观察者的因素；② 这也是对物理学家的一个提示。什么才是物理世界的真正规律也许我们永远不知道，但肯定的是，其形式必不依赖于研究者所选取的参照框架（间的相对运动）。狭义相对论关切参照框架间相对匀速运动的情形。

显而易见，构造这样的物理理论，首先要知道时空框架间该有什么关系。欲建立 K-参照框架下的 $(x, y, z; t)$ 和 k-参照框架下的$(\xi, \eta, \zeta; \tau)$ 之间的关系，由于时空的均匀性，这个变换应该是线性的、可逆的。引入 $x' = x - vt$，则对 k-参照框架下的一个静止的点，其对应的 (x', y, z) 的值应是不随时间 (t) 改变的。运

动框架中一切位置 (ξ,η,ζ) 不变的事物，在静止框架中会有一组不依赖于时间 t 的$(x-vt,y,z)$ 值，其中 v 是相对速度。那么，τ**该是**$(x',y,z;t)$**的什么样的函数**？利用运动参照框架 k 内的时间校准过程，要求就用时间 τ 表征此参照框架中的事件来说，比如一束光在 τ_0 时刻从参照框架 k 的原点出发，于 τ_1 时刻到达静止框架 K 表示的某处 x'（此点在运动参照框架 k 内是不动的）被反射于 τ_2 时刻回到参照框架 k 里的出发点，钟表校准要求有关系

$$\frac{1}{2}(\tau_0+\tau_2)=\tau_1 \tag{6.2}$$

即

$$\tau(0,0,0,t)+\tau\left(0,0,0,t+\frac{x'}{c-v}+\frac{x'}{c+v}\right)=2\tau\left(x',0,0,t+\frac{x'}{c-v}\right) \tag{6.3}$$

上述公式的变化无穷小的版本为微分方程

$$\frac{\partial\tau}{\partial x'}+\frac{v}{c^2-v^2}\frac{\partial\tau}{\partial t}=0 \tag{6.4}$$

可得 $\tau=a\left(t-\dfrac{v}{c^2-v^2}x'\right)$，其中的 a 待定。这里假设在 k-参照框架的原点上，当 $t=0$ 时，$\tau=0$。

现在考察在运动的 k-参照框架下在 $\tau=0$ 时发出一束光，其在时刻 τ 时，到达 k-参照框架内的静止点 $\xi=c\tau=ac\left(t-\dfrac{v}{c^2-v^2}x'\right)$。从静止参照框架来看这件事，是在 t 时刻到达了那点，那点的 $x=ct$，那点的 $x'=ct-vt$，故 $\xi=ac\left(t-\dfrac{v(c-v)t}{c^2-v^2}\right)$。按照同样的思路，在运动框架内看从原点向 η-方向发射一束光，可得 $\eta=c\tau=ac\left(t-\dfrac{v}{c^2-v^2}x'\right)$，但是在静止参照框架看来，这是自原点发射一束光在 t 时刻到达某处 $(x,y,0)$，其中 $x=vt$，$t=y/\sqrt{c^2-v^2}$，故有 $x'=0$，$\eta=\dfrac{ac}{\sqrt{c^2-v^2}}y$。同理，得 $\zeta=\dfrac{ac}{\sqrt{c^2-v^2}}z$。

可将上述结果写成如下形式：

$$\left.\begin{aligned}\tau &= \phi(v)\beta(t - vx/c^2)\\ \xi &= \phi(v)\beta(x - vt)\\ \eta &= \phi(v)y\\ \zeta &= \phi(v)z\end{aligned}\right., \quad \beta = 1/\sqrt{1 - v^2/c^2} \tag{6.5}$$

由于两个参照框架的运动是相对的，逆变换会将坐标复原，故有 $\phi(v)\phi(-v) = 1$。再者，考虑到垂直方向 y 上的长度变化应与速度方向无关，$\phi(v) = \phi(-v)$，故 $\phi(v) = 1$。庞加莱认识到这个变换有群的特征，直截了当地得到这个结果 $\phi(v) = 1$。取 $\phi(v) = 1$，变换（6.5）就是洛伦兹变换，

$$\left.\begin{aligned}t' &= \beta(t - vx/c^2)\\ x' &= \beta(x - vt)\\ y' &= y\\ z' &= z\end{aligned}\right., \quad \beta = 1/\sqrt{1 - v^2/c^2} \tag{6.6}$$

洛伦兹变换是相对论的灵魂。爱因斯坦构建狭义相对论的第一步是自时间校准方案以独特的方式导出洛伦兹变换。

再次强调，爱因斯坦推导洛伦兹变换的出发点是（运动钟表的）时间校准问题 —— 爱因斯坦太天才了，他得到的洛伦兹变换才联系着深刻的物理。可惜，这一点在此前的相对论文献中未见强调。电–动力学中的麦克斯韦方程是作为正确理论被接受的，对运动的参照框架光速不变，但这和力学里的速度相加规则不符，或者说和伽利略相对性不符。爱因斯坦发现，这个矛盾的解决方案在于如何认识时间，时间同钟表间的通信信号的速度之间有着不可分割的关系，同时性其实是次要的。这一点，是爱因斯坦在文章撰写五周之前和朋友贝索（Michele Besso，1873—1955，瑞士人）讨论后认识到的。

爱因斯坦的繁杂推导很物理，但形式上很笨拙，学习者一上来未必能抓住其精神。一些文献还只部分转述了爱因斯坦的推导过程，更是雪上加霜。可以换一种推导方式。从初始时两个参照框架共同的原点发出一束光，在 K 框架内 t 时刻后的波前应为 $x^2 + y^2 + z^2 = c^2t^2$，在 K' 框架内 t' 时刻后的波前应为

$x'^2+y'^2+z'^2=c^2t'^2$，这要求以 v 为恰当参数的线性变换形式为

$$\begin{aligned} t' &= \varepsilon(v)\gamma(t-vx/c^2) \\ x' &= \varepsilon(v)\gamma(x-vt) \\ y' &= \varepsilon(v)y \\ z' &= \varepsilon(v)z \end{aligned}, \quad \gamma = 1/\sqrt{1-v^2/c^2} \tag{6.7}$$

速度 v 和 $-v$ 变换不影响垂直方向 y 和 z 的变换，$\varepsilon(v)=\varepsilon(-v)$，而逆变换有关系 $\varepsilon(v)\varepsilon(-v)=1$，故 $\varepsilon(v)=1$。于是，得到洛伦兹变换（6.6）。这种直观的推导是爱因斯坦之前就有的，读者请参阅洛伦兹变换的历史一节。

已知时空变换，可用来导出其他物理量在不同惯性参照框架间的变换。若坚持对于真空，方程 $\frac{1}{c}\frac{\partial \boldsymbol{E}}{\partial t}=\nabla\times\boldsymbol{H}$，$\frac{1}{c}\frac{\partial \boldsymbol{H}}{\partial t}=\nabla\times\boldsymbol{E}$ 总成立，由此得到的电磁场变换为

$$\begin{aligned} E'_x &= E_x; \quad H'_x = H_x \\ E'_y &= \gamma\left(E_y-\frac{v}{c}H_z\right); \quad H'_y = \gamma\left(H_y+\frac{v}{c}E_z\right) \\ E'_z &= \gamma\left(E_z+\frac{v}{c}H_y\right); \quad H'_z = \gamma\left(H_z-\frac{v}{c}E_y\right) \end{aligned} \tag{6.8}$$

当这样的运算应用到有源的情形时，就会引入电荷密度和电流问题。如果存在运动电荷作为源，电磁学方程变为 $\frac{1}{c}\left(\frac{\partial \boldsymbol{E}}{\partial t}+\boldsymbol{u}\rho\right)=\nabla\times\boldsymbol{H}$，$\frac{1}{c}\frac{\partial \boldsymbol{H}}{\partial t}=\nabla\times\boldsymbol{E}$，其中 $\rho=\nabla\cdot\boldsymbol{E}$（爱因斯坦使用的记号），将此变换到相对运动速度为 $\boldsymbol{v}$（沿 x-方向）的另一参照框架中，相应的电荷密度 ρ' 和电荷速度为

$$\rho' = \gamma(1-u_xv/c^2)\rho$$

$$\begin{aligned} u_\xi &= \frac{u_x-v}{1-u_xv/c^2} \\ u_\eta &= \frac{u_y}{\gamma(1-u_xv/c^2)} \\ u_\zeta &= \frac{u_z}{\gamma(1-u_xv/c^2)} \end{aligned} \tag{6.9}$$

爱因斯坦进而从时空变换的角度考察电荷的运动。在速度约为零时，电荷只受电场作用，遵循方程

$$m\frac{d^2x}{dt^2} = qE_x, \quad m\frac{d^2y}{dt^2} = qE_y, \quad m\frac{d^2z}{dt^2} = qE_z \tag{6.10}$$

若电荷具有速度 v，在其静止框架内的方程为 $m\frac{d^2\xi}{d\tau^2} = qE'_\xi$，$m\frac{d^2\eta}{d\tau^2} = qE'_\eta$，$m\frac{d^2\zeta}{d\tau^2} = qE'_\zeta$，与（6.10）式形式上严格相同。代入电磁场变换和时空变换后，可得速度为 v 时（假设在 x-方向上），运动方程变为

$$m\gamma^3\frac{d^2x}{dt^2} = qE_x,\ m\gamma\frac{d^2y}{dt^2} = q(E_y - vH_z/c),\ m\gamma\frac{d^2z}{dt^2} = q(E_z - vH_y/c) \tag{6.11}$$

电荷被电场从静止加速到速度 v，其间电场对它做的功为积分

$$W = \int_0^v m\gamma^3 v dv = mc^2(\gamma - 1) \tag{6.12}$$

按说做功应转化成了电荷的动能。（6.12）式提示我们，相对论语境下具有速度 v 的粒子，其动能表达式该是什么样的。（6.12）式右侧可理解为粒子运动时的能量为

$$E = \gamma mc^2 \tag{6.13}$$

粒子静止时能量为

$$E = mc^2 \tag{6.14}$$

两者之差为动能

$$E_k = \gamma mc^2 - mc^2 \tag{6.15}$$

我们由此可以看到，从对物理定律不依赖于参照框架的要求，相对性如何规范物理定律的形式。

爱因斯坦的相对论甫一问世，最先表示兴趣的大物理学家是普朗克。普朗克感兴趣的是光速 c 和作用量量子 h 都是普适性常数 —— 在绝对性问题上，相对

论和量子力学有共通之处。普朗克在 1906 年的文章中提到了动量表达 $p = m\gamma v$，以及变换

$$p'_x = \gamma(p_x - Ev/c^2), \quad E' = \gamma(E - vp_x) \tag{6.16}$$

这是能量-动量之间的洛伦兹变换。若使用作用量原理 $\delta \int Ldt = 0$ 讨论粒子的运动学，合适的拉格朗日量选择应是 $L = mc^2\gamma(v)$。普朗克的推导值得简单照录如下。按照狭义相对论，牛顿第二定律的 $m\ddot{\boldsymbol{x}} = F$ 只对静止的点（für einen ruhenden Punkt，$\dot{\boldsymbol{x}} = 0$）成立，现在要改造成对任意速度都成立的形式。对于洛伦兹力 $\boldsymbol{F} = q\left(\boldsymbol{E} + \frac{1}{c}\boldsymbol{v} \times \boldsymbol{H}\right)$，带电粒子速度为零时 $\boldsymbol{F} = q\boldsymbol{E}$。利用加速度 d^2x/dt^2 的时空变换，结合电磁场在不同参照框架下的变换（6.8），会发现对于洛伦兹力的情形，相对论协变形式要求牛顿第二定律形式为

$$\frac{m\ddot{x}}{\sqrt{1 - v^2/c^2}} = qE_x - \frac{q\dot{x}}{c}\left(\frac{\dot{x}}{c}E_x + \frac{\dot{y}}{c}E_y + \frac{\dot{z}}{c}E_z\right) + q\left(\frac{\dot{y}}{c}H_z - \frac{\dot{z}}{c}H_y\right) \tag{6.17}$$

显然，对于静止带电粒子，方程退化为非相对论的形式 $m\ddot{x} = q\left(E_x + \frac{\boldsymbol{v}}{c} \times \boldsymbol{H}\right) = qE_x$。上述运动方程写为

$$\frac{d}{dt}\left\{\frac{m\dot{x}}{\sqrt{1 - v^2/c^2}}\right\} = F_x \tag{6.18}$$

受此启发，动量定义应修改为 $p_x = \gamma m\dot{x}$。相应地，可定义拉格朗日量 $L = \gamma mc^2 + \text{const.}$，接下来可以验证这样得到的哈密顿正则方程也满足相对论协变性。

爱因斯坦进一步考察运动物体的光发射问题。假设在一个静止参照框架内，有物体向相反方向发射两个同样的光束，发射体在发射前后能量为 E^{i} 和 E^{f}，光的能量为 E_γ，能量守恒为 $E^{\mathrm{i}} = E^{\mathrm{f}} + E_\gamma$。在一个相对发射体速度为 v 的运动参照框架中看来，光的能量为

$$\frac{E_\gamma}{2}\left(\frac{1 - \frac{v}{c}\cos\theta}{\sqrt{1 - v^2/c^2}} + \frac{1 + \frac{v}{c}\cos\theta}{\sqrt{1 - v^2/c^2}}\right) = E_\gamma/\sqrt{1 - v^2/c^2} \tag{6.19}$$

设从运动框架看到的发射体发射前后的能量为 H^{i} 和 H^{f}，$H^{\mathrm{i}} = H^{\mathrm{f}} + E_\gamma/\sqrt{1-v^2/c^2}$，两式相减，得

$$H^{\mathrm{i}} - E^{\mathrm{i}} = H^{\mathrm{f}} - E^{\mathrm{f}} + E_\gamma(1/\sqrt{1-v^2/c^2} - 1) \tag{6.20}$$

而 $H^{\mathrm{i}} - E^{\mathrm{i}}$ 和 $H^{\mathrm{f}} - E^{\mathrm{f}}$ 应该是发射体于发射前后在后一参照框架里的动能 E_k^{i} 和 E_k^{f}，将式（6.20）展开只保留第一项，得

$$E_k^{\mathrm{i}} - E_k^{\mathrm{f}} = \frac{1}{2}\frac{E_\gamma}{c^2}v^2 \tag{6.21}$$

考虑到此前经典力学里的动能定义为 $E_k = \dfrac{1}{2}mv^2$，所以公式（6.21）可解释为在静止框架内发出能量为 E_γ 的辐射，其质量会减少为 $\Delta m = E_\gamma/c^2$。爱因斯坦由此推测："物体的质量是其能-量的量度"（Die Masse eines Körpers ist ein Maβ für dessen Energieinhalt）。如果这理论正确的话，则辐射在发射体和吸收体之间传递惯性（质量）。相较于此前人们认为质量为 m 的物体内的潜能为 mc^2，爱因斯坦的观点是质量本身是能-量的量度，这为质量起源问题指明了一条道路。后来的粒子物理的发展显然同爱因斯坦这里的思想是一致的，或者说是顺着爱因斯坦的思路表述的。

6.7　狭义相对论时空关系

相对论基于洛伦兹变换或者闵可夫斯基时空的阐述方式更加齐整、优雅。时空点坐标为 $(x, y, z; ct)$ 或者 $(x, y, z; ict)$，时空间隔为 $ds^2 = dx^2 + dy^2 + dz^2 - (cdt)^2$，也就是对度规记号选择了空间类的约定 $(+, +, +, -)$。对于习惯把时间记为 x^0 的文献，这相当于度规记号为 $(-, +, +, +)$。笔者坚持选择这样的约定，是因为这样体现了勾股定理以降长度概念的一致性，$ds^2 = dx^2 + dy^2 + dz^2 + (icdt)^2$ 就是我们熟悉的勾股定理。在本书的其他地方，笔者坚持用（3,1）型时空而非笼统的 4-维时空的说法。4-维（赝）黎曼空间包括 $ds^2 = dx^2 + dy^2 + dz^2 + dw^2$，$ds^2 =$

$dx^2+dy^2+dz^2-dw^2$，$ds^2=dx^2+dy^2-dz^2-dw^2$，$ds^2=dx^2-dy^2-dz^2-dw^2$ 等多种可能。狭义相对论时空是（3,1）型赝黎曼空间。洛伦兹变换保证 $ds^2=dx^2+dy^2+dz^2-(cdt)^2$ 为不变量。

根据闵可夫斯基的概念，时空可按照 $ds^2=dx^2+dy^2+dz^2-(cdt)^2$ 加以划分，$ds^2<0$ 的部分，称为 raumartig，$ds^2>0$ 的部分称为 zeitartig。相应的英语翻译分别为 space-like 和 time-like，应理解为空间类的和时间类的，可能更贴近其物理意义。特别地，光走的路径总满足 $ds^2=0$，这部分称为 lightlike（光这类的）。笔者以为，关于时空间距，我们只需要谈论 ds^2 的正负，而不是 ds 的虚实。

定义 $-(cd\tau)^2=ds^2=dx^2+dy^2+dz^2-(cdt)^2$，则 τ 是固定空间点上的时间，故称为固有时（proper time，自己的时间）。此概念由闵可夫斯基于 1908 年引入，是研究运动物体里的电磁学过程得到的结果。两个事件之间的固有时之差是

$$\Delta\tau=\int_P\sqrt{dt^2-(dx^2+dy^2+dz^2)/c^2}=\int_P\sqrt{1-v(t)^2/c^2}dt \tag{6.22}$$

积分沿连接两事件的世界线 P 进行。在广义相对论语境中，

$$\Delta\tau=\int_P d\tau=\int_P\sqrt{g_{\mu\nu}dx^\mu dx^\nu/c^2}=\int_P\sqrt{g_{00}/c^2}dx^0 \tag{6.23}$$

此是后话。

6.8 狭义相对论效应

狭义相对论带来了关于时空结构和运动的新理论，由此得出了许多新奇的认识以及对从前一些现象的诠释。除了随处可见的所谓时间膨胀和长度收缩（时间不膨胀，长度也不收缩！）以外，还有诸多容易遇到的相对论效应，兹略举几例，以便加深对狭义相对论的理解。

◎ 时间膨胀与长度收缩

时间膨胀（time dilation）和长度收缩（length contraction）是两个著名的狭义相对论效应，因为是关于时空坐标的，所以最直观。必须指出，这两个效应虽然在狭义相对论的语境中得到了科学的表达和诠释，但都是此前在电磁学和原子物理研究中提出的观念。长度收缩是菲茨杰拉德于 1889 年，洛伦兹于 1892 年为了解释 Michelson-Morley 实验的零结果而想出来的猜测，以挽救静止以太假设。拉莫（Joseph Larmor，1857—1942）在 1897 年就曾写道："电子划过轨道用时（比静止框架里的时间）偏短。" 1909 年，闵可夫斯基引入了固有时概念，才给出了时间膨胀的正确描述。

设想一个钟以速度 v 运动。在静止坐标系看来，在时间读数 t 以后，其位置在 $x = vt$ 处。作洛伦兹变换，得 $t' = \gamma(t - vx/c^2) = t\sqrt{1 - v^2/c^2}$，可见运动时钟的读数 t' 是偏小的。或者反过来说，对应于运动框架内钟的计时，静止框架内钟的读数是偏大的，因此有时间膨胀的说法。高速运动的 μ 介子比低速 μ 介子的寿命长，即我们作为静止观察者测量到的运动粒子的寿命较长，这被当作时间膨胀的证据。慢速 μ 介子的实验室寿命约为 2.197 μs，而宇宙射线产生的高速 μ 介子，速度可达 $0.98c$，其寿命是实验室数值的 5 倍以上。不过，介子衰变是个随机事件，在衰变如何依赖粒子速度的机制不清楚的前提下，这个结果只能诠释为同时间膨胀的说法不矛盾而已。有文献用运动时钟变慢的说法来描述，这种说法容易造成误解，笔者建议避免使用这种说法，最好只谈时钟读数的多少。当我们选定不同的时钟作为计时工具时，我们只关切它们就同一物理过程给出的时间读数。狭义相对论提及的钟，具有相同的抽象工作机制，互相比起来不快也不慢!

强重力场附近的钟表读数相对较少，那是广义相对论里的事儿。

关于长度收缩，不是物体发生了物理收缩，而是说一个一定长度的、运动的物体，观察者在其运动方向上**测量**到的长度要短一些。设想在运动的参照框架内，从某点发出一束光波，其波前是一个球壳 $\xi^2+\eta^2+\zeta^2=R^2$。在静止参照系中，根据洛伦兹变换，在固定时刻 $t=0$，对应的方程是 $\gamma^2x^2+y^2+z^2=R^2$，这是个椭球方程，x-轴上的轴长为 $R\sqrt{1-v^2/c^2}$，收缩了。还是从测量的角度考虑这个问题更直观。设想在观察者所在的静止框架中，一个运动物体的前端时空坐标为 (x_1,t_1)，后端时空坐标为 (x_2,t_2)，则 $t_2=t_1$ 时，$L=x_2-x_1$ 即是测量到的长度。由洛伦兹变换 $x_1'=\gamma(x_1-vt_1)$，$x_2'=\gamma(x_2-vt_2)$。当 $t_2=t_1$ 时，$L'=x_2'-x_1'=\gamma L$。虽然此变换在物体所处的静止框架内得到的 $t_1'\neq t_2'$，但因为物体在该框架内是静止的，这不妨碍认定 $L'=x_2'-x_1'$ 就是该物体的固有长度。显然，$L=L'/\gamma<L'$，测量到的长度比固有长度要短。

再强调一遍，时间膨胀和长度收缩谈论的是（用光得到的）测量问题，是观测者测量到的运动体系的时间间隔和长度比固有时和固有长度分别要大一些和小一些，如此而已。学物理者，最好不热衷怪力乱神。

◎ 相对论多普勒效应

波的传播随波源和接收者运动的变化是个有趣的物理问题。人们很早就注意到声波频率的变化问题。1842 年，多普勒（Christian Doppler，1803—1853，奥地利人）用波源–接收者之间相对运动引起频移解释双星的颜色问题，遂有了多普勒效应一说。声波的多普勒效应由荷兰气象学家巴洛特（Buys Ballot，1817—1890）于 1845 年发现，而光波的多普勒效应则是 1848 年斐佐发现的。声波的多普勒现象取决于是源、是接收者还是两者都相对于传播介质运动。

光的多普勒效应与声波不同，光的传播问题自然涉及相对论。一般解释多普勒效应的文献虽然会说光的多普勒效应是相对论效应，但是总在絮叨什么波前何时到达接收者，光在传播过程中时间如何膨胀了，等等，笔者个人的感受是这很容易把人绕晕（讲述过程中容易引入未必正确的说法）。光波的传播涉及的波源–接收者相对运动带来的效应，用狭义相对论的语言直截了当、简洁明快地处理就好。对光波的波矢 4-矢量 $\boldsymbol{k}=(k_x,k_y,k_z,\omega/c)$ 作洛伦兹变换，就能得到多普勒效应的所有内容！此过程中无需涉及与波矢 4-矢量共轭的位移 4-矢量，因此也就没有什么时间或者钟表快慢的问题。详细内容见 6.11 节。1907 年，爱因斯坦报道横向（源运动方向的垂直方向上）多普勒效应的发现，$\nu_r = \gamma\nu_s$，接收到的频率相比源的频率发生了红移。

◎ 斐佐实验

法国科学家斐佐以测量光速的斐佐实验而闻名。在 1851 年前后，斐佐用干涉法（common-path interferometer）测量流水中的光速。依照当时的物理理解，光会被运动的介质所拖曳，光束与水流方向相同时，速度应为 $c' \sim c/n + v$，其中 n 是水的折射率。斐佐确实测量到了拖曳效应，但斐佐得到的结果为 $c' \sim c/n + v(1 - 1/n^2)$，而不是预期的 $c' \sim c/n + v$。这个结果在半个世纪后得到了解释，根据狭义相对论速度相加公式，$c' = \dfrac{c/n + v}{1 + v/nc}$，展开保留到 v 的一次方项，即得 $c' \sim c/n + v(1 - 1/n^2)$。1907 年劳厄用相对论得到了这个结果。关于这个干涉法测光速（改变）的实验，后来多有重复和改进，如美国人迈克耳孙（Albert A. Michelson，1852—1931）和莫雷（Edward W. Morley，1838—1923）于 1886 年，荷兰人塞曼（Pieter Zeeman，1865—1943）于 1914—1915 年间，为了不同的研究目的也做过这个实验。

◎ 修正光行差

光行差，英文为 aberration of light，有时候会强调是 stellar aberration 或者 velocity aberration，这几个词就说明了这是一种由观察者的运动所造成的天体看似运动了的现象。光行差使得物体看似朝向观察者运动的方向移动了。这是个典型的速度相加带来的问题，相对论提供了修正。设想有一束光自光源（恒星）到达了（地球上的）观测者，光速与观察者行进的速度 $\boldsymbol{v}$ 的夹角为 θ，即 $u_x = c\cos\theta$，$u_y = c\sin\theta$，则光看起来来自方向 ϕ，由 $\tan\phi = \dfrac{u'_y}{u'_x}$ 给出，按照经典力学的观点，$\tan\phi = \dfrac{u_y}{u_x + v} = \dfrac{\sin\theta}{\cos\theta + v/c}$。如果用相对论，考察光源（静止

参照框架）到运动参照框架的速度变换，

$$\begin{aligned} u'_x &= \frac{u_x + v}{1 + vu_x/c^2} \\ u'_y &= \frac{u_y}{\gamma(1 + vu_x/c^2)} \end{aligned} \tag{6.24}$$

则 $\tan\phi = \dfrac{u_y}{\gamma(u_x + v)} = \dfrac{\sin\theta}{\gamma(\cos\theta + v/c)}$。与非相对论结果相比，多了个 $1/\gamma$ 因子。

◎ 原子世界的相对论效应

原子世界里，电子一直在高速运动，典型速度在光速的 1/137 的尺度上，因此相对论效应非常明显。此外，在电子中首先发现的自旋性质甚至被认为是相对性要求的必然。可以说，相对论是理解原子（中的电子）的基础。原子世界里的相对论效应很多，可作为专门的学术领域，此处只介绍一例 —— 托马斯进动，即电子自旋的进动，来自对原子内电子的自旋–轨道相互作用的相对论修正。托马斯（Llewellyn Thomas，1903—1992，英国人）在 1926 年用狭义相对论为碱金属的双线分裂加上一个因子 1/2，这里的关键是一个方向上关于 $\boldsymbol{v}_1$ 的洛伦兹推进，跟着一个在另一方向上关于 $\boldsymbol{v}_2$ 的洛伦兹推进，并不等价于一个关于速度矢量 $\boldsymbol{v}_1 + \boldsymbol{v}_2$ 的洛伦兹变换。两个不共线的洛伦兹推进，其结果为一个洛伦兹推进同空间转动的组合，这一点在庞加莱群的语境下容易理解。粒子的即时静止参照框架的进动角频率，即托马斯频率，为 $\omega_T = \dfrac{\gamma^2}{c^2(1+\gamma)}\dfrac{d\boldsymbol{v}}{dt} \times \boldsymbol{v}$。注意，在非相对论极限 $\boldsymbol{v} \to 0$，$\dfrac{\gamma^2}{\gamma+1} \to \dfrac{1}{2}$，多出了一个 1/2 因子。有兴趣的读者请参看这个问题的专门介绍。

6.9 再论光速

光速不只是恒定不变的问题，而是有更多的深意。物理学史上有基于公式 $v = \Delta x/\Delta t$ 测量光速一事，这是将长度和时间作为独立物理量的。当麦克斯韦波动方程被写出来时，就是因为 $c=1/\sqrt{\mu_0\varepsilon_0}$ 的计算值与光速测量值接近才猜测光可能本质上是电磁波的。从公式 $c=1/\sqrt{\mu_0\varepsilon_0}$ 相关的物理图像中，无法为光速 c 引入参照框架的概念。**光速是个超越参照物的物理量**，笔者认为这才是问题的关键。爱因斯坦 1905 年的工作也恰是从这一点出发的。

钟表存在于具体的空间点上，校准意味着在不同钟表之间建立起联系。在时间和空间坐标间建立起联系（connection），即将时间和空间概念合并成时空概念 $(x,y,z;ct)$，这也是光速的意义所在。在微分几何和广义相对论中，connection 更是关键概念，那里的 connection（汉译联络）变成了电磁场、变成了弯曲空间的克里斯多夫符号。近代物理认识到光是电磁相互作用的媒介，光子是电磁场的元激发。当交换相互作用机制出现以后，人们知道所谓的相互作用实际上都是通过特殊的粒子，如光子、胶子等，建立起联系的。作为相互作用媒介的无质量的光子，没有参照物。

在相对论语境中，光对任何运动的参照框架表现出来的速度是一样的。作为速度极限，光速作为固有参数出现在物理规律的变换中。注意，洛伦兹变换 $\Lambda(\beta)$ 是量 $\beta=v/c$ 的函数。至于光速是有质量粒子速度上限的说法（这里涉及两个不同的主体），来自对狭义相对论速度相加公式的诠释。相对论速度相加公式不过是群的性质或者自然要求“两个相继的同类动作的结果可以通过单一的同类动作得到”的结果，最直接的解释是**光速 c 是参照框架间相对速度的上限**—— 这和光速 c 是时空坐标的连接角色是一致的。至于有质量粒子的速度问题，用相对论动量 4-矢量讨论比用参照框架的速度相加公式讨论更物理一些。

就实用而言，光速的数值是可以任意定义的。当前光速的数值 $c=299792458\ \text{m/s}$，是一个整数，这是为了便利，也是因为历史的原因。从物理学的角度来看，光速是速度这个物理量的上限，所以可以作为单位存在，即 $c=1$。量子力学、量子场论中会随手写下 $c=1$。至于怎么理解光速可以是 1，俄罗斯学者曼宁（Юрий Иванович Манин，1937—）说:“因为它就是 1!”注意，$c=1$ 的写法没问题，但这并不表示它在公式中可以省略。光速 c 是一个有速度量纲的量，省略会造成物理图像的扭曲甚至缺失。

一些狭义相对论文献中会有当 $c\to\infty$ 时相对论力学退化到牛顿力学的说法，笔者深不以为然。不存在所谓的 $c\to\infty$ 这回事儿。光速是个有限上界，不管具体数值大小，它都具有单位量的特征，故 $c=1$ 才是正解。正确的说法是，当 $v\to 0$ 时，一些狭义相对论的内容会退化到牛顿力学情形。然而，也必须指出，这只涉及很少部分的物理内容，相对论带来了更多的物理。

6.10 洛伦兹变换的一般性推导

我们用参照框架设定的时空描述物理。相对性原理要求惯性框架之间是等价的，即具有同样的时空结构，因此它们之间是遵循齐次线性变换的。若时空都是由同样的光速 c 相联系的，即时空坐标为 $(x^1,x^2,x^3;ct)$ 或者 $(x,y,z;ct)$，ct 和空间分量具有相同的量纲。那么，相对运动的参照框架内的时空坐标该满足什么样的线性变换呢？设参照框架 S 和 S' 都采用笛卡尔坐标系，相互运动速度为 v，沿 x-(x'-) 方向，初始时原点在同一点上，变换发生在 (x,t) 之间，则有

$$
\begin{aligned}
x' &= a_{11}x + a_{12}t \\
t' &= a_{21}x + a_{22}t
\end{aligned}
\tag{6.25}
$$

因为在参照框架 S 看来，参照框架 S' 的原点始终在 $x=vt$ 处，故 $a_{12}/a_{11}=-v$；反过来，因为在参照框架 S' 看来，参照框架 S 的原点始终在 $x'=-vt'$ 处，故 $a_{12}/a_{22}=-v$；所以变换就变成了

$$
\begin{aligned}
x' &= a_{11}x - a_{11}vt \\
t' &= a_{21}x + a_{11}vt
\end{aligned}
\tag{6.26}
$$

但是，我们要求 $x = ct$ 和 $x' = ct'$ 始终成立，即在各自的参照框架内，一束从重合原点发出的光，都有同样的描述。因此，得 $a_{21} = -a_{11}v/c^2$。变换（6.25）就变成了

$$\begin{aligned} x' &= a_{11}(x - vt) \\ t' &= a_{11}\left(-\frac{v}{c^2}x + t\right) \end{aligned} \tag{6.27}$$

现在就剩下如何确定参数 a_{11} 了。考虑到从参照框架 S 到参照框架 S' 的变换对应 v，而从参照框架 S' 到参照框架 S 的变换对应 $-v$，故有

$$\begin{aligned} x &= a_{11}(x' + vt') \\ t &= a_{11}\left(\frac{v}{c^2}x' + t'\right) \end{aligned} \tag{6.28}$$

从参照框架 S 到参照框架 S' 再回到参照框架 S 的变换就是恒等变换，也即把（6.27）代入（6.28）可得到 $x = a_{11}^2(1 - v^2/c^2)x$，故得 $a_{11} = 1/\sqrt{1 - v^2/c^2}$。其实，若要求 $x^2 - c^2t^2 = x'^2 - c^2t'^2$，即不同框架中的时空距离不变，一样有 $a_{11} = 1/\sqrt{1 - v^2/c^2}$。如此，得到洛伦兹变换的常见表示。

6.11　相对论动力学

狭义相对论要求自然的一般规律是洛伦兹变换协变的，这对物理规律的数学形式是一个很强的约束。这要求用张量表示（标量、矢量分别为 0- 秩和 1- 秩张量，见第 10 章），或者毋宁理解为找到物理量正确的张量表示。记住，任意 4-矢量的内积都是洛伦兹不变的，这一点对利用相对论 4-矢量研究物理非常重要，例子包括速度 4-矢量同加速度 4-矢量之间的正交关系。

狭义相对论中，时间和空间合并组成了单一存在——时空。时空中的位置 4-矢量可表示为 $\boldsymbol{R}=(x,y,z,ct)$，其内积定义为 $\boldsymbol{R}_1\cdot\boldsymbol{R}_2 = x_1x_2 + y_1y_2 + z_1z_2 - c^2t_1t_2$，是一洛伦兹不变量，即经过变换 $R' = \Lambda(\theta)R$ 后，$R_1'\cdot R_2' = R_1\cdot R_2$ 成立。洛伦兹变换是狭义相对论的核心，（狭义）相对性原理就体现在物理规律的洛伦兹变换不变性上。狭义相对论语境下的物理学应该使用时空中的标量、矢量、高秩

张量来构造独立于惯性参照框架的不变量。谈及狭义相对论的运动学与动力学，都应严格使用洛伦兹变换来理解相应的内容。

可循序渐进地构造狭义相对论运动学和动力学涉及的 4-矢量。按照闵可夫斯基时空的度规，$ds^2 = -c^2d\tau^2 = dx^2 + dy^2 + dz^2 - c^2dt^2$，其中的固有时间 $d\tau$ 是个标量，是洛伦兹变换不变量。用时空中的位移 4-矢量除以 $d\tau$，得到的是时空中的速度 4-矢量，$\boldsymbol{U} = \dfrac{d\boldsymbol{x}}{d\tau} = \dfrac{dt}{d\tau}(\boldsymbol{v}; c)$，即

$$\boldsymbol{U} = \gamma(v)(v_x, v_y, v_z, c) \tag{6.29}$$

满足洛伦兹变换，内积 $\boldsymbol{U}\cdot\boldsymbol{U} = c^2$ 是个不变量，且是个普适的常数！所以说，在时空中，任何事物都以同样（模）的速度 4-矢量在运动。注意这里的速度 3-矢量 (v_x, v_y, v_z) 是观察者参照框架内看到的物体运动速度。设想，有两个参照框架 S 和 S'，相对速度为 v，则 S 中的速度 4-矢量 $\gamma(u)(u_x, u_y, u_z, c)$ 和 S' 中的速度 4-矢量 $\gamma(u')(u'_x, u'_y, u'_z, c)$ 之间满足洛伦兹变换 $\gamma(u)(u_x, u_y, u_z, c) = \Lambda(\theta)\gamma(u')(u'_x, u'_y, u'_z, c)$，变换 $\Lambda(\theta)$ 由 $\tanh\theta = v/c$ 决定。

由速度 4-矢量可进一步构造加速度 4-矢量 $\boldsymbol{A} = \dfrac{d\boldsymbol{U}}{d\tau}$，

$$\boldsymbol{A} = \gamma(\dot{\gamma}\boldsymbol{u} + \gamma\boldsymbol{a}, \dot{\gamma}c) \tag{6.30}$$

这里的 $\boldsymbol{u}, \boldsymbol{a}$ 分别是在给定参照框架里的速度和加速度。在瞬时静止框架（instantaneous rest frame）内，$\boldsymbol{A} = (\boldsymbol{a}, 0)$。加速度 4-矢量一样按照 4-矢量作洛伦兹变换。由于 $\boldsymbol{U}^\mu\boldsymbol{U}_\mu = \eta_{\nu\mu}\boldsymbol{U}^\nu\boldsymbol{U}^\mu = c^2$，微分得 $2\eta_{\nu\mu}\boldsymbol{U}^\nu\boldsymbol{A}^\mu = 0$，意思是相对论的加速度总与速度正交。虽然狭义相对论考虑相对作匀速平动的不同参照框架之间的变换关系，但其所能处理的问题包括加速运动。此外，加速参照框架之间的变换要保持 4-维时空的对称性以及在 $a = 0$ 时约化为洛伦兹变换，似乎没有成功。

由速度 4-矢量 $\boldsymbol{U} = \gamma(v)(v_x, v_y, v_z, c)$，还可以构造动量 4-矢量

$$\boldsymbol{P} = m\gamma(v)(v_x, v_y, v_z, c) \tag{6.31}$$

因为质量 m 是个标量。再强调一遍，质量是粒子的一个标签，与描述时空关系的 $\gamma(v)$ 因子无关！其实，考虑到能量–动量是和时空关于作用量（action）共轭的物理量，时空 4-矢量同动量 4-矢量有关于作用量的共轭关系，笔者以为是自然而然的。由坐标 4-矢量 $R=(x,y,z,ct)$ 可直接写出动量 4-矢量形式上为

$$\boldsymbol{P}=(p_x,p_y,p_z,E/c) \tag{6.32}$$

同 $\boldsymbol{P}=m\gamma(v)(v_x,v_y,v_z,c)$ 相比对，可见有质量粒子的相对论能量和动量分别应为 $E=mc^2\gamma(v)$，$p=mv\gamma(v)$。历史上这个表达式的得到过程非常曲折（见 6.6 节），这也恰是科学探索的挑战与乐趣所在。动量 4-矢量遵从洛伦兹变换，其内积是洛伦兹变换不变量。对于有质量粒子静止的参照框架，$E=mc^2$，故任意参照框架下有质量粒子的动量 4-矢量满足关系式 $\boldsymbol{P}\cdot\boldsymbol{P}=E^2/c^2-p_x^2-p_y^2-p_z^2=m^2c^2$，即

$$E^2=m^2c^4+p^2c^2 \tag{6.33}$$

这意思是说，在某参照框架内相对论动量为 p 的有质量粒子，其能量–动量关系为 $E^2=m^2c^4+p^2c^2$，此关系在未来发展相对论量子力学时有大用。

在一些文献中，对 $E^2=m^2c^4+p^2c^2$ 取 $m=0$，得 $E=pc$，谓此即光子的色散关系。No! 历史上，得到关系式 $E^2=m^2c^4+p^2c^2$ 和 $E=pc$ 时光还没有粒子的概念，即便谈论光子，光子也不简单地是质量 $m=0$ 的粒子。关于光子，质量不是个恰当的概念[①]。不可以由有质量粒子的关系或方程取 $m=0$ 得到光的行为。对于光，$d\tau\equiv 0$，所以也不能按照前述方式得到光的速度 4-矢量。光速不是一般意义上的速度，它没有参照框架，这又是一个表现。

---

① Mass, reference frame, these concepts are improper for light（photon）！粒子的质量等于零和没有质量这个指标，可能是不一样的。数学上，函数 $f(x,y)$ 和函数 $f(x,y)=F(x,y;m=0)$ 显然是不一样的。再打个通俗的也许不恰当的比喻。设想从前饥荒的年代，一个身上偶尔没带钱的富人和一个根本没有钱的乞丐来到了一个烧饼摊前，两人都是没有钱，两人都是饥肠辘辘对着烧饼咽口水，但是两人的情形是不一样的。一个是临时没有钱，一个是不方便引入钱这个概念。

时空 4-矢量的一个内积关系其实就出现在波的表示里。在波的表示 $f(\boldsymbol{x},t)=Ae^{i(\boldsymbol{k}\cdot\boldsymbol{x}-\omega t)}$ 里，相位 $\varphi=\boldsymbol{k}\cdot\boldsymbol{x}-\omega t$ 是个标量，可写为 $\varphi=\boldsymbol{k}\cdot\boldsymbol{x}-\frac{\omega}{c}ct$。可以看到，这是一个时空 4-矢量同波矢 4-矢量 $\boldsymbol{K}$ 的内积，$\boldsymbol{K}=(k_x,k_y,k_z;\omega/c)$。波矢 4-矢量和时空 4-矢量的内积是个标量，是变换不变量。洛伦兹变换对光波矢的作用可用来理解多普勒问题。对于光来说，设想在一个框架 S' 里静止光源发射的光束沿 x- 方向传播，因为 $\omega'=ck'$，故波矢 4-矢量为 $\boldsymbol{K}'=(-k',0,0,\ k')$；在参照框架 S 里，波矢 4-矢量的一般表示是 $\boldsymbol{K}=(k_x,k_y,k_z,\omega/c)$。$\boldsymbol{K}=\Lambda^{-1}(\theta)\boldsymbol{K}'$，但是光不依赖于任何框架，**故总有**$\boldsymbol{K}=\boldsymbol{K}'$。其结果就是 $k_y=k_z=0$，$k_x=-\omega/c$，其中 $\omega=\omega'(\cosh\theta-\sinh\theta)$，即 $\omega=\omega'\gamma(v)(1-v/c)$。写成频率的变换，即是

$$\nu=\nu'\sqrt{\frac{1-v/c}{1+v/c}} \tag{6.34}$$

这就是相对论多普勒效应的频移公式。表达得准确一点，当源–接收器互相远离时，$\nu_r=\nu_s\sqrt{\frac{1-v/c}{1+v/c}}$。光源远离我们时频率减小，即发生红移。

相对论 4-矢量形式的表达，给许多问题的理解都带来了方便，过程也更加优雅。就动量 4-矢量而言，$\boldsymbol{P}\cdot\boldsymbol{P}$ 是个不变量，当这个不变量内积还是个普适常量的时候，洛伦兹变换的威力就显出来了。对于有质量粒子，$\boldsymbol{P}=(p,E/c)$，其中 3-矢量 $p=m\gamma(u)u$，则有 $\boldsymbol{P}\cdot\boldsymbol{P}=E^2-p^2c^2=m^2c^4$；对于光子，$\boldsymbol{P}_\gamma=(E/c,0,0,E/c)$，$\boldsymbol{P}_\gamma\cdot\boldsymbol{P}_\gamma=0$。现在考察康普顿散射问题，即光子被电子散射的过程。散射前，$\boldsymbol{P}_\gamma=(E/c,0,0,E/c)$；$\boldsymbol{P}_e=(0,0,0,\ mc)$；散射后，$\boldsymbol{P}'_\gamma=(E'\cos\theta/c,E'\sin\theta/c,0,E'/c)$，而散射后电子的动量 $\boldsymbol{P}'_e$ 不用显式地解出来。由动量守恒 $\boldsymbol{P}'_e+\boldsymbol{P}'_\gamma=\boldsymbol{P}_e+\boldsymbol{P}_\gamma$，有 $m^2c^2=(\boldsymbol{P}_e+\boldsymbol{P}_\gamma-\boldsymbol{P}'_\gamma)^2$，即 $m^2c^2+2Em-2E'm-2EE'(1-\cos\theta)/c^2=m^2c^2$，化简得

$$\frac{1}{E'}=\frac{1}{E}+\frac{1-\cos\theta}{mc^2} \tag{6.35}$$

未来若知道光能量的量子为 $E=hc/\lambda$，公式（6.35）可改写为

$$\lambda' = \lambda + \lambda_e(1-\cos\theta) \tag{6.36}$$

其中 $\lambda_e = h/mc$ 为电子的康普顿波长。在物理学史上，康普顿 1923 年研究 X 光的电子散射问题时，在光的能量量子之上又增加了动量量子 $p = h/\lambda$ 的概念。

注意，此处使用了动量 4-矢量的概念。对于有质量粒子，$P = mU = m\gamma(u)(u, c)$，$\boldsymbol{P}\cdot\boldsymbol{P} = E^2 - p^2c^2$；对于光子，$\boldsymbol{P}_\gamma = (E/c, 0, 0, E/c)$。这些表达中，能量也都出现了。但是，请勿把动量 4-矢量同能量–动量张量 $T_{\mu\nu}$ 混淆。能量–动量张量是 2-秩张量，服从洛伦兹变换，但是其分量 $T_{xx}, T_{xy}, \cdots$ 要按照 $xx, xy, \cdots$ 的方式进行洛伦兹变换。

这个由麦克斯韦波动方程或者时间校准方案而来的洛伦兹变换，其研究对象是光和时空。**洛伦兹变换导出的是粒子（主角是电子、光子）行为应遵循的物理，所以是要求**。关于时空的变换规律，用于探索电子应遵循的规律上，见了本质。时空位置 4-矢量为 $\boldsymbol{X} = (x, ct)$，共轭的动量 4-矢量形式为 $\boldsymbol{P} = (p, E/c)$，若 $\boldsymbol{P} = mU = \gamma(v)m(v, c)$，则必有 $E = mc^2/\sqrt{1-v^2/c^2}$。或者，假设静止参照框架内，粒子的动量 4-矢量为 $(0, 0, 0, E_0/c)$，这个对能量形式没有要求。在一个它相对于其速度为 v（沿 x-方向）的参照框架内，经洛伦兹变换后动量 4-矢量变为 $(\gamma E_0 v/c^2, 0, 0, \gamma E_0/c)$。若认定相对论动量的空间分量 $p_x = m\gamma v$，由此会导出 $E_0 = mc^2$，对应（6.14）式。这一论证的逻辑明晰似乎能保证它的正确性，但关键是这样得到的动量 4-矢量能承担得起构造满足相对性要求的物理定律的责任，即相对论性能量–动量表示是否是洛伦兹变换协变的。把动量和能量一起写成相对论的动量 4-矢量形式，要求动量守恒在任意惯性框架内总成立，且不同惯性框架内的动量 4-矢量由洛伦兹变换联系，则必有 $\boldsymbol{P} = (\boldsymbol{p}, E/c)$，其中 $\boldsymbol{p} = \gamma(\boldsymbol{u})mu$，$E = mc^2/\sqrt{1-v^2/c^2}$。刘易斯（Gilbert N. Lewis）和托尔曼（Richard C. Tolman）于 1909 年证明，相对论形式的动量守恒在所有参照框架内成立。所谓动量守恒，是指在同一参照框架内，不同时刻的动量相等，但是体系的独立个体数目可能是变的，比如 $\boldsymbol{p}_1 + \boldsymbol{p}_2 \to \boldsymbol{p}_1' + \boldsymbol{p}_2' + \boldsymbol{p}_3'$。

6.12 相对论经典电磁学

电–动力学是狭义相对论的来源。相对论诞生以后，电磁学首先要被改造为相对论协变形式。1912 年，科特勒（Friedrich Kottler，1886—1965，奥地利人）给出了麦克斯韦方程组的广义协变形式。电磁势矢量 $\boldsymbol{A}_\mu=(\boldsymbol{A},\varphi/c)$ 是洛伦兹协变的，洛伦兹变换本来就是来自电磁学的不变变换。由于总要用到微分，故需引进梯度的 4-矢量形式，$\partial_\mu=\left(\nabla,\dfrac{1}{c}\dfrac{\partial}{\partial t}\right)$ 和达朗伯算符 $\partial^\mu\partial_\mu$。由电磁势和梯度算符，可引入电磁场张量

$$F_{\mu\nu}=\partial_\mu\boldsymbol{A}_\nu-\partial_\nu\boldsymbol{A}_\mu,\quad F_{\alpha\beta}=\eta_{\alpha\mu}\eta_{\beta\nu}F^{\mu\nu} \tag{6.37}$$

电磁场张量满足变换

$$F'^{\alpha\beta}=\Lambda_\mu^\alpha\Lambda_\nu^\beta F^{\mu\nu} \tag{6.38}$$

电磁学现象是由运动电荷引起的，可定义电流密度 4-矢量 $\boldsymbol{J}=\rho_0\boldsymbol{U}=(j,c\rho)$，其中 ρ 是看到有电流的静止观察者所测量到的电荷密度。高斯–安培定律变成

$$\partial_\nu\boldsymbol{F}^{\mu\nu}=\mu_0\boldsymbol{J}^\mu \tag{6.39a}$$

而高斯–法拉第定律变成 $\partial_\alpha\left(\dfrac{1}{2}\varepsilon^{\alpha\beta\gamma\delta}F_{\gamma\delta}\right)=0$，后者也可写成

$$F_{[\alpha\beta,\gamma]}=0 \tag{6.39b}$$

的形式。至于电磁场的变换，可由电磁张量的变换求得，也可由要求洛伦兹力公式是协变的得到①。在给定的参照系框架中，$\boldsymbol{F}=q\boldsymbol{E}+q\boldsymbol{u}\times\boldsymbol{B}$，其中的速度 $\boldsymbol{u}$ 是 3-速度。假设参照框架相对速度为矢量 $\boldsymbol{v}$，可得电磁场的洛伦兹变换为

① 一般相对论文献中会有这种表述，但是非常具有误导性。正确的表达是，要求变换后洛伦兹力的表示保持 $q(\boldsymbol{E}+\boldsymbol{u}\times\boldsymbol{B})$ 的形式，但为此力 F 必须相应地有形式很复杂的变换。关于力的洛伦兹变换竟然含有力 F 和参照框架间相对速度之外的第三者，即粒子的速度，这显然有些不物理。可以完全放弃关于力的洛伦兹变换一事，赫兹在 1894 年就已经将力踢出物理学了。

$\boldsymbol{E}'_{||} = \boldsymbol{E}_{||}, \boldsymbol{B}'_{||} = \boldsymbol{B}_{||}$，$\boldsymbol{E}'_{\perp} = \gamma(\boldsymbol{E}_{\perp} + \boldsymbol{v} \times \boldsymbol{B}), \boldsymbol{B}'_{\perp} = \gamma(\boldsymbol{B}_{\perp} - \boldsymbol{v} \times \boldsymbol{E}/c^2)$，即变换（6.8）。

记住一条，把电磁学中的量写成 4-矢量和高秩张量的形式，用洛伦兹变换讨论问题。

如何由常见的电磁学麦克斯韦方程组的写法进入协变形式，中间可能需要一个调整。考察真空情形，把顺序放对，麦克斯韦方程组的 4-矢量形式是容易看出来的。常见的写法顺序是

$$\begin{aligned}
&\nabla \cdot \boldsymbol{E} = \rho/\varepsilon_0 \\
&\nabla \cdot \boldsymbol{B} = 0 \\
&\nabla \times \boldsymbol{E} = -\partial \boldsymbol{B}/\partial t \\
&\nabla \times \boldsymbol{B} = \mu_0(\boldsymbol{J} + \varepsilon_0 \partial \boldsymbol{E}/\partial t)
\end{aligned} \tag{6.40}$$

若改写成

$$\begin{aligned}
&\nabla \cdot \boldsymbol{B} = 0 \\
&\nabla \times \boldsymbol{E} + \partial \boldsymbol{B}/\partial t = 0 \\
&\nabla \cdot \boldsymbol{E} = \rho/\varepsilon_0 \\
&\nabla \times \boldsymbol{B} - \mu_0 \varepsilon_0 \partial \boldsymbol{E}/\partial t = \mu_0 \boldsymbol{J}
\end{aligned} \tag{6.41}$$

就能看出前两个是一组的，而后两个是一组的。采用 4-矢量电磁势 $\boldsymbol{A}_\mu = \{\boldsymbol{A}; \phi/c)$ 和反对称洛伦兹张量 $F_{\mu\nu} = \partial_\mu \boldsymbol{A}_\nu - \partial_\nu \boldsymbol{A}_\mu$，则麦克斯韦方程组（6.41）式的前两项是 $\partial \wedge F = 0$，或者 $\partial_\mu(\varepsilon^{\mu\nu\rho\sigma} F_{\rho\sigma}) = 0$。后两项是 $\partial_\mu F^{\mu\nu} = \boldsymbol{J}^\nu$，其中 $\boldsymbol{J}^\nu$ 是电流 4-矢量。电磁场下的洛伦兹方程为 $\dfrac{d\boldsymbol{p}^\mu}{d\tau} = F^\mu_\nu \dfrac{\partial \boldsymbol{x}^\nu}{d\tau}$。注意，把方程组（6.41）改写成

$$\begin{aligned}
&\nabla \cdot \boldsymbol{B} = 0 \\
&\nabla \times (\boldsymbol{E}/c) + \frac{\partial \boldsymbol{B}}{\partial (ct)} = 0
\end{aligned} \tag{6.42}$$

$$
\begin{aligned}
&\nabla \cdot (\boldsymbol{E}/c) = \mu_0 \rho c \\
&\nabla \times \boldsymbol{B} - \frac{\partial(\boldsymbol{E}/c)}{\partial(ct)} = \mu_0 \boldsymbol{J}
\end{aligned}
\tag{6.42}
$$

的形式，这样就能明显看出 $\boldsymbol{E}/c$ 和 $\boldsymbol{B}$ 有相同的量纲，而电磁场的源是电流 4-矢量 $J^\mu = (J, \rho c)$.

初学相对论，理解电磁场 $\boldsymbol{E} \sim \boldsymbol{B}$ 的洛伦兹变换相当困难。困难的来源之一是，电场强度 $\boldsymbol{E}$ 是一个三维空间的矢量，而磁感应强度 $\boldsymbol{B}$ 是一个赝矢量。矢量和赝矢量是不同性质的几何对象，若我们将空间的坐标轴全反向了，矢量的表示在新坐标下会多个负号，但是赝矢量却保持不变，这就是矢量和赝矢量之间的区别。如前所述，得到电磁场 $\boldsymbol{E} \sim \boldsymbol{B}$ 的洛伦兹变换的一个途径是使用遵循洛伦兹变换的电磁势 4-矢量 $\boldsymbol{A}_\mu = (\boldsymbol{A}, \varphi/c)$，可由变换后的电磁势 4-矢量计算变换后的电磁场 $\boldsymbol{E} \sim \boldsymbol{B}$，从而得到关于电磁场 $\boldsymbol{E} \sim \boldsymbol{B}$ 的洛伦兹变换。为了系统地理解相对论经典电磁学，详细地讨论如何对一个著名的赝矢量，即角动量，进行洛伦兹变换会非常有帮助。

角动量描述物体的转动性质，定义为 $\boldsymbol{L} = \boldsymbol{x} \times \boldsymbol{p}$，右侧的乘法运算为矢量的叉乘。角动量是一个赝矢量，写成分量形式为

$$
\begin{aligned}
L_x &= y p_z - z p_y \\
L_y &= z p_x - x p_x \\
L_z &= x p_y - y p_x
\end{aligned}
\tag{6.43}
$$

然而，矢量的叉乘只在三维情形下可以定义，若不要求结果的唯一性可在七维空间定义, 这是一般的数学和物理书未曾强调的。笔者甚至以为，电–动力学这门课那么难学很大程度上是源于对矢量叉乘的滥用却未加解释，严重扭曲了电–动力学背后的物理图像。角动量还有一个用外积的定义，$\boldsymbol{L} = \boldsymbol{x} \wedge \boldsymbol{p}$，而外积在任意维空间里都有定义。这样定义的角动量是一个反对称的二矢量（bivector），它的分量指标是两重的，可写为

$$L^{ij} = x^i p^j - x^j p^i, \quad i, j = 1, 2, 3 \tag{6.44}$$

在经典力学中，可以定义质量矩

$$\boldsymbol{N} = m\boldsymbol{x} - \boldsymbol{p}t \tag{6.45}$$

其中的 x, p 分别是质点的位置和动量，都是三维空间的矢量。将式（6.45）中的质量矩扩展为狭义相对论的形式，笔者建议正确的形式应该为

$$\boldsymbol{N} = \frac{\mathcal{E}}{c}\boldsymbol{x} - \boldsymbol{p}ct \tag{6.46}$$

其量纲为作用量，这样它和角动量就具有相同的量纲，这一点很重要；其二，这实际上是位置 4-矢量 $\boldsymbol{X} = (\boldsymbol{x}, ct)$ 和动量 4-矢量 $\boldsymbol{P} = (\boldsymbol{p}, \mathcal{E}/c)$ 之间的组合，可直接进行洛伦兹变换。设参照框架的相对速度在 x-方向，动量 4-矢量 $\boldsymbol{P} = (\boldsymbol{p}, \mathcal{E}/c)$ 的洛伦兹变换为式（6.16），可重新写为

$$\begin{aligned}
E'/c &= \gamma(v)\left(E/c - \frac{v}{c}p_x\right) \\
p'_x &= \gamma(v)(p_x - \frac{v}{c}E/c) \\
p'_y &= p_y \\
p'_z &= p_z
\end{aligned} \tag{6.47}$$

为了在狭义相对论框架下处理角动量，可以直接移植角动量的定义 $\boldsymbol{L} = \boldsymbol{x} \wedge \boldsymbol{p}$，定义物理量

$$\boldsymbol{M} = \boldsymbol{X} \wedge \boldsymbol{P} \tag{6.48}$$

为相对论角动量张量。将 $\boldsymbol{M}$ 写成反对称矩阵的形式，$M^{ij} = X^i P^j - P^j X^i$，$i, j =$ 0, 1, 2, 3，其中 $X^0 = ct$，$P^0 = E/c$，具体地为

$$\mathrm{M} = \begin{pmatrix} 0 & -\mathrm{N}^1 & -\mathrm{N}^2 & -\mathrm{N}^3 \\ \mathrm{N}^1 & 0 & \mathrm{L}^{12} & -\mathrm{L}^{31} \\ \mathrm{N}^2 & -\mathrm{L}^{12} & 0 & \mathrm{L}^{23} \\ \mathrm{N}^1 & \mathrm{L}^{31} & -\mathrm{L}^{23} & 0 \end{pmatrix} \tag{6.49}$$

显然共有 6 个独立的元素。若将 $\boldsymbol{M}$ 当作赝矢量处理，则有 6 个分量，此即爱因斯坦原文里提到的 6-矢量（Sechservektor）。

与式（6.38）类似，作为二阶张量的相对论角动量 $\boldsymbol{M}$，其洛伦兹变换是二重的，

$$M'^{\alpha\beta} = \Lambda^{\alpha}_{\gamma}\Lambda^{\beta}_{\delta}M^{\gamma\delta} \tag{6.50}$$

其中 $\Lambda^0_0 = \gamma$，$\Lambda^i_0 = \Lambda^0_i = -\gamma\beta^i$，$\Lambda^i_j = \delta^i_j + \dfrac{\gamma-1}{\beta^2}\beta^i\beta_j$，矢量 $\boldsymbol{\beta} = \dfrac{\boldsymbol{v}}{c}$。越过这些细节，可提取出如下关于相对论性角动量的变换结果：若参照框架相对运动速度为 $\boldsymbol{v}$，作为赝矢量的相对论性角动量为 $\boldsymbol{L} = \boldsymbol{x} \wedge \boldsymbol{p}$，作为矢量的相对论性质量矩定义为 $\boldsymbol{N} = \dfrac{\mathcal{E}}{c}\boldsymbol{x} - \boldsymbol{p}ct$（这里的 p 都是动量 4-矢量的空间分量），则可得角动量 L 的洛伦兹变换为

$$\begin{aligned} L'_{||} &= L_{||} \\ \boldsymbol{L}'_{\perp} &= \gamma(v)\left(\boldsymbol{L}_{\perp} + \frac{\boldsymbol{v}}{c} \times \boldsymbol{N}\right) \end{aligned} \tag{6.51a}$$

与此相伴随的质量矩 N 的洛伦兹变换为

$$\begin{aligned} N'_{||} &= N_{||} \\ \boldsymbol{N}'_{\perp} &= \gamma(v)\left(\boldsymbol{N}_{\perp} - \frac{\boldsymbol{v}}{c} \times \boldsymbol{L}\right) \end{aligned} \tag{6.51b}$$

有了角动量（赝矢量）和伴随的质量矩（矢量）$\boldsymbol{N}$ 所构成的二矢量的洛伦兹变换，再来看电磁场 $\boldsymbol{E} \sim \boldsymbol{B}$ 的洛伦兹变换就容易理解了。电场强度矢量 $\boldsymbol{E}$ 类比于质量矩，磁感应强度赝矢量 $\boldsymbol{B}$ 类比于角动量这个赝矢量（笔者认为使用 $\boldsymbol{E}/c$ 更好，它和磁感应强度 $\boldsymbol{B}$ 量纲相同），这样可得类似式（6.49）的电磁场张量 $F^{\mu\nu}$

$$\mathrm{F}^{\mu\nu} = \begin{pmatrix} 0 & -\mathrm{E_x/c} & -\mathrm{E_y/c} & -\mathrm{E_z/c} \\ \mathrm{E_x/c} & 0 & -\mathrm{B_z} & \mathrm{B_y} \\ \mathrm{E_y/c} & \mathrm{B_z} & 0 & -\mathrm{B_x} \\ \mathrm{E_z/c} & -\mathrm{B_y} & \mathrm{B_x} & 0 \end{pmatrix} \tag{6.52}$$

其洛伦兹变换按照式（6.38），即式（6.50），进行。如此，设参照框架间速度在 x-方向，得电磁场 $\boldsymbol{E} \sim \boldsymbol{B}$ 的洛伦兹变换为

$$
\begin{aligned}
E'_x/c &= E_x/c \\
E'_y/c &= \gamma(v)\left(E_y/c - \frac{v}{c}B_z\right) \\
E'_z/c &= \gamma(v)(E_z/c + \frac{v}{c}B_y)
\end{aligned}
\tag{6.53a}
$$

和

$$
\begin{aligned}
B'_x &= B_x \\
B'_y &= \gamma(v)\left(B_y + \frac{v}{c}E_z/c\right) \\
B'_z &= \gamma(v)\left(B_z - \frac{v}{c}E_y/c\right)
\end{aligned}
\tag{6.53b}
$$

为了方便理解记忆，读者请注意这是矢量 $\boldsymbol{E}/c$ 和赝矢量 $\boldsymbol{B}$ 之间的洛伦兹变换，各自在速度方向（这里是 x-方向）上的分量都没有变化，而 y- (z-) 方向上的分量变换的结果是自身还要加上（减去）由 $\beta = v/c$ 乘上对方的 z-(y-) 方向分量所构成的一项，然后一起乘上一个 $\gamma = 1/\sqrt{1-v^2/c^2}$ 因子。

6.13　作为几何理论的狭义相对论

1907 年，闵可夫斯基，一个奠立了数之几何（geometry of numbers）的德国数学教授，发现爱因斯坦的狭义相对论可以理解为四维时空的几何理论。时空几何由距离平方 $ds^2 = dx^2 + dy^3 + dz^2 - c^2dt^2$，或者矢量模平方 $x^2+y^2+z^2-c^2t^2$ 所决定，属于双曲空间里的几何。双曲空间里的等距变换（物理的运动）与洛伦兹变换相联系。相关的工作包括此前 Wilhelm Killing（1880，1885），庞加莱（1881），Homersham Cox （1881），Alexander Macfarlane （1894）等人的贡献。三维欧几里得空间的等距变换构成欧几里得群，由转动、平移和镜面反射等操作构成。加入了时间维度的闵可夫斯基时空，其等距群为庞加莱群，这是一个 10 维的非阿贝尔李群。群概念加上几何观点，是深入理解相对论思想及其导出

物理的有效工具。狭义相对论作为几何的理论，这是广义相对论的前奏。广义相对论从一开始就是几何的。

6.14 非常特别相对论

一直以来，描述狭义相对论的时空都是利用洛伦兹对称性和庞加莱对称性。但是，科恩（Andrew G. Cohen，美国人）和格拉肖（Sheldon L. Glashow，1932—，美国人）于 2006 年发现，其实洛伦兹群的一个很小的子群就够用了。时空零矢量的稳定子（stabilizer of null vector），就是保持光的世界线不变的变换，是特殊欧几里得群 SE（2），它包含群 T（2）作为抛物变换的子群。T（2）加上宇称或者时间反演就够用了。这就是所谓的非常特别相对论（very special relativity）。真想知道，顺着这个思路的广义相对论对应的是什么群。

推荐阅读

1. Peter Galison, Einstein's Clocks, Poincaré's Maps: Empires of Time, W. W. Norton & Company (2003).
2. John Stachel, Einstein from 'B' to 'Z', Birkhäuser (2002).
3. Andrew M. Steane, Relativity Made Relatively Easy, Oxford (2012).
4. Don Koks, Explorations in Mathematical Physics: The Concepts behind an Elegant Language, Springer (2006).
5. Albert Einstein, Relativity: the Special and General Theory (狭义与广义相对论，德文原版为 Über die Spezielle und die Allgemeine Relativitätstheorie), translated by Robert W. Lawson, Henry Holt and Company (1920).
6. H. A. Lorentz, Versuch einer Theorie der Electrischen and Optischen Erscheinungen in Bewegenten Körpern(构造运动物体中的电与光学现象理论的尝试), Brill (1895).

7. Albert Einstein, Zur Elektrodynamik Bewegter Körper (论运动物体的电动力学), Annalen der Physik, Serie 4,17, 891-921 (1905).
8. Albert Einstein, Ist die Trägheit eines Körpers von Seinem Energieinhalt Abhängig(物体的惯性依赖于其所蕴含的能-量吗？)? Annalen der Physik, Serie 4, 18, 639–641 (1905).
9. Albert Einstein, Prinzip von der Erhaltung der Schwerpunktsbewegung und die Trägheit der Energie (重心运动守恒与能量惯性的原理), Annalen der Physik, serie 4, 20, 627–633 (1906). 此文阐明质量守恒是能量守恒的特例。
10. Max Planck, Das Prinzip der Relativitaet und die Grundgleichung der Mechanik (相对论原理与力学的基本方程), Verh. Deutsch. Phys. Ges. 8, 136-141(1906).
11. Emil Cohn, Zur Elektrodynamik Bewegter Systeme II (运动物体电动力学II), Sitzungsberichte der Königlich Preussischen Akademie der Wissenschaften 2(43), 1404–1416(1904).
12. J. R. Forshaw, A. G. Smith, Dynamics and Relativity, Wiley (2009).
13. Christian Doppler, Über das Farbige Licht der Doppelsterne und Einiger Anderer Gestirne des Himmels (论双星与天上其他一些星星之光的颜色), Abhandlungen der Königl. Böhm. Gesellschaft der Wissenschaften, Folge V., Bd. 2, 465-482, (1842).
14. Albert Einstein, Möglichkeit einer Neuen Prüfung des Relativitätsprinzips (一种新的验证相对性原理的可能性), Annalen der Physik (ser. 4) 23, 197–198(1907). 此文报道横向 (源运动方向的垂直方向上) 多普勒效应的发现。
15. Joseph Larmor, On a Dynamical Theory of the Electric and Luminiferous Medium, Part 3, Relations with Material Media, Philosophical Transactions of the Royal Society. 190: 205–300 (1897).

16. Llewellyn Thomas, Motion of the Spinning Electron, Nature 117, 514(1926).
17. Hermann Minkowski, Das Relativitätsprinzip (相对性原理), Annalen der Physik 352 (15), 927–938(1915). 此文原发表于 Göttinger Mathematischen Gesellschaft am 5. November 1907.
18. Hermann Minkowski, Die Grundgleichungen für die Elektromagnetischen Vorgänge in Bewegten Körpern (运动物体中电磁过程的基本方程), Nachrichten von der Gesellschaft der Wissenschaften zu Göttingen, Mathematisch-Physikalische Klasse, 53–111(1908).
19. Hermann Minkowski, Raum und Zeit (空间与时间), Jahresbericht der Deutschen Mathematiker-Vereinigung, 75–88 (1909).
20. Hermann Minkowski, Geometrie der Zahlen (数的几何), R. G. Teubner (1910).
21. David Bohm, The Special Theory of Relativity, Addison-Wesley Publishing Company, Inc. (1965).
22. Ronald A. Mann, The Classical Dynamics of Particles. Galilean and Lorentz Relativity, Academic Press (1974).
23. David Hestenes, Space-time Algebra, 2nd edition, Birkhäuser (2015).
24. Waldyr Alves Rodrigues Jr., Edmundo Capelas de Oliveira, The Many Faces of Maxwell, Dirac and Einstein Equations: a Clifford Bundle Approach, Springer (2007).
25. Andrew G. Cohen, Sheldon L. Glashow, Very Special Relativity, Physical Review Letters 97, 021601(2006).

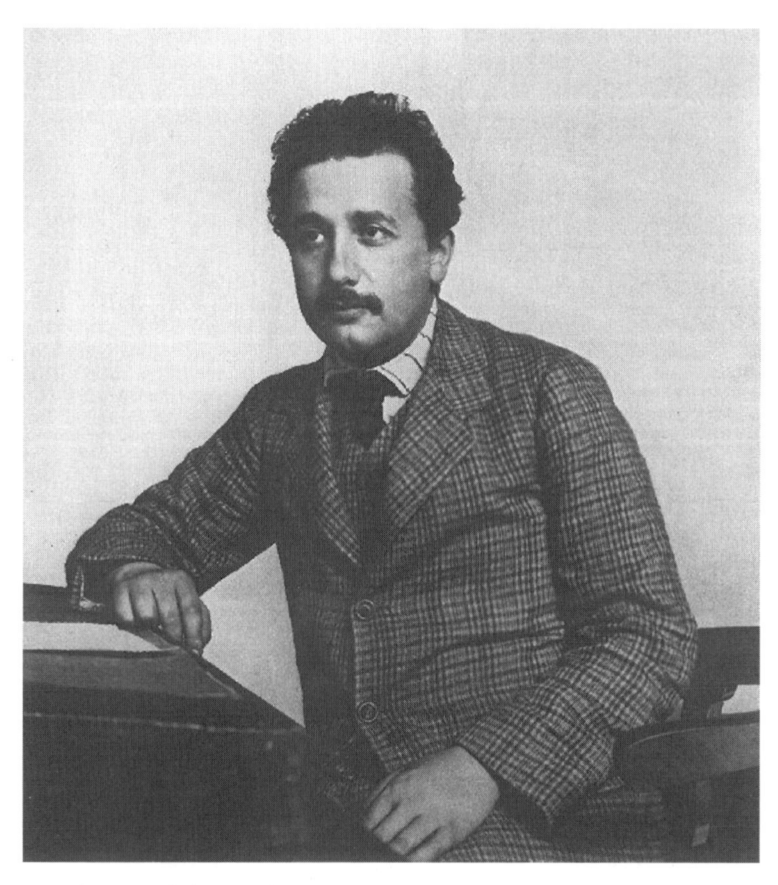

爱因斯坦在瑞士专利局（1905）

第7章　相对论质能关系

The atom M is a rich miser...①

——Albert Einstein

摘　要　质能关系被看作是狭义相对论最重要的结论，因此被广泛讨论。物质同能量之间的关系是个历史久远的问题。牛顿就曾发问过，物质和光之间难道不可以相互转换吗？对太阳发光机制以及对原子核放射性产物之动能来源的诘问，启发了关于物质与能量之间的等价关系和转化过程的思考。1900 年，庞加莱认为电磁场有动量 $mv = (E/c^2)c$，其中 E/c^2 等价于质量。1903 年，意大利人德 · 普莱托假设以太以光速振荡，而物质是响应以太振荡的，故质量为 m 的物质具有量为 mc^2 的潜能。爱因斯坦首先从相对论的角度理解能量–质量等价性的深刻含义。1905 年，爱因斯坦从相对性原理出发，考虑原子向相反方向发射两束光的过程，得到了关系 $E = \Delta mc^2$，即原子发射出能量为 E 的光，相应的质量减少为 $E = \Delta mc^2$ 中的 Δm。运动电荷的相对论动力学要求粒子的能量为 $E = mc^2/\sqrt{1 - v^2/c^2}$，在静止时也拥有 $E = mc^2$ 的

① “原子是个富裕的吝啬鬼······”，出自爱因斯坦 1946 年的文章。爱因斯坦接着为原子内潜伏着大量的能量而我们却未曾察觉到提供了一个有趣的比喻：“一个不花钱的人你根本不知道他多富有。”

能量。质能关系意味着能量守恒和质量守恒的合并。受此启发，普朗克于 1907 年研究了运动体系的动力学，给出了 $M = (E_0 + pV_0)/c^2$ 形式的纳入了热能的质能关系。在谈论质量–能量关系时，质量是惯性质量，或者干脆说就是惯性 (Trägheit, inertia)。当正电子被发现后，电子–正电子湮灭过程的质能关系或许该写成 $E_\gamma = c^2 m$，光速平方为产生的光子能量与湮灭的电子质量之间的比例系数，自然这样的光速没有参照框架的问题。

爱因斯坦得到的是 $E = \Delta mc^2$ 形式的质能关系，其论证过程包括动能定义不正确、使用了近似、涉嫌循环论证以及未考虑广延物体同质点粒子之间区别等瑕疵。1911 年，劳厄用能量–动量张量的概念针对能量–动量张量不随时间变化的情形证明了质能等价关系。$m = E/c^2$ 形式的质能等价关系的诠释是，静止参照框架内能量为 E 的广延体系，其作匀速运动时的动力学行为等同于一个质量为 $m = E/c^2$ 的质点。1918 年，克莱因推广了劳厄的结果，只需假设系统是闭合的而不要求能量–动量张量不依赖于时间，运用四维高斯定理得到了质能等价关系，至此质能等价关系的推导才算尘埃落定。质能等价关系，一如别的物理思想，都是物理学这条连绵河流中的某个节点，都有其渊源。物理学不相信横空出世。

一般核物理过程涉及的质量–能量关系是 $E = \Delta mc^2$。类似正负电子对湮灭的过程，对应的关系才是 $E = mc^2$，即质量各为 m 的电子–正电子对，湮灭为一对光子时，光子的能量为 $E = mc^2$。在这个公式的图像中，质量和能量是有不同的载体的。关于质能关系有相当多的误解，其中较著名的有根据 $E = mc^2/\sqrt{1 - v^2/c^2}$ 臆造出什么静止质量同运动质量的区别。质量是一个相对论不变量，是粒子的标签。质量作为物质的内禀属性，不是运动的函数，牛顿力学里即早已明确了这一点。造成这种误解的一个根源是未习惯于用 4-矢量和张量来理解相对论动力学，执其一点而随意发挥。在狭义相对论中，能量是以 E/c 的形式作为动量的分量，以及以能量体积密度的形式作为能量–动量张量的一个分量出现的，其变换由相应的洛伦兹变换得到。谈论质能关系以及能量–动量守恒问题时，应使用洛伦兹变换加相对论动力学表示的语言。用动量 4-矢量表示加上洛伦兹变换考虑爱因斯坦 1905 年处理的原子发射两束光的问题，能严格得到关系 $E = \Delta mc^2$。

关于质能关系的验证问题，核反应过程验证的是 $E = \Delta mc^2$，这是个释放结合能的过程，并不是什么质量转化成了能量。有些涉及中子的核反应过程也被拿来作为质能关系的验证，但因为中子质量是利用质能关系确定的，这种所谓的实验验证就涉嫌循环论证了。类似 $E = mc^2$ 这样的相对论标志式公式，其正确性更多地来自理论基础及其同其他理论的自洽性。

关键词 质量，能量，惯性，以太，潜能，质能等价关系，湮灭，质点，广延物体，能量–动量张量

7.1 质量与能量

质量和能量是历史悠久的科学概念。从前，质量和能量是两个独立的概念。从化学反应，化学家总结出了质量守恒定律。从落体的高度与速度之间的转化，物理学家总结出了机械能守恒定律。动能–势能之间的转化，来自可见的高度与速度之间的转化，可视（所谓观察）才是关键。机械能和热结合到一起，于是有了一般意义上的能量守恒定律。物理学家相信这样的守恒定律可以继续扩展到所有领域。比如，质量和能量也存在某种等价关系或者守恒律吗？

1704 年，牛顿在《光学》一书中曾发出疑问："重物和光不可以互相转化吗？"19 世纪末，一个待解的物理之谜是太阳的能量来源，另外一个是放射性过程所产生的高速粒子的动能问题。英国物理学家普莱斯顿（Samuel Tolver Preston，1844—1917）在*Physics of the Ether*（《以太的物理》，1875）一书中指出，若将物质分成以太粒子，这些以光速传播的以太粒子则代表着巨大的能量。1903 年，意大利人德·普莱托（Olinto de Pretto，1857—1921）则假设分子、原子和亚原子粒子都能响应以太的振动，因此质量为 m 的粒子包含量为 mv^2（v 是以太振荡速度，即光速）的潜能，来解释放射性粒子的动能问题。法国大学者勒庞（Gustave Lebon，1841—1931）在*Evolution de Matière*（《物质的演化》，1905）一书中指出，物质可完全分解为光，其能量为 $\frac{1}{2}mc^2$，且称之为énergie intra-atomique（原子内的能量）。

质–能关系在庞加莱 1900 年的文章中是同一个悖论（电磁能的消灭与产生）相关联的。庞加莱认识到电磁能的行为如同具有惯性的流体，故他把“流动的”电磁场当成一种想象的流体（fluide fictive）。庞加莱提出了辐射动量的概念：若一定体积内封闭了电磁能量 $\mathrm{d}E$，则这种假想流体有动量，对应的质量为 $dm = dE/c^2$。在“Sur la Dynamique de l'électron”（论电子的动力学，1906）① 一文中，庞加莱为电子引入的拉格朗日量形式为 $L = mc^2 - \frac{1}{2}mv^2$，也即电子的势能为 $U = mc^2$，静止的电子具有能量 $E = mc^2$。根据经典电磁学，一个粒子在电磁场中被电场加速做功，在 $\mathrm{d}t$ 时间内吸收能量为 dW（来自电场方向），获得往前的动量 p（来自洛伦兹力）为 $\mathrm{d}W/c$。可以认定这些都来自电磁波，电磁波于是有关系 $p = E/c$。19 世纪末到 20 世纪初的一段时间里，为了理解带电物体的质量如何依赖于静电场，那时已有电磁质量的说法，甚至还分为纵向质量 $m_L = m_0/(1-v^2/c^2)^{3/2}$ 和横向质量 $m_T = m_0/(1-v^2/c^2)^{1/2}$。1904 年，哈瑟诺尔（Friedrich Hasenöhrl，1874—1915，奥地利人）计算空腔里热的辐射压力效果，得出的结果是，拥有辐射能量的空腔的质量有一个明显的增量 $m = \frac{8}{3}E/c^2$，后来

① 这个说法见于 Christian Bizouard 的文章“$E = mc^2$ l'équation de Poincaré Einstein et Planck”（$E = mc^2$：庞加莱、爱因斯坦和普朗克的方程）。但是，庞加莱 1905、1906 年的文章中似乎没有这个内容。

又被修正为 $m=\frac{4}{3}E/c^2$。1907 年，普朗克指出，吸收或者发射了热能的物体，其惯性质量变化为 $m-M=E/c^2$。1907 年，普朗克讨论了运动体系的动力学问题，给出过 $M=(E_0+pV_0)/c^2$ 形式的质能等价表达式，为的是给出一个不依赖于速度的体系质量。

7.2 德 · 普莱托的质能关系

在意大利人德 · 普莱托 1903 年的文章中，公式 $E=mc^2$ 已现身影，源于对以太和放射性问题的研究。德 · 普莱托注意到，几乎没有动能的原子核，其放射出来的粒子却具有极大的动能。放射性粒子的巨大动能必须有个来处，如果人们坚信能量守恒的话，则必须认为在物质内部潜伏着某些能量，其对我们总是隐藏的。

德 · 普莱托接下来论证的基础概念，依然是以太。在以太这种流体中寄存着宇宙的能量，无穷尽的能量，且此能量处于最简单的、最原初的形式（sotto la forma più semplice ed originaria）。其他的能量，例如光能、电能和热等等，不过是导出性的，是由运动引起的。以太一直在平衡位置附近连续振动，而这个快速运动应该为原子或者分子甚至亚原子粒子所接收到。如果整个物体都被无限小尺度上的运动激发了，非常快，如同以太一样，那么可以认为这块物体，其中每个粒子都以同样的速度在空间中一起运动的这块物体，隐含着由这个物体的内部质量所表示的那么一坨能量（una somma di energia rappresentata dall'intera massa del corpo），也即对应的能量为 mv^2，v 是以太振动的速度，即光速。这个论证导向一个出乎意料的、令人难以置信的结果。在一公斤的物质中，完全不为我们所感知，竟然储存着大量的沉睡的能量，足以抵得上万亿公斤的煤。这想法无疑地会被判定为太荒唐了（l'idea sarà senz'altro giudicata da pazzi）。一公斤的物质，以光速抛出，携带的能量之大难以想象。此一吓人的结果何时曾挑动过我们的神经呢？

德 · 普莱托的论证还包括对惯性（惰性）的理解。物质是惰性的（la materia è inerte），这不应被理解为“非能动的”。惰性一词指的是，物质真正的要务就是**响应**以太的行为。物质确实跟从以太的作用，可使用和储存其能量。

德 · 普莱托得出质量为 m 的物质携带量为 mv^2 的潜能的结论，是基于以太的概念，论证过程包含不少错误，但自有其深刻的思想意义。这个思考是我们走向正确理论的逻辑链条中的一环。爱因斯坦 1905 年发表了“物体的惯性依赖于其所蕴含的能–量吗？”一文，其中的 Energieinhalt （能的量）一词在德 · 普莱托思想的基础上就非常容易理解了。质量对应着一定的潜能，这个能的多少决定了物体的 Trägheit，即惯性（质量）。质能关系里的质量是惯性（质量），惯性质量是物体存储的能量。

7.3　爱因斯坦的质能关系

爱因斯坦 1905 年的经典文章“物体的惯性依赖于其所蕴含的能–量吗？”①，后来被当成是质能关系研究的起源（见 6.6 节）。爱因斯坦设想一束光波在 (x, y, z) 坐标系②中的方向与 x-轴成 ϕ 角，其能量为 ε；在一沿 x-轴方向以速度 v 运动的坐标系 (ξ, η, ζ) 中看来，能量为

$$\varepsilon' = \varepsilon \frac{1 - \dfrac{v}{c}\cos\varphi}{\sqrt{1 - v^2/c^2}} \tag{7.1}$$

现在，假设一在 (x, y, z) 坐标系中**静止**的物体，能量为 E_0，其在坐标系 (ξ, η, ζ) 中的能量为 H_0。此物体向与 x-轴成 ϕ 角的方向和相反方向上同时发射在

① 汉语把 Energie, energy 翻译成了能量，正确的翻译按说是能（干活的能力）。Energy content，或者爱因斯坦用的 Energieinhalt，才是能的量。同样的，mass 反映的是物质的一种特性，quantity of mass 才是质的量。把 energy 和 mass 翻译成了能量和质量，无形中强调了量（多少），而很多时候它们指的是那种性质而不问量的多少。

② 此处的几个坐标系应同时理解为参照框架。

(x, y, z) 坐标系中能量为 $L/2$ 的光。在 (x, y, z) 坐标系中，此物体保持静止；在坐标系 (ξ, η, ζ) 中，物体发射光前后的速度应该相等。此过程在两个坐标系中都应该满足能量守恒。将物体发射后在 (x, y, z) 坐标系中和坐标系 (ξ, η, ζ) 中的能量分别记为 E_1 和 H_1。则有

$$E_0 = E_1 + L/2 + L/2 \tag{7.2a}$$

$$H_0 = H_1 + \frac{L}{2}\frac{1 - \frac{v}{c}\cos\varphi}{\sqrt{1 - v^2/c^2}} + \frac{L}{2}\frac{1 + \frac{v}{c}\cos\varphi}{\sqrt{1 - v^2/c^2}} = H_1 + \frac{L}{\sqrt{1 - v^2/c^2}} \tag{7.2b}$$

显然，差 $H_0 - E_0$ 或者 $H_1 - E_1$ 只可能是物体的动能加上某个任意普适常数，即

$$H_0 - E_0 = T_0 + \text{Const.} \tag{7.3a}$$

$$H_1 - E_1 = T_1 + \text{Const.} \tag{7.3b}$$

也即 $T_0 - T_1 = \dfrac{L}{\sqrt{1 - v^2/c^2}} - L$。保留低阶项，

$$T_0 - T_1 = \frac{1}{2}(L/c^2)v^2 \tag{7.4}$$

这个结果可以这样理解，一个物体发出了能量为 L 的光辐射，则其质量就减少 $\Delta m = L/c^2$。**必须指出，这里的Δm是物体的质量损失，而 L 是光的能量 —— 此公式中的质量和能量分属两个不同的主体**。爱因斯坦接着说，如果本理论对应实际情况，则射线在发射体和吸收体之间传递了惯性（质量）。爱因斯坦的这个推导谈不上优美，实际上它备受批评，但它是自相对性原理的推导，意味着质量与能量之间的联系来自相对性原理的要求，意味着质量守恒和能量守恒的合并。在 1905 年，相对论还只是崭露头角，相对论力学尚未建立起来，要求一下子得出正确的能量–动量表达是不现实的。爱因斯坦也知道自己推导的不严谨，他后来不停地想证明质能等价关系（参阅爱因斯坦于 1905、1906、1907、1907、1912、1935、1946 年发表的文章），跨度长达 40 年。1946

年，爱因斯坦才把质能等价公式写成 $E = mc^2$ 的形式，出现在他文章的题目中。这个公式此处的寓意是："质量为 m 的粒子，具有内禀能量 mc^2。" 爱因斯坦自己从未宣称拥有这个公式的优先权。此前 $E = mc^2$ 质量意味着带有潜能，现在爱因斯坦指出质量是能–量的量度。

7.4　电子–正电子湮灭

1928 年，狄拉克提出了相对论量子力学方程（见第 8 章），导致了正电子概念的提出和正电子的发现。正电子是 1932 年在电子–正电子对的产生过程中被发现的。电子–正电子对的产生可发生在如下的过程中，$h\nu + \mathrm{p}^+ \rightarrow \mathrm{p}^+ + \mathrm{e}^+ + \mathrm{e}^-$，光子在同质子的碰撞过程中转化为了电子–正电子对。在这个过程中，一个光子的能量转化成了两个具有确定质量的粒子，质能等价关系表现为 $E_\gamma/c^2 \rightarrow 2m_e$。这里比质能等价关系更重要的是，原本没有电的光子，诱导出了一团带正电和一团带负电的具有惯性的区域 —— 有惯性质量的电荷的出现才是更重要的物理。反过来，当电子、正电子相遇时会发生湮灭，$\mathrm{e}^+ + \mathrm{e}^- \mapsto 2\gamma$（取决于电子对的动能，可以产生两个以上的光子）。惯性质量全部湮灭了，转化成了光子携带的能量，$m_e c^2 \rightarrow E_\gamma$。在此语境下，笔者愿意把质能关系写成 $E_\gamma = c^2 m$ 的形式，其 c（之平方）的角色是个比例系数，自然也没有参照框架的问题。其实，c 似乎一直未如同有质量粒子的速度那样被当作一个矢量处理，在速度的 4-矢量表示中，c 是作为一个分量出现的。

电子和正电子的质量为 0.91×10^{-30}kg，当电子和正电子湮灭为一对光子时，光子的能量最低为 511 keV。

7.5　能量–动量张量

为了深入考虑能量–质量关系，要用到能量–动量张量。能量–动量张量，也叫应力–能量张量，是对经典力学中关于广延体系的应力张量（stress tensor，一

个 3×3 矩阵）概念的推广。能量–动量张量是对应相对论时空的 2-秩张量 $T^{\mu\nu}$，可表示为一个 4×4 矩阵，见图 7.1。一般情形下其是对称的，$T^{\mu\nu}=T^{\nu\mu}$。其中，T^{00} 是相对论质量密度，对于完备流体，$T^{00}=\rho$；对于电磁场，$T^{00}=\dfrac{1}{c^2}\left(\dfrac{1}{2}\varepsilon_0E^2+\dfrac{1}{2\mu_0}B^2\right)$；$T^{0i}$ 是动量 i-分量的密度；T^{ik} 表示动量的 i-分量穿过 x^k 面的通量；T^{ii} 表示法向应力，若与方向无关那就是压强 p；T^{ik} $(i\neq k)$ 表示剪切应力。在固有参照框架里的能量–动量张量的空间分量就是固体物理、流体力学里遇到的应力张量。

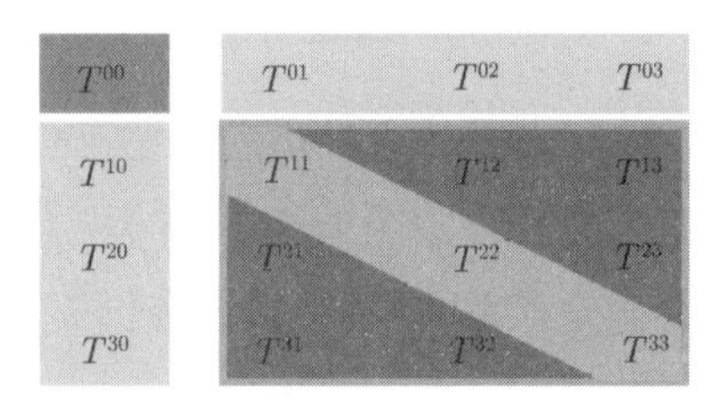

图 7.1 能量–动量张量。能量–动量张量 T 是个对称张量，有 10 个独立分量，其中，T^{00} 为能量体积密度乘上 c^{-2}；T^{ii} 为压力分量，T^{i0} 为动量密度，T^{ij} 为动量通量，i，$j=1,2,3$

常见的几种情形的能量–动量张量列举如下。对于质量为 m、轨迹为 $x_p(t)$ 的质点，其能量–动量张量为 $T^{\mu\nu}=\dfrac{E}{c^2}\boldsymbol{v}^{\mu}(t)\boldsymbol{v}^{\nu}(t)\delta(x-x_p(t))$。对于处于热平衡态的完美流体，$T^{\mu\nu}=\left(\rho+\dfrac{p}{c^2}\right)\boldsymbol{u}^{\mu}\boldsymbol{u}^{\nu}+pg^{\mu\nu}$，其中 $\boldsymbol{u}^{\mu}$ 是速度 4-矢量。在流体的固有参照框架内，$T^{\mu\nu}=\begin{pmatrix}\rho&0&0&0\\0&p&0&0\\0&0&p&0\\0&0&0&p\end{pmatrix}$。无源电磁场的希尔伯特能量–动量张量为 $T^{\mu\nu}=\dfrac{1}{\mu_0}\left(F^{\mu\alpha}g_{\alpha\beta}F^{\nu\beta}-\dfrac{1}{4}g^{\mu\nu}F_{\rho\sigma}F^{\rho\sigma}\right)$。满足克莱因–戈登方程的复标量场 ϕ，其能量–动量张量为$T^{\mu\nu}=\dfrac{\hbar^2}{2m}(g^{\mu\alpha}g^{\nu\beta}+g^{\mu\beta}g^{\nu\alpha}-g^{\mu\nu}g^{\alpha\beta})\partial_\alpha\bar{\phi}\partial_\beta\phi-g^{\mu\nu}mc^2\bar{\phi}\phi$，

其中可见度规张量 $g^{\mu\nu}$ 已嵌入其间。

非引力能量–动量张量的散度为零。对于平直空间且采用笛卡尔坐标系时，$T^{\mu\nu}_{,\nu} = \partial_\nu T^{\mu\nu} = 0$，此即能量守恒和动量守恒的表达式。结合张量的对称性还可以证明 $(\boldsymbol{x}^\alpha T^{\mu\nu} - \boldsymbol{x}^\mu T^{\alpha\nu})_{,\nu} = 0$，即角动量守恒。在广义相对论中，非引力能量–动量张量的散度为零，即协变微分为零，$T^{\mu\nu}_{;\nu} = \nabla_\nu T^{\mu\nu} = 0$。对于任意 Killing 矢量场 ξ^μ，其所产生的守恒律为 $\nabla_\nu(\xi^\mu T^\nu_\mu) = \dfrac{1}{\sqrt{-g}}\partial_\nu(\sqrt{-g}\xi^\mu T^\nu_\mu)$。

7.6　劳厄和克莱因的最终证明

既然认识到相对性原理是要求，那就要把物理理论改造为相对论性的理论。就动力学而言，相对论动力学一般来说是很复杂的。1911 年，劳厄（Max von Laue，1879—1960，德国人）拓展了普朗克、闵可夫斯基等人关于动力学的工作。他从连续介质动力学着手 —— 把连续介质动力学放到质点动力学之前逻辑上更显合理。劳厄讨论了把力 F 改造为 4-矢量形式的问题，以及如何凑出正确的能量–动量张量的问题。能量–动量张量 T 的分量 T_{xx}，T_{xy}，$\cdots$ 应该分别如同 x^2，xy，$\cdots$ 那样作洛伦兹变换。经典动力学方程依然是 $F = -\nabla \cdot T$ 的形式，$\nabla \cdot T = 0$ 对应的是能量–动量守恒。在相对论语境中，没有独立的能量、动量概念了。

根据劳厄的结果，一个静止时总能量为 E_0 的完全静态的系统，即内部没有流的系统，当它以速度 v 运动时，有

$$E = \frac{E_0}{\sqrt{1-v^2/c^2}} \tag{7.5a}$$

$$p = \frac{vE_0/c^2}{\sqrt{1-v^2/c^2}} \tag{7.5b}$$

记 $m = E_0/c^2$，则公式 (7.5) 可以理解为，一个总能量为 E_0 的、完全静态的系统，作匀速运动时其行为如同质量为 $m = E_0/c^2$ 的质点。这是相对论质能关系在动力学语境下的诠释。

劳厄的推导事先假设静止参照框架下应力–能量张量是不依赖于时间的。以能量–动量张量为出发点，对分量 $T^{0\mu}$ 作体积分得到的总能量和动量。对静态闭合系统，守恒律 $\partial_k T^{k\mu}=0$ 意味着在静止框架中应力 T^{kl} 的体积分为零。从能量–动量张量分量的洛伦兹变换性质可以证明分量 $T^{0\mu}$ 的体积分是一个 4-矢量，即总能量和动量一起按照 4-矢量变换，其表达式为式（7.5），其中的 E_0 是**能量中心参照框架**（动量为零的参照框架）下的能量。这样，这个问题的能量–动量形式就类似一个质量为 $m=E/c^2$ 的质点的能量–动量了。1918 年克莱因（Felix Klein，1849—1925，德国人）推广了劳厄的结果，他只需假设系统是闭合的，能量–动量张量守恒，沿世界管（world tube）$\partial_\mu T^{\mu\nu}=0$ 成立，运用四维的高斯定理，即可对依赖时间的能量–动量张量得到质能关系。

7.7 一点补充说明

关于质能关系的一个误解是把核反应的能量释放过程按照公式 $E=\Delta mc^2$ 解释成了质量转化成了能量。其实，Δm 是反应前后粒子（们）的质量差，这个过程释放的是结合能。$E=\Delta mc^2$ 的意思是，结合能部分在反应前的粒子里贡献了大小为 E/c^2 的质量，这恰是诠释质量起源会用到的那套语言。Δmc^2 反映的恰是原子核及其以下层面的结合能远大于原子、分子层面结合能的事实。当我们反过来理解质量大于构成单元之质量总和，也即能量成了质量起源的时候，会有另一种感觉。质能关系可用于理解核过程的能量释放问题，它也提供了对粒子质量来源的理解 —— 粒子每一个层面的质量都大于下一层面单元的质量总和，差别来自将构成单元结合到一起所需的结合能。这个逻辑链条的尽头，一定会着落到一个无质量的构成单元上。有兴趣的读者请参阅规范玻色子质量的 Higgs 机制等相关内容。

在狭义相对论中，一个质量为 m， 在某个参照框架内看来速度为 v 的粒子，在这个参照框架内的能量为 $E=mc^2/\sqrt{1-v^2/c^2}$。爱因斯坦是 1907 年有了这样的认识的。这个狭义相对论结果的重要意义是带来了一个新的动力学观点，即静止粒子也是有能量的，$E=mc^2$。大量的相对论文献在此公式基础上任意发挥，臆造出静止质量和运动质量的说法，即在静止参照框架内，粒子的能量为 $E=m_0c^2$；而质点若运动起来，$E=m_0c^2/\sqrt{1-v^2/c^2}$，若仍写成 $E=mc^2$ 的简洁形式，则有 $m=m_0/\sqrt{1-v^2/c^2}$，m_0 被称为粒子的静止质量，m 是粒子的运动质量。进一步的发挥则宣称粒子质量随着速度的增加而越来越大，并有人信誓旦旦地宣称实验证实了这一点，连爱因斯坦本人都信了这一点。

必须指出，理解物理要尽可能依托完整的物理图景，不可以在局部上任意发挥而罔顾学问整体上的自洽性。公式 $E=mc^2/\sqrt{1-v^2/c^2}$ 表达的是一个质量为 m 的粒子运动时的能量，数学上是个 $E=E(v)$ 的函数，m 是这个函数的一个参数，不可以把它总按照 $E=mc^2$的形式来理解得到一个质量随速度的变化 —— 这种理解从数学、物理两个方面来看都是不合适的。粒子的质量，如同粒子的电荷、自旋，是粒子的标签。粒子质量就是质量而已，它是个不变量。公式 $E=mc^2/\sqrt{1-v^2/c^2}$ 描述的是质量为 m 的粒子在给定参照框架内运动状态下所具有的能量，其中描述运动的因子 $\gamma=1/\sqrt{1-v^2/c^2}$ 来自时空关系，与粒子质量无关，是那种物理上、数学上的毫无关系。关于相对论语境下的能量问题，包括能量的转化与守恒，需要用严谨的动量 4-矢量和能量–动量张量的相对论理论加以理解。相对论动力学的速度、动量 4-矢量，就是利用了固有时和粒子质量为标量的性质从时空 4-矢量得来的。具有相对论动量 p 的质量为 m 的粒子，其能量–动量关系为 $E^2=p^2c^2+m^2c^4$，这才是正确的物理表述。能量–动量关系又称为色散关系，具有普适的物理意义。在狭义相对论发展的初期，爱因斯坦的某些认识也是不成熟的（劳厄就批评爱因斯坦对广延物体的内部动力学使用了非相对论近似），不可以奉为圭臬，更不可以背离科学的规范去任意发挥。顺便指出，把质量概念应用于光子更加需要谨慎。光子有能量，速度始终为 c 且没有参照物。笔者以为，不是光子是零质量粒子，而是对于光子，质量的概念就无从谈起。

爱因斯坦的结论 $E=\Delta mc^2$，有一个比较正确的推导过程。设想有质量为 m 的静止物体，其向相反方向发射两束电磁能量脉冲，能量各为 $E/2$，发射后该物体质量变为 m'，但应该保持静止（位置不变），因为两束能量脉冲对应的动量数值各为 $\dfrac{E}{2c}$，方向是相反的。现在，在一个沿着电磁能量脉冲方向以速度为 v 的观察者看来，基于洛伦兹变换，动量守恒关系应为

$$mv\gamma = m'v'\gamma + \frac{E}{2c}\gamma(1-v/c) + \frac{E}{2c}\gamma(1+v/c) \tag{7.6}$$

根据相对论原理，在静止观察者眼中，物体发射电磁辐射前后位置不变，则在运动观察者眼中，物体发射电磁辐射前后的位置也不变，则必有 $v'=v$，即发射前后相对于观察者该物体的速度都应是 v，化简（7.6）式，得

$$E=(m-m')c^2. \tag{7.7}$$

这个推导，就不必如爱因斯坦得到式（6.21）的推导那样，需要作关于 v^2/c^2 的一阶近似。

对点粒子成立的关系，对广延物体是否成立，是需要认真考虑的问题。广延物体的相对论动力学具有内禀的复杂性，不能忽略广延体系的内部动力学。粒子的动能是 $E_k=mc^2(1/\sqrt{1-v^2/c^2}-1)$。在非相对论物理中，可以近似地认为一个广延的物体的动能具有同样的形式，速度为质心的平动速度。伽利略的速度相加方式，使得一个粒子体系的平动动能之和可以表示为质心的动能加上相对质心的动能之和。相对论里的动能不能这样处理。一个物体的总能量为其静止时的能量加上动能的说法，只是近似正确。一个参照系中某个力已经对体系做功而在另一参照系中则可能尚未做功，能量当然就不一样啦。对于受力的广延物体，无法定义**动能**。不知道动能的形式，是无法得到质能关系的！动能的这个困难，使用应力–能量张量就解决了。

爱因斯坦 1912 年曾假设广延的物体有类粒子的能量表示，$E=mc^2/\sqrt{1-v^2/c^2}$，这个做法太直接了些。如果是这样，那还有啥好证明的，直接令

$v = 0$，即得到体系静止时的能量表示 $E = mc^2$。劳厄把建立所有形式能量的惯性（这才是真正的质-能等价性）的建立归功于爱因斯坦，是因为爱因斯坦首先从相对性原理的角度理解了那个等价性的深刻含义，但这项研究是劳厄具体做的。

有一些对损失质量-释放能量的过程进行测量以精确验证质能关系的研究，其中甚至用到 $\mathrm{n} + {}^{32}\mathrm{S} \to {}^{33}\mathrm{S} + \gamma$ 或者 $\mathrm{n} + {}^{28}\mathrm{Si} \to {}^{29}\mathrm{Si} + \gamma$ 这样的核反应过程。然而，带电粒子的质量用质谱法测量，可得到一个由电磁技术保证的精度，而中子质量是假设质能关系成立由实验结果计算得来的。若反过来把中子质量用于证明质能关系的精确程度，那就是循环论证了。类似 $E = mc^2$ 这样的结果，其正确性更多地来自其得来的理论基础及其同其他理论内容的自洽性。实验的意义，笔者以为在于实验结果同理论（公式）的明显偏差让人怀疑后者的正确性；但是，以为这样的公式需要精确测量来验证其正确性，就太荒唐了。质能关系一直在使用，从未被验证 —— 它也无需验证。笔者愿意再次强调，自洽性和完整性才是理论正确的保证（It is the self-consistency and integrity of a theory that guarantee its correctness）。

推 荐 阅 读

1. Albert Einstein, Ist die Trägheit eines Körpers von Seinem Energieinhalt Abhängig (物体的惯性依赖于其所蕴含的能-量吗)? Annalen der Physik (ser. 4) 18, 639-641 (1905).

2. Albert Einstein, Das Prinzip von der Erhaltung der Schwerpunktsbewegung und die Trägheit der Energie (重心运动守恒的原理与能量的惯性), Annalen der Physik (ser. 4) 20, 627–633(1906).

3. Henri Poincaré, La théorie de Lorentz et le Principe de Réaction (洛伦兹的理论与反应原理), Archives Néerlandaises des Sciences Exactes et Naturelles

5, 252–278(1900).

4. Albert Einstein, $E = mc^2$: the Most Urgent Problem of Our Time, Science Illustrated 1(1), 16–17(1946).
5. Umberto Bartocci, Albert Einstein e Olinto De Pretto—La Vera Storia della Formula più Famosa del Mondo (爱因斯坦与德·普莱托 —— 关于世界最著名公式的真实故事), Bologna, 1999.
6. Olinto de Pretto, Ipotesi dell'etere nella Vita dell'universo (宇宙生命中的以太假说), Atti del Reale Istituto Veneto di Scienze, Lettere ed Arti, Anno Accademico LXIII, parte II, 439-500(1903-1904).
7. Henri Poincaré, Sur la Dynamique de l'électron (电子的动力学), Compte Rendus de l'Académie des Sciences 140, 1504–1508(1905).
8. Henri Poincaré, Sur la Dynamique de l'électron (电子的动力学), Rendiconti del Circolo Matematico Palermo 21,129–176(1906).
9. Max Planck, Zur Dynamik Bewegter Systeme (运动体系的动力学), Sitzungsberichte der Königlich-Preussischen Akademie der Wissenschaften, Berlin, Erster Halbband (29), 542–570(1907).
10. Hans C. Ohanian, Einstein's $E = mc^2$ Mistakes (来自互联网).
11. J. R. Forshaw, A. G. Smith, Dynamics and Relativity, Wiley (2009).
12. Lev B. Okun, The Concept of Mass, Physics Today 42(6), 31 (1989).
13. Lev B. Okun, Energy and Mass in Relativity Theory, World Scientific, 2009.
14. Tetu Hirosige, The Ether Problem, the Mechanistic Worldview, and the Origins of the Theory of Relativity, History Studies in the Physical Sciences 7, 3-82(1976).
15. Max von Laue, Zur Dynamik der Relativitätstheorie (相对论动力学), Annalen der Physik 35, 524-542(1911).

16. Felix Klein, Über die Integralform der Erhaltungssätze und die Theorie der Räumlich-geschlossenen Welt (守恒律的积分形式与空间闭合世界的理论), Nach. Gesells. Wissensch. Göttingen, Math.-Physik. Klasse, 394-423(1918).

爱因斯坦和普朗克在第一届普朗克奖颁奖现场（1929）

第 8 章　相对论量子力学

Physical laws should have mathematical beauty.[①]

——P. A. M. Dirac

摘　要　相对论和量子力学是近代物理的两大支柱，但这种说法容易引起误解。相对论是一种原理，一种哲学，一种我们构建物理理论时必须遵循的原则，而量子力学是一种实用的理论，它们不在一个层面上。相较于量子力学，相对论的数学是严谨的。相对论是光和连续统的孩子，而量子理论是物质和分立性的孩子 (维尔切克语)。其实，相对论和量子力学开始时的主角都是光(子) 和电子。1925—1927 年之间当量子力学理论得以确立的时候，相对论已是相当成熟的理论。如何把相对性原理应用于量子力学波动方程的构造，是当时许多物理学家思考的问题。相对论量子力学的构造，可从洛伦兹群表示开始，任何庞加莱协变表述的量子力学都是相对论量子力学。若直接将算符 $\hat{H}=\mathrm{i}\hbar\partial_t$ 和 $\hat{p}_x=-\mathrm{i}\hbar\partial/\partial x$ 应用于相对论的能量–动量关系 $E^2=p^2c^2+(mc^2)^2$，得到的是克莱因–戈登方程，但它描述的是无自旋粒子的行为。1928 年，狄拉克另辟蹊径，硬将能量–动量关系 $E^2=p^2c^2+(mc^2)^2$ 开平方得到

① 物理定律应该具有数学美。—— 狄拉克

了作为动量线性函数的哈密顿量，从而得到了狄拉克方程 $\mathrm{i}\hbar\gamma^{\mu}\partial_{\mu}\psi = mc\psi$。狄拉克方程的解导致了正电子概念的提出。反粒子的概念后来扩展到了其他粒子，进一步地有了反物质的概念。狄拉克方程解释了电子自旋是相对论性质，是相对论量子力学方程的结构特性。相对论同量子力学的结合，哪怕是针对无结构的点粒子，都将我们引向大自然意想不到的奇迹。正电子被发现后，类似 $\mathrm{e}^{+}+\mathrm{e}^{-}\rightarrow 2\gamma$ 的湮灭过程将相对论里的质能关系 $\Delta E=\Delta mc^{2}$ 表现得淋漓尽致。湮灭提供了另一种发光机制。最重要的是，电子的湮灭，以及质子的湮灭，使得人们相信粒子都是倏逝的，粒子数是不守恒的。相对论和量子力学的完全协调要依靠量子场论。依据量子场论的思想，人们相继构造了量子电-动力学和量子色动力学，通向基本粒子世界的理论大门打开了。

关键词 相对论量子力学，克莱因-戈登方程，狄拉克方程，自旋，负能解，正电子，反粒子，反物质，湮灭，量子场论

8.1 相对论与量子力学的结合

有一种说法，相对论和量子力学是近代物理的两大支柱。这种言论，有把相对论和量子力学放在同等地位的嫌疑。笔者以为量子力学是实用层面的理论，而相对性是一种原理、一种哲学或者信条，是构造物理理论时应当遵循的原则，故有相对论动力学、相对论热力学、相对论量子力学和相对论场论之说。

到 1925—1927 年期间关于电子的量子力学得以建立时，相对论已经是一门相当成熟的理论了，广义相对论引力场方程也已面世十年之久。让量子力学波动方程满足相对性原理，即具有洛伦兹变换不变的形式，是那时候许多人脑海中自然而然的想法。注意，那些量子力学的奠基人，若不同时是相对论的奠基人，至少也是非常熟悉相对论的人，庞加莱、爱因斯坦、普朗克、劳厄、狄拉克、泡利、玻恩、薛定谔等人，莫不如是。

1926 年出现的薛定谔方程，

$$\mathrm{i}\hbar\partial_t\psi = \hat{H}\psi \tag{8.1a}$$

哪怕是对于自由粒子的简单情形，方程

$$\mathrm{i}\hbar\partial_t\psi = -\frac{\hbar^2}{2m}\nabla^2\psi \tag{8.1b}$$

也不是洛伦兹变换不变的。它的左侧只含关于时间 t 的一阶微分，而右侧是关于空间坐标的二阶微分。此外，此时电子具有内禀自旋已是实验确立了的事实，而薛定谔方程却不涉及电子自旋。1927 年出现的泡利方程 $\mathrm{i}\hbar\partial_t\psi = \hat{H}\psi$，其中的哈密顿量

$$\hat{H} = \frac{1}{2m}[\boldsymbol{\sigma}\cdot(\boldsymbol{p}-q\boldsymbol{A})]^2 + q\phi \tag{8.2}$$

描述电子与电磁场之间的相互作用，其中 $(\boldsymbol{A},\phi)$ 是电磁势，$\boldsymbol{\sigma}$ 是 2×2 的泡利矩阵（见下文）。泡利方程要求波函数是两分量的，即 $\psi = \begin{pmatrix} \Psi_+ \\ \Psi_- \end{pmatrix}$，这样的二分量复函数称为旋量（spinor）。两分量波函数可描述电子这样的自旋为 1/2 的粒子，但自旋的性质是手动加进去的。

构造相对论量子力学需要满足的条件：(1) 波动方程中的时间、空间坐标要有相同的地位，且方程形式是洛伦兹变换不变的。为此，研究者要习惯使用时空位置 4-矢量 $\boldsymbol{X} = (\boldsymbol{x}; ct)$ 和动量 4-矢量 $\boldsymbol{P} = (\boldsymbol{p}; E/c)$，谨记方程是包含关于时间和空间相同阶微分的方程；(2) 要以一种自然的方式纳入自旋。如同薛定谔方程自然地给出了原子中的电子的三个量子数 (n,ℓ,m)，自旋这个量子数也要自然而然地从方程中跳出来。对于后一个问题，一种方案是对薛定谔方程进行改造，要求波函数为 $\psi(x,t,\sigma)$，其中 σ 是粒子的自旋标签。

有一种方案是从狭义相对论出发去构造波动方程。狭义相对论的一个基本结论是有质量粒子的能量–动量关系为

$$E^2 = p^2c^2 + (mc^2)^2 \tag{8.3}$$

这实际上就是色散关系 $E = E(\boldsymbol{p})$ 或者 $E = E(\boldsymbol{k})$，后一说法见于能带理论。直接将能量对应哈密顿算符，$\hat{H} = \mathrm{i}\hbar\partial/\partial t$，动量对应动量算符，$\hat{p}_x = -\mathrm{i}\hbar\partial/\partial x$，就构造了一个相对论波动方程。注意，$p^2$ 写成微分算符形式就是拉普拉斯符号 ∇^2. 这样得到的方程是所谓的克莱因–戈登方程，但后来的研究表明克莱因–戈登方程描述的是自旋为零的粒子而不是电子。

一个容易想到的方案是将能量–动量关系（8.3）直接硬开根号，得到 $\hat{H} = \sqrt{c^2\hat{\boldsymbol{p}}\cdot\hat{\boldsymbol{p}} + (mc^2)^2}$ 形式的哈密顿量，但这无助于得到相对论波动方程。根号很难处理，不优雅，无法加外电磁场。其实，$\hat{H} = \sqrt{c^2\hat{\boldsymbol{p}}\cdot\hat{\boldsymbol{p}} + (mc^2)^2}$ 形式的哈密顿量不只是有等号两边都不具有不变性的问题，或者其他什么由开根号带来的问题，笔者以为它最大的问题是缺乏正当的物理意义。然而，从 $E^2 = p^2c^2 + (mc^2)^2$ 得到某种只包含关于空间坐标一阶导数项的哈密顿量是个特别诱人的方案，某种意义上说甚至是唯一的方案。1928 年，26 岁的英国物理学家狄拉克（P. A. M. Dirac，1902—1984）独辟蹊径，得到了这样的哈密顿量，建立起了描述电子的相对论量子力学方程。

8.2 克莱因–戈登方程

克莱因–戈登方程的形式为

$$\hbar^2\frac{\partial^2}{\partial t^2}\psi - c^2\nabla^2\psi + m^2c^4\psi = 0 \tag{8.4a}$$

如果使用自然单位制 ($c = 1; \hbar = 1$)，且使用狭义相对论的平直时空度规 $\eta^{\mu\nu}$，则可改写为

$$(-\eta^{\mu\nu}\partial_\mu\partial_\nu + m^2)\psi = 0 \tag{8.4b}$$

若欲包括电磁作用，可直观地做替换 $\mathrm{i}\hbar\partial/\partial t \to \mathrm{i}\hbar\partial/\partial t - q\phi$，$\hat{\boldsymbol{p}} \to \hat{\boldsymbol{p}} - q\boldsymbol{A}$，采用动量 4-矢量和电磁势 4-矢量表示，此时克莱因–戈登方程可直接写成

$$(p_\mu - qA_\mu)(p^\mu - qA^\mu)\psi = m^2\psi \tag{8.5a}$$

的样子，这是标量电–动力学（scalar electrodynamics）的基础。还可以把电磁场作用下的方程写成规范协变的形式。若要求波函数有如下的规范变换 $\psi \to \psi' = \psi e^{i\theta}$，其中 $\theta(x,t)$ 是相角，则只需要把微分算符 ∂_μ 替换为 $D_\mu = \partial_\mu - iq\boldsymbol{A}_\mu$，要求电磁场按照 $q\boldsymbol{A}_\mu \to q\boldsymbol{A}'_\mu = q\boldsymbol{A}_\mu + \partial_\mu$ 的方式变换，相应的克莱因–戈登方程变为

$$D_\mu D^\mu \psi = m^2 \psi \tag{8.5b}$$

类似地，在广义相对论关注的弯曲时空中，即纳入引力效应，可直接把平直空间的度规换成弯曲空间的度规，微分算符 ∂_μ 换成协变微分算符 ∇_μ，即可得弯曲时空中的克莱因–戈登方程

$$(-g^{\mu\nu}\nabla_\mu\nabla_\nu + m^2)\psi = 0 \tag{8.6a}$$

或者写成

$$-g^{\mu\nu}\partial_\mu\partial_\nu\psi + g^{\mu\nu}\Gamma^\sigma_{\mu\nu}\partial_\sigma\psi + m^2\psi = 0 \tag{8.6a}$$

$$\frac{-1}{\sqrt{-g}}\partial_\mu(g^{\mu\nu}\sqrt{-g}\partial_\nu\psi) + m^2\psi = 0 \tag{8.6c}$$

等形式。此是后话，读者可在学完广义相对论后回头再体会一番。

克莱因–戈登方程被许多人重复发现，原因是只要简单地将哈密顿算符 $\hat{H} = \mathrm{i}\hbar\partial/\partial t$ 和动量算符 $\hat{p}_x = -\mathrm{i}\hbar\partial/\partial x$ 分别替换能量–动量关系中的能量和动量就能得到。薛定谔于 1925 年在得到薛定谔方程之前就得到过它，因为这个方程不能正确解释氢原子光谱的精细结构就放弃了（见于薛定谔笔记本里的记载）。克莱因（Oscar Klein，1894—1977）和戈登（Walter Gordon，1893—1939）于 1926 年提议用这个方程描述相对论电子。但是人们逐渐发现克莱因–戈登方程描述相对论电子会遭遇一些问题。其一是负能量解问题，后来的狄拉克方程也会遇到这个问题，但两者各有不同。另一个是波函数的诠释问题。克莱因–戈登方程的守恒律为 $\partial_\mu \boldsymbol{J}^\mu = 0$，$\boldsymbol{J}^\mu = \varphi * \partial^\mu\varphi - \varphi\partial^\mu\varphi*$，但 $\boldsymbol{J}^\mu$ 不是正定的（positive definite），克莱因–戈登方程的波函数不能如薛定谔方程的波函数那样被诠释为

几率幅。后来，克莱因–戈登方程波函数的模平方被诠释成了电荷密度，可为正、零或者负。

克莱因–戈登方程不构成任何单粒子理论的基础，它后来被诠释为自旋为零的粒子的场方程。在量子场论中，所有量子场的每一个分量都要求满足克莱因–戈登方程。据信 2012 年发现了的自旋为零的粒子 —— 希格斯玻色子，是克莱因–戈登方程描述的唯一基本粒子。克莱因–戈登方程的另一个适用对象是 π-介子这样的复合粒子。克莱因–戈登方程的另一个提出者福克（Влади́мир Алекса́ндрович Фок，1898—1974，俄罗斯人）还研究了克莱因–戈登方程的规范理论。

8.3 狄拉克方程

1928 年，后来宣称自己喜欢摆弄方程的狄拉克得到了关于时间和空间坐标一阶微分形式的相对论量子力学方程。这其中关键的一步，是从类似勾股定理的相对论能量–动量关系 $E^2 = p^2c^2 + (mc^2)^2$ 得到线性的能量–动量关系，然后做替换 $\hat{H} = \mathrm{i}\hbar\partial/\partial t$ 和 $\hat{p}_x = -\mathrm{i}\hbar\partial/\partial x$。为此，要做因式分解 $x^2+y^2 = (\alpha x+\beta y)^2$，这相当于要求 $\alpha\beta + \beta\alpha = 0$，$\alpha^2 = \beta^2 = 1$。$\alpha\beta + \beta\alpha = 0$ 这样的反对称条件是非常强的限制。一个合理的选择是 α, β 为矩阵。狭义相对论考虑的是四维时空，故可为 α, β 选择 4×4 矩阵。狄拉克为此构造了 $\alpha_1, \alpha_2, \alpha_3$ 和 β 四个 4×4 矩阵，得到了电子的哈密顿量为 $\hat{H} = \boldsymbol{\alpha}\cdot\boldsymbol{p} + \beta m$。常规的狄拉克方程会写成

$$\mathrm{i}\hbar\gamma^{\mu}\partial_{\mu}\psi = mc\psi \tag{8.7}$$

的形式，其中 $\gamma^0 = \beta = \begin{pmatrix} \sigma_0 & 0 \\ 0 & -\sigma_0 \end{pmatrix}$，$\gamma^i = \beta\alpha^i = \begin{pmatrix} 0 & \sigma_i \\ -\sigma_i & 0 \end{pmatrix}$，$i = 1, 2, 3$，$\sigma_0$ 是 2×2 单位矩阵，σ_i 乃为著名的泡利矩阵，

$$\sigma_1 = \begin{pmatrix} 0 & 1 \\ 1 & 0 \end{pmatrix}; \sigma_2 = \begin{pmatrix} 0 & -i \\ i & 0 \end{pmatrix}; \sigma_3 = \begin{pmatrix} 1 & 0 \\ 0 & -1 \end{pmatrix} \tag{8.8}$$

鉴于方程 (8.7) 中的 γ^μ 都是 4×4 矩阵，则此处的波函数 ψ 应是 4 分量的。这样的相对论量子力学方程，物理上是有意义的吗？

◎ 自旋是相对论效应

非相对论量子力学中，关于自旋的考量是手动加进去的。相对论同量子力学的结合，则让人们认识到自旋或许是一种相对论性质。考察狭义相对论的闵可夫斯基空间，其中的距离由洛伦兹度规定义，即对于矢量 $x=(x_0,x_1,x_2,x_3)$，其模平方为 $|x|^2=x_0^2-x_1^2-x_2^2-x_3^2$（此处时空度规采用了 $(+,-,-,-)$ 约定）。所谓的洛伦兹变换 Λ，就是保洛伦兹度规的变换，要求保证 $|\Lambda x|^2=|x|^2$ 成立（严格地说应是保持等式 $(\Lambda x,\Lambda y)=(x,y)$ 成立）。群同构方面的知识告诉我们这个空间有其他的表示方式。考察洛伦兹群同 $SL(2,C)$ 群之间的同构关系，每个矢量 $x=(x_0,x_1,x_2,x_3)$可以表示成一个 2×2 自伴随矩阵 $x=\begin{pmatrix} x_0+x_3 & x_1-ix_2 \\ x_1+ix_2 & x_0-x_3 \end{pmatrix}$，有 $\det(x)=|x|^2=x_0^2-x_1^2-x_2^2-x_3^2$，即这个矩阵的矩阵值再现了闵可夫斯基空间的洛伦兹度规。这类 2×2 自伴随矩阵构成了一个四维矢量空间，其四个正交基为

$$\sigma_0=\begin{pmatrix} 1 & 0 \\ 0 & 1 \end{pmatrix};\sigma_1=\begin{pmatrix} 0 & 1 \\ 1 & 0 \end{pmatrix};\sigma_2=\begin{pmatrix} 0 & -i \\ i & 0 \end{pmatrix};\sigma_3=\begin{pmatrix} 1 & 0 \\ 0 & -1 \end{pmatrix} \tag{8.9}$$

则有 $x=\begin{pmatrix} x_0+x_3 & x_1-ix_2 \\ x_1+ix_2 & x_0-x_3 \end{pmatrix}=x_0\sigma_0+x_1\sigma_1+x_2\sigma_2+x_3\sigma_3$。泡利矩阵 $\sigma_1,\sigma_2,\sigma_3$ 出现在闵可夫斯基空间的洛伦兹度规的表示中，这让人们隐约感觉到自旋与狭义相对论有关。

狄拉克的电子哈密顿量为 $\hat{H}=\boldsymbol{\alpha}\cdot\boldsymbol{p}+\beta m$。根据经典力学和量子力学的信条，一个物理量同哈密顿量之间的量子对易式为零，则该物理量为守恒量。考察一个自由电子的角动量算符 $\boldsymbol{L}=\boldsymbol{x}\times\boldsymbol{p}$。可计算其任一分量同哈密顿量之间

的对易式，得 $\mathrm{i}\hbar\frac{d\ell_x}{dt}=\hbar[(yp_z-zp_y,\alpha\cdot p]=\hbar(\alpha_y p_z-\alpha_z p_y)$；可见

$$\mathrm{i}\hbar\frac{d\boldsymbol{L}}{dt}=\hbar\boldsymbol{\alpha}\times\boldsymbol{p}\neq 0 \tag{8.10}$$

结论是自由电子的角动量不守恒。这是怎么回事，一个自由的电子怎么可能角动量不守恒呢？

若假设电子具有大小为 $\hbar/2$ 的内禀角动量，自旋角动量赝矢量为 $\boldsymbol{S}=\frac{\hbar}{2}\begin{bmatrix}\sigma & 0\\ 0 & \sigma\end{bmatrix}$，则电子的总角动量为 $\boldsymbol{J}=\boldsymbol{L}+\boldsymbol{S}$。考察 $\boldsymbol{S}$ 的任意分量随时间的变化，发现 $\mathrm{i}\hbar\frac{dS_x}{dt}=\frac{\hbar}{2}[S_x,\alpha\cdot p]=-\hbar(\alpha_y p_z-\alpha_z p_y)$。这样，我们得到了

$$\mathrm{i}\hbar\frac{d\boldsymbol{J}}{dt}=[\boldsymbol{J},\hat{H}]=0 \tag{8.11}$$

即算符 $\boldsymbol{J}=\boldsymbol{L}+\boldsymbol{S}$ 是守恒的。也就是说，若我们认定一个自由的电子其角动量应该是守恒的，那它就应该除了轨道角动量 $\boldsymbol{L}=\boldsymbol{x}\times\boldsymbol{p}$ 以外，还有个自旋角动量 $S=\frac{\hbar}{2}\begin{bmatrix}\sigma & 0\\ 0 & \sigma\end{bmatrix}$。这就是人们常说的电子具有内禀角动量 $\hbar/2$，或者说电子是自旋 1/2 的粒子。狄拉克方程自然而然要求电子具有 $\hbar/2$ 的自旋。

◎ 正电子的预言与发现

狄拉克方程 $\mathrm{i}\hbar\gamma^\mu\partial_\mu\psi=mc\psi$ 中的波函数是四分量的。解狄拉克方程，会发现有负能量解，能量本征值为 $E=-\sqrt{p^2c^2+m^2c^4}$。在经典力学中，负能量解或者其他不合理的解可以随手扔掉，但是在量子力学语境中这样做是不可以的。量子力学方程所有的本征解都是一个完备空间的基矢量。有必要为负能解找到一个让人能够接受的诠释。

1929 年狄拉克认为空间的真空态可看作是负能态电子充满的海。一个负能态的电子跃迁到正能量状态，会在负能态海中留下一个空穴。负能态电子激发后留下的空穴在电磁场下的行为类似是带正电的。空穴的概念是拿重原子的电

离过程作类比得来的。因为那时候已知的带正电荷的粒子只有质子，狄拉克认为质子就是负能态电子海的空穴，但这遭到了奥本海默的强烈反对。如果质子是电子负能海里的空穴的话，那氢原子会迅速自我毁灭。此外，狄拉克方程里只出现一个质量，但是电子和质子质量完全不同，相差约 1836 倍。1931 年，狄拉克修正了此前的诠释，认为存在反电子（anti-electron），其与电子的质量相同但电荷相反，和电子接近会湮灭。这个念头十分荒唐，但好物理学只怕懂物理的物理学家荒唐得不够。

狄拉克是在 1931 年抛出存在正电子的猜想的，1932 年 8 月 2 日安德森（Carl David Anderson，1905—1991，美国人）就宣称他发现了正电子，并因此获得了 1936 年的诺贝尔物理学奖。安德森研究宇宙射线，他在一张拍摄到的气泡室照片上发现了同时出现的、方向相反但弯曲程度差不多的粒子径迹。磁场下带电粒子轨迹的曲率半径由粒子的荷质比 q/m 所决定，反向的、半径大约相同的轨迹意味着粒子具有相反的电荷（质量比）①。此后，安德森又用由放射性核衰变而来的 γ 射线照射物质，也产生了电子–正电子对，从而获得了存在与电子质量相等、电荷相反之粒子的确凿证据。安德森 1932 年的宇宙射线经过气泡室后可观察到正电子的实验照片不易直观地得出存在正电子的结论，这里笔者选用 γ 射线产生电子–正电子对的过程，以便读者见识到更有说服力的直观证据。图 8.1 中可见一个“个”字形的线条，结点是 γ 射线–原子核碰撞的发生处，中间的那根线差不多是直直地延伸出去的，这是作反冲运动的原子核留下的径迹。在碰撞发生处出现了两个螺线，它们向相反方向展开，且弯曲程度差不多，表明确实是由具有差不多大小但相反之荷质比的带电粒子造成的。这算是证明了确实存在正电子。据信斯科贝尔钦（Дмитрий Владимирович Скобельцын，1892—1990）1929 年用云室探测宇宙线中的 γ 射线时就注意到了有和电子弯折方向相反的粒子，但只是被当作某种未知的带正电的粒子而已。

① 荷质比相同的也可能是不同的带电粒子，比如 Fe^{2+} 离子和 Si^{+} 离子。

赵忠尧先生（1902—1998）1929 年在研究 γ 射线被铅散射的过程时，也记录到了产生电子–正电子对的过程。因为那时候还没有狄拉克的疯狂思想，这些实验结果的重大意义没有被破解。安德森的观测结果生逢其时。

图 8.1 美国 Lawrence-Berkeley 国家实验室拍摄的一张 γ 光子经原子核散射产生电子–正电子对的过程。入射的高能 γ 光子是不可见的。中间划过大半个画面的一条线是原子核反冲留下的径迹，两个螺线是电子和正电子在磁场下反向旋转所留下的径迹。尖劈状的两条线是由另一更高能量 γ 光子产生的电子–正电子对径迹的一部分

◎ 正电子发现的意义

正电子的发现是狄拉克方程正确性的一个证据，确立了存在反粒子的事实。反粒子的概念后来被扩展到所有粒子，比如有反质子、反中子、反光子等等。质子和电子的情形一样，反质子与质子的质量相同但电荷相反，反质子的电荷为负。中子不带电，反中子与中子的质量相同且也不带电荷，它们的区别在于别的量子数上。中子的重子数（baryon number）为 1，反中子的重子数为−1。反质子和反中子相继于 1955 年和 1956 年被发现。至于光子，光子无质量、无电荷，反光子如何理解？理论认为光子是它自身的反粒子。由反粒子进一步引出了反

物质（antimatter）的概念 —— 由一个正电子和反质子组成的原子就是一个反氢原子。目前，人们已经能在实验室里制备出反氢原子，寿命超过了 1000 s。反粒子概念的提出，开启了人类认识基本粒子的大门，有兴趣的读者可以多修习一些粒子物理的内容。

正电子的发现，以及正电子–电子湮灭过程，比如 $e^+ + e^- \to 2\gamma$，将狭义相对论得出的质能关系放到了极限意义上去理解。从原子核的裂变过程，或者原子发射光子的过程，人们得出的质能关系为

$$\Delta E = \Delta mc^2 \tag{8.12}$$

即过程中获得的额外能量 ΔE 与过程造成的质量亏损（deficit）Δm 之间有量化的关系(8.12)，那里涉及的能量是结合能。笔者以为，等到确立了类似 $e^+ + e^- \to 2\gamma$ 这样的过程时，人们才可以确切地说质量可以完全转化为能量，或者说质量为 m 的静止粒子携带能量 mc^2。当然，电子–正电子湮灭的产物不只有光子，根据能量的不同，这个湮灭过程还可以产生别的粒子，如中微子、$W^+ - W^-$ 粒子对、希格斯玻色子，等等。这让通过高能电子–正电子碰撞获得新粒子成为可能。顺便说一句，$e^+ + e^- \to 2\gamma$ 这样的湮灭过程提供了原子中电子跃迁之外的另一种发光机理。

从前人们熟悉光的吸收这个自然过程，因此认为光子是倏逝的（evanescent）。电子–正电子湮灭过程让人们认识到电子这样的基本粒子也是倏逝的。等到 1932 年费米建议质子也是可以摧毁的，则所有构成物质的粒子都是倏逝的。粒子不是永恒的，可以产生和湮灭，这为量子场论的诞生准备了心理基础。

反粒子的发现，也带来了更多的困惑。同样一组方程描述的粒子，为什么电子那么多而正电子却那么少甚至要借助专门的过程制备？为什么电子–正电子一旦相遇会瞬息湮灭？电荷相反、质量相等显然不是很有说服力的理由。在电子作为构成单元的物质环境中，正电子是短命的（粒子的寿命是个环境依赖或者说相互作用依赖的概念）。当然了，物质环境中的反物质更是短命的。氢原子

几乎是永恒的，而由正电子和反质子组成的反氢原子，人们千辛万苦才将其寿命维持到 1000 秒的水平？这些问题，目前尚没有令人信服的答案。

◎ 狄拉克方程的曲线坐标形式

狄拉克方程可以用 Vierbein①场和引力自旋联络推广到弯曲时空。Vierbein 定义局域的静止参照框架，可以让常数狄拉克矩阵作用到每一个时空点上。所谓的 Vierbein 可以这样理解，在相对论的 tetrad（局域定义的四个线性独立的矢量场）表示中，一个 tetrad 基可取为 $e_a = e_a^\mu \partial_\mu$，$a, \mu = 1, 2, 3, 4$，在任意时空点上张开四维的切空间，其中的 e_a^μ 就是 Vierbein。注意，$g_{\mu\nu}dx^\mu dx^\nu = g_{\mu\nu}e_a^\mu e^a e_b^\nu e^b = g_{ab}e^a e^b$，所以可由变换关系 $g_{\mu\nu}e_a^\mu e_b^\nu = g_{ab}$ 来理解 Vierbein。利用 Vierbein，弯曲时空中的狄拉克方程可表为

$$i\gamma^\alpha e_\alpha^\mu D_\mu \psi = m\psi \tag{8.13}$$

的形式，其中 D_μ 是费米子场的协变导数 $D_\mu = \partial_\mu - \frac{i}{4}\omega_\mu^{\alpha\beta}\sigma_{\alpha\beta}$，$\sigma_{\alpha\beta} = \frac{i}{2}[\gamma^\alpha, \gamma^\beta]$，而 $\omega_\mu^{\alpha\beta}$ 是自旋联络的分量。这些内容，读者在熟悉广义相对论后回过头来看会有更深刻的理解。

8.4 相对论量子力学方程的一般构造

构造（狭义）相对论量子力学的一般途径可以从对称性考虑着手。任何庞加莱协变表述的量子力学都是相对论量子力学。在保持时间方向不变的洛伦兹变换下，时空变换为 $(x,t) \to \Lambda(x,t)$，相应地，波函数变换形式为 $\psi_\sigma(x,t) \to D(\Lambda)\psi_\sigma(\Lambda^{-1}(x,t))$，其中 $D(\Lambda)$ 是洛伦兹群的一个表示，为一 $(2s+1)\times(2s+1)$ 的方阵，而波函数 ψ_σ 具有 $(2s+1)$ 个分量。从洛伦兹群的表示出发，可以构造

---

① 相对论关切的是 4 维时空，为一赝黎曼空间。“四”字就经常出现。此处出现的 Vierbein，德语四条腿的意思，和 Tetrad，拉丁语四重的意思，都是冲着四维时空而来的概念。

针对任何自旋粒子的相对论波动方程。这样，构造相对论量子力学的任务也随之变成研究洛伦兹群表示的问题了。

前述的克莱因–戈登方程和狄拉克方程都是洛伦兹不变的，其解分别作为洛伦兹标量（对应（0,0）表示）或者二旋量（bispinor，对应 $\left(0,\frac{1}{2}\right)\oplus\left(\frac{1}{2},0\right)$ 表示）在洛伦兹群下进行变换。以此观点，则电磁场方程也可看作是相对论波动方程，其解根据洛伦兹群的 $(0,1)\oplus(1,0)$ 表示进行变换。

8.5　量子场论

狄拉克方程和克莱因–戈登方程，若只当作是单粒子的相对论量子力学方程，有许多待协调的地方。克莱因–戈登方程有仿照薛定谔方程定义的几率密度非正定（在相对论场论中被诠释为电荷了）的问题。狄拉克方程预言了反粒子，侥幸解释了负能量解和电子自旋，但是无自旋的粒子也有反粒子，比如 W^+ 和 π^+ 粒子都有反粒子。存在反粒子是相对论和量子力学结合的结果。狄拉克的空穴图像对解释这个事实无能为力，因为无自旋的粒子不遵循不相容原理，这些粒子的负能级即便被占据了也不能阻碍别的粒子继续占据它。此外，狄拉克方程预言了反电子的存在，而电子–正电子相遇会发生湮灭，由此看来很难说狄拉克方程是单电子的量子力学方程。从这些视角反过头去看看麦克斯韦理论，麦克斯韦理论也该算是关于光子产生和湮灭的理论。这些不易协调的地方，都呼唤一种新的理论，其将粒子的湮灭和产生当作基本过程处理。相对论和量子力学的完全协调就需要这样的一门崭新理论 —— 量子场论。在量子场论中，狄拉克方程的负能解和反粒子伴随的问题都有了自然的解释。在量子场论中，狄拉克方程的正能解乘上湮灭电子的算符，故正能量是湮灭电子过程得到的能量，而负能量解要乘上正电子产生算符，负能量是正电子产生过程需要借用的能量。

量子场论的提出，在 20 世纪 40 年代之后结出了硕果。依据量子场论的思想，人们相继构造了量子电-动力学和量子色动力学。那是一条通向更多发现的路。

推荐阅读

1. P. A. M. Dirac, The Quantum Theory of the Electron, Proceedings of the Royal Society A. 117(778), 610–624(1928).
2. Armin Wachter, Relativistic Quantum Mechanics, Springer 2011.
3. Walter Greiner, Relativistic Quantum Mechanics:Wave Equations (3rd ed.), Springer Verlag (2000).
4. P. A. M. Dirac, Quantised Singularities in the Quantum Field, Proceedings of the Royal Society A 133 (821), 60–72(1931).
5. Frank Wilczek, Quantum Field Theory, Review of Modern Physics 71(2), S85-S95(1999).
6. I. M. Gel'Fand, R. A. Minlos, Z. Ya. Shapiro, Representations of the Rotation and Lorentz Groups and Their Applications, Pergamon (1963).

狄拉克（1933）

第 9 章　弯曲空间与弯曲径迹

枉曲直凑[①]

——[晋] 葛洪《抱朴子》

摘　要　运动的背景空间以及运动的径迹一般来说都是弯曲的，平直空间与直线是极端的例外。如何描述曲线，如何描述弯曲空间，如何找出弯曲空间中的直线，是学习广义相对论所需要的数学基础。相关数学内容由克莱洛、高斯、黎曼、克里斯多夫里奇、列维–齐维塔等数学家构造。弧长是描述曲线的好参数，对应单位速率的运动。物理现实决定了这种选择的合理性。光线是物理的直线，光的路径始终是给定物理空间里的直线。直线是连接空间中两点的曲线中最独特的，其切矢量的变化为零，$\nabla_{\dot{\gamma}}\dot{\gamma}=0$。流形上的直线是测地线，两点之间最短的连线一定是测地线，但反过来不一定。弯曲用同平直的偏离来定义和描述，有了关于弯曲的一般描述才能返回来更好地理解平直。弯曲程度由曲率表征，对黎曼流形可由度规张量经克里斯多夫符号计算其里奇曲率张量和标量曲率。梯度场的散度即为曲率，场方程从来都和曲率有关系。

① 弯路直走。微分几何、广义相对论之精髓尽在此四字中。

关键词　空间，轨迹，弧长参数化，曲率，内禀曲率，外赋曲率，主曲率，曲率矩阵，第一基本式，第二基本式，黎曼流形，曲率张量，测地线

9.1　运动轨迹

物体的运动是物理学的首要研究对象。考虑最简单的情形，可将一个无结构的物体理想化为一个质点。一个质点的运动轨迹（trace）是一条曲线，它可以是自由空间中的一条曲线，比如火箭的飞行径迹，也可以是一条约束在流形[①]上的曲线，比如地面上蜿蜒的车辙。外力是运动改变的原因，但外力是不可见的，可见的只有那条径迹，或曰路径（path）。如何描述一条路径（曲线），如何从一条路径推知运动物体的受力状况甚至运动物体所依附之流形的几何，或者反过来已知一给定流形的几何如何确定其上自由运动物体的径迹 —— 这已是广义相对论的作业了，这是学物理者应该学到的基本功。

设 $x(t)$ 是质点的位置坐标（矢量)，一段间隔内的参数 $t \in [a,b]$ 对应的一段运动轨迹，为一条曲线。在曲线的每一点上可确定其切线[②]。如果参数 t 就是时间的话，矢量 $\boldsymbol{v} = \dot{x}(t)\boldsymbol{T}$，其中 $\boldsymbol{T}$ 是单位切矢量，就是物理的速度 — 运动方向在运动径迹的切线上。$\boldsymbol{x}(t)$ 中的参数 t 未必总是时间，但依然可以将切矢量 $\boldsymbol{v} = \dot{x}(t)\boldsymbol{T}$ 当成速度。$ds/dt = |\dot{\boldsymbol{x}}(t)|$ 是速率，其中 ds 是对应参数间隔 dt 的径迹的弧长。单位切矢量 $\boldsymbol{T} = d\boldsymbol{x}/ds = \dot{\boldsymbol{x}}(t)/|\dot{\boldsymbol{x}}(t)|$。时间不是描述轨迹的唯一参数，甚至时间都不是一个好的参数。面对从前留下的一条车辙印，你很难

---

① 所谓流形是个很糟糕的翻译。此为黎曼引入的概念，德语为 Mannigfaltigkeit，克利福德将之译成英语 manifold，庞加莱将之译成法语 multiplicité，字面意思都是多重性的意思。给定空间中的点，由多重的数 $(x_1, x_2, \cdots, x_n)$ 表示，则这些数就包含了空间的全部信息。空间的几何特征，可以由研究这些多重的数得到。这就是微分几何的思想。中文的流形取自“杂然赋流形”，恐怕那里的“杂”字才对应 Mannigfaltigkeit 及其日语翻译“多样体”的意思。

② Tangent，tangere，touch，应是搭线，只有一个接触点。

赋予时间参数来描述这条曲线。一段曲线，从某点算起的弧长 s，或者说曲线上的点离某个参照点的距离，是很好的参数。一条路上的点距离某处的具体坐标 $(x(s), y(s))$，实际上携带了这条路的所有信息。以单位速度运行的质点，时间就是弧线长度 s。反过来说，以弧长 s 为参数的曲线方程，其上的速率始终为 1。弧长参数化的曲线是单位速率曲线。

进一步地，加速度为 $\boldsymbol{a} = d\boldsymbol{v}/dt = \dot{v}\boldsymbol{T} + vd\boldsymbol{T}/dt$，若曲线用弧长 s 参数化，则有

$$\boldsymbol{a} = \dot{v}\boldsymbol{T} + v^2 d\boldsymbol{T}/ds \tag{9.1}$$

由于切矢量是单位矢量，故 $d\boldsymbol{T}/ds$ 与 $\boldsymbol{T}$ 垂直。也即是说，式（9.1）中的加速度分为切向分量和法线分量。加速度的法线分量与曲线的弯曲程度，即曲率，有关。

9.2 平面、直线与平直空间

人类生活在地球表面上。在从前人的活动范围内，大地给人以平面的印象。实际上，理想的平面，我猜测，应来自无扰动的、小范围的水面。或许是受雨后云边直射的阳光或者芦苇一类存在的启发①，人们有了直线的概念。用一根细线吊起一个重物，静止状态下的细线给我们以直线的概念。一般的细长的存在，比如柳条啊高粱秆啊，可抽象地看作是无宽度的曲线（curve）或者干脆就是线（line），由此又抽象出直线（straight line，right line）的概念。平直带来方便，理想中的土地是平整的，有直的边界。几何（$\gamma\varepsilon\omega\mu\varepsilon\tau\rho\acute{\iota}\alpha$），其本意为大地测量，欧几里得平面几何的对象是平面内的直线或者线段，多边形由闭合的直线段构成。

在欧几里得平面内，勾股定理（西方叫毕达哥拉斯定理）成立，即对于边

① 阳光和芦苇对物理学的建立都曾有启发。物理学中各种 canonical 概念（canonical equation，正则方程；canonical ensemble，正则系综）中的 canon，就是芦苇。

长为 $a \leqslant b < c$ 的直角三角形，$c^2 = a^2 + b^2$ 成立。反过来理解，勾股定理所表示的长度关系定义了欧几里得平面。若在某个二维空间内，沿 x-方向的位移为 dx，沿垂直方向即 y-方向上的位移为 dy，若起点-终点间的距离 ds 与 dx 和 dy 之间满足关系式 $ds^2 = dx^2 + dy^2$，则此二维欧几里得空间为平面。推广到任意 n-维情形，在 n-维欧几里得空间中，距离满足关系式

$$ds^2 = dx_1^2 + dx_2^2 + \cdots + dx_n^2 \tag{9.2}$$

我们的物理空间是三维的，即可由三个独立参数（实数）来表征其广延性。这是物理学的第零定律。三维的欧几里得空间中，两点间的距离满足关系式 $ds^2 = dx^2 + dy^2 + dz^2$，其中 dx, dy, dz 为两点在三个垂直方向上的坐标之差。

平直空间内的两点唯一地决定了一条直线。直线是曲线的特例，而且直线应该是处处一致的，即具有某个量在直线的任何点上它都是不变的。比如若有某个描述弯曲程度的量，在直线上它应该处处为零。还有，沿直线的运动，运动方向始终不变。这个定义会引出麻烦。比如人在地球表面上一直朝着一个方向运动，运动者会以为自己走过了一段直线，但空间中的观察者看到的轨迹是地面上的一段曲线。但是，地面上的运动者认为自己走过了一段直线，应该也没错啊！看样子，这里面有些认识需要统一。

自由空间中的阳光，予我们以直线的印象。光线是直线的物理基础。观察告诉我们，光在不均匀介质中的传播路径是弯的。但是，费马（Pierre de Fermat，1607—1665，法国人）定理说光在介质中的路程取极值，那似乎就是关于物理直线的数学定义。我们是否可以这样认为，介质定义了光传播的空间，介质爱怎么不均匀那是它的事儿，而光始终走直线——由介质的具体性质所决定的取极值的路径。你看到光线在比如空气–水界面上的弯折，那是因为我们脑子没转过来弯儿，没考虑介质的不均匀而已。光始终走直线，这可算直线的物理定义。

可以从直线是曲线特例的角度来定义直线。空间中任何两点之间可以由无

数的曲线连接，其中那个（些）最特殊的是直线（愚以为这意味着某种最大对称性）。未来我们会知道，若一条曲线的切矢量在特定物理决定的算法下变化始终为零，则说它是直的。我们看到，如何判断直线的特殊性，或者具体地由什么样的算法确定一条曲线之切矢量的变化始终为零，这是需要我们建立起清楚的数学与物理判据的地方。

什么是直线，我们在讨论广义相对论时会不得不再回到这个问题。

顺便说一句，欧几里得空间是平直空间，闵可夫斯基时空也是平直空间。在闵可夫斯基时空中，$ds^2 = dx^2 + dy^2 + dz^2 - c^2dt^2$，这个和欧几里得空间的距离表示相比有一点儿别扭，其中一项是负的。闵可夫斯基把时空坐标表示为 $(x, y, z; ict)$，则距离公式变为 $ds^2 = dx^2 + dy^2 + dz^2 + (icdt)^2$，这样，欧几里得空间的距离公式形式又恢复了。闵可夫斯基时空的几何可当作欧几里得空间的几何处理。不过这也只是一个错觉，如果你知道“i”的意义有多复杂就不会这么想了。外尔（Hermann Weyl，1885—1955，德国人）为了将电磁学和引力统一起来引入了一个环路积分，不是很成功。后来，经人建议添了个“i”因子，于是就有了规范场论。有兴趣的读者，可多了解一些关于“i”的代数，比如几何代数。

9.3 曲线、曲线长度与曲率

一个物体在空间中的运动轨迹，一般来说是一条光滑曲线。研究物体的运动，学会曲线的表述是前提。数学上用从一个实数区间 $\boldsymbol{I} = [a, b]$ 到一个拓扑空间 $\boldsymbol{X}$ 的映射来表示曲线，即曲线定义为映射 $\gamma : \boldsymbol{I} \to \boldsymbol{X}$。用日常语言来说，区间 $\boldsymbol{I} = [a, b]$ 可以是一个时段，到一个拓扑空间 $\boldsymbol{X}$ 的映射就是给出区间 $\boldsymbol{I}$ 内任意时刻对应的点的坐标。如果拓扑空间 $\boldsymbol{X}$ 是个欧几里得平面，那曲线就是平面曲线；若拓扑空间 $\boldsymbol{X}$ 是欧几里得三维空间，那曲线就是空间曲线。三维空间里的曲线可以是局限在某个平面内的，比如只考虑重力作用时抛体的运动轨迹，就局限于由初始速度矢量 $\boldsymbol{v}_0$ 和加速度矢量 $\boldsymbol{g}$ 所决定的平面内。如果曲线不是局限于某个平面内，比如受风力影响之抛体的运动轨迹，那就是拧巴了的曲线，扭曲线（skew curve，tortuous curve）。如果物体被物理地限制在三维空间内的某个曲面上运动，这就涉及约束运动。约束运动的轨迹是约束面上的曲线。

曲线是一维几何对象。二维空间里的曲线用一个关于两独立坐标的方程 $f(x,y)=c$ 就能定义了，而三维空间里的曲线要用两个关于三独立坐标的方程 $f_1(x,y,z)=c_1$ 和 $f_2(x,y,z)=c_2$ 来定义。这样定义的曲线称为等量线（level curve）。曲线的另一个定义是把一组独立坐标都表示为某个参数的函数，这样表示的曲线和动力学有天然的联系。

关于曲线，有两个量是我们要关切的。其一是一段曲线长度的计算。曲线长度物理上对应物体运动的路程。依曲线定义，$\gamma:\boldsymbol{I}\to\boldsymbol{X}$，则区间 $\boldsymbol{I}=[a,b]$ 对应的曲线段长度为

$$L(\gamma)=\int_a^b|\gamma'(t)|\,dt,\quad t\in[a,b] \tag{9.3}$$

注意，此处计入的是函数 $\gamma(t)$ 对参数 t 的导数 $\gamma'(t)$ 之绝对值。对于平面内由函数 $y=f(x)$ 所表示的一段曲线，$x\in[a,b]$，其长度可表示 $s=\int_a^b\sqrt{1+(dy/dx)^2}dx$。

一般地，n-维平直空间中的一条曲线的参数化方程为 $(x_1(t),x_2(t),\cdots,x_n(t))$，$t\in[a,b]$，则曲线长度为 $s=\int_a^b\sqrt{\dot{x}_1^2+\dot{x}_2^2+\cdots+\dot{x}_n^2}dt$。描述曲线的参数 t 在不同情境中可以是不同的量，t 可以是时间，或者是圆周角（针对圆周运动），等等。但是，有一个特殊的选择是我们必须牢记的，它也是物理上尤其是相对论偏好的选择，即参数 t 就是曲线的弧长 s。物理现实决定了这种选择的合理性。一条路径只是那条路径而已，没有别的参数信息，所以要习惯 $x(s)$ 这样的对曲线的参数化，这也是物理的自然要求。用曲线弧长参数化的曲线被称为 natural curve 和 unit-speed curve（单位速率曲线），因为弧长当作参数且被理解为时间的话，速度就是路径对弧长的微分，始终是单位矢量。在这种情形下，

曲线的长度为 $L(\gamma) = \int_a^b ds = b - a$。一个用恒定速率运动的物体，其经过的曲线长度就正比于时间。一条曲线若 $\dot{\gamma}(t) \neq 0$，则是规则的。对于规则的曲线，曲线长度作为参数 t 的函数，$s(t)$ 是光滑的。任何规则的曲线都可以重新参数化成为单位速率曲线，弧长 s 是唯一的可将曲线表示为单位速率曲线的参数。单位速率曲线让许多问题变得简单。比如，单位切矢量满足 $\boldsymbol{n}(t) \cdot \boldsymbol{n}(t) \equiv 1$，故有

$$\dot{\boldsymbol{n}}(t) \cdot \boldsymbol{n}(t) \equiv 0 \tag{9.4}$$

即 $\dot{\boldsymbol{n}}(t)$ 与 $\boldsymbol{n}(t)$ 始终垂直。对于单位速率曲线，单位切矢量 $\boldsymbol{n}(t)$ 就是速度矢量，加速度在法线 $\dot{\boldsymbol{n}}(t)$ 方向上，而曲率就是加速度。

再强调一遍，用弧长 s 参数化一条曲线（物体的运动轨迹）是物理学中非常聪明的、重要的一步。除了广义相对论因为研究对象就是时空和运动因而有特殊考量外，这种做法的重要性在普通物理中也一样得到体现。计算外力对运动物体的做功，或者计算沿一定路径上电场所造成的电势差，用到的都是关于路径长度 $\mathrm{d}s$ 的积分。可见，学会沿路径的积分对学物理有多么重要。当然了，我们还会看到，学会沿指定路径的微分至少对场论的学习更是至关重要。

◎ 二维平面曲线的曲率

关于曲线另一个要关切的问题是它在每一点上的弯曲程度，即曲率（curvature）。曲率是个运动学的量，但运动轨迹的曲率反映运动物体的受力情况。对于一个司机来说，给定路径的弯曲程度决定了他该如何把握手里的方向盘。曲率描述对平直的偏差。

直线和圆为我们描述一般曲线的曲率提供了启示。直观地，直线的曲率为零，或者说其曲率半径为无穷大。圆是弯曲程度处处相同的闭合曲线。一个圆由其半径唯一地确定，半径越小其弯曲得越厉害，故 $k = 1/r$ 是曲率的一个好的选择。对于一条二维平面内的曲线，在曲线上任一点，有唯一的一个圆和曲线在凹

的一侧最吻合，称为密切圆（吻圆，osculating circle），其半径 r 即为该曲线在此处的曲率半径，曲率为 $k=1/r$（图 9.1）。根据法国数学家柯西（Augustin-Louis Cauchy，1789—1857）的定义，密切圆的圆心为曲线上无限靠近的两点之法线的交点。奥雷斯姆（Nicolas Oresme，1320/1325？—1382，法国人）、开普勒、惠更斯（Christiaan Huygens，1629—1695，荷兰人）、牛顿、莱布尼茨（Gottfried Wilhelm Leibniz，1646—1716，德国人）等人对密切圆概念的发展也各有贡献。

曲线是一维拓扑空间，本身无所谓曲直。曲线没有内禀曲率（intrinsic curvature），常说的曲线曲率是曲线的外赋曲率（extrinsic curvature），只是因为曲线被嵌入了高维空间才有的曲率。我们觉得曲线弯曲是因为我们是从高维嵌入空间看曲线的缘故。直线和圆都可以嵌入二维欧几里得空间，可当作二维空间里的曲线处理（螺线管就不行）。直线的曲率为零，圆的曲率恒定且只有半径一个特征量，故选择 $k=\dfrac{1}{r}$ 来度量圆的弯曲程度。但是，$\dfrac{1}{r}=\dfrac{d\theta}{ds}$，因此对于一般的曲线，可定义曲率

$$k=\left|\frac{d\theta}{ds}\right| \tag{9.5}$$

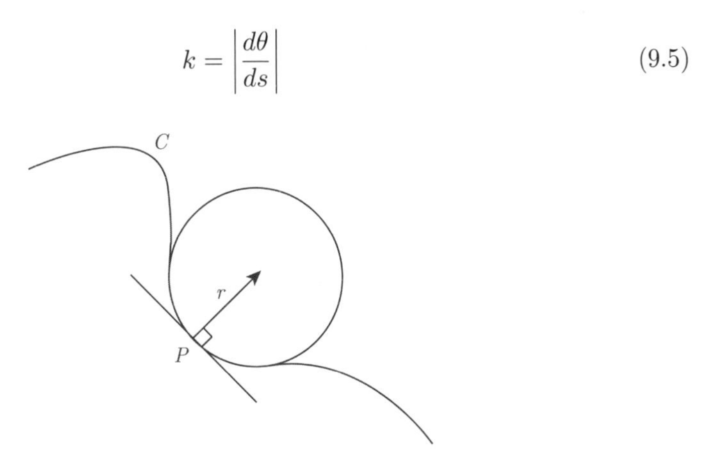

图 9.1　曲线及其在某点上凹的一侧的密切圆

即曲率是法线或者曲线方向角随弧长的变化。由二维曲线的一般方程 $y=f(x)$，$y'=\mathrm{tg}\theta$ 出发，可得 $y''=(1+tg^2\theta)\dfrac{d\theta}{dx}=(1+y'^2)\dfrac{d\theta}{ds}\dfrac{ds}{dx}=(1+y'^2)^{3/2}\dfrac{d\theta}{ds}$，

故

$$k=\left|\frac{y''}{(1+y'^2)^{3/2}}\right| \tag{9.6}$$

这是常见的平面曲线的曲率公式，由法国的天才少年克莱洛（Alexis Claude Clairaut， 1713—1765）于 1729 年给出（那一年，人家才 16 岁）。对于带符号的曲率 $k=\dfrac{d\theta}{ds}$，反过来有积分 $\theta(s)=\displaystyle\int_{s_0}^{s}kds$，这个量能反映几何对象的全局性质。对于圆，作全局积分得 $\theta=2\pi$，是圆周角。

平面曲线的曲率可通过各种方式得到。设平面曲线的单位切矢量为 $\boldsymbol{T}$，则 $k=|d\boldsymbol{T}/ds|$。如曲线是自然的、用弧长 s 参数化的，即曲线表为 $\gamma:(x(s),y(s))$，$|\dot{\gamma}|^2=x'(s)^2+y'(s)^2=1$，则 $k(s)=|T'(s)|=|\gamma''(s)|$，**曲率是关于弧长参数的二阶微分**。如果一条平面曲线的方程是参数方程 $\gamma:(x(t),y(t))$，则曲率公式为 $k=\dfrac{|x'y''-x''y'|}{(x'^2+y'^2)^{3/2}}$；如果曲线方程是显函数 $\gamma:y=y(x)$ 的形式，则曲率公式为 $k=\dfrac{|y''|}{(1+y'^2)^{3/2}}$，即（9.6）式；如果曲线方程采用极坐标表示 $\gamma:r=r(\theta)$，曲率公式为 $k=\dfrac{\left|r^2+2r'^2-rr''\right|}{(r^2+r'^2)^{3/2}}$；如果曲线方程是隐式表达 $F(x,y)=0$，则曲率公式为

$$k=\frac{-F_{xx}F_y^2+2F_xF_yF_{xy}-F_{yy}F_x^2}{(F_x^2+F_y^2)^{3/2}} \tag{9.7}$$

曲率表达式（9.7）的推导过程如下。二维曲线可以定义为函数 $f:R^2\to R$ 的零点集 $C=f^{-1}(0)$，则曲线上的归一化梯度场为 $\boldsymbol{N}=\dfrac{\nabla f}{|\nabla f|}|_C$， 而 $k=-\nabla\cdot\boldsymbol{N}=-\nabla\cdot\dfrac{\nabla f}{|\nabla f|}$。此方程告诉我们梯度场之散度即为曲率，则由泊松（Siméon Denis Poisson，1781—1840，法国人）方程连接起来的源，不妨看作就是曲率而非仅仅是场的起源。这似乎暗示我们**场方程从来都和曲率有关系**—— 这是广义相对论构造引力场方程时所依据的思想源头。由此可得式（9.7），也可得表达式 $k=-\boldsymbol{N}^T\cdot adj(\tilde{H}_f)\cdot\boldsymbol{N}$，其中 $\tilde{H}_f$ 是 Hesse 矩阵，$\tilde{H}_f=\begin{vmatrix}\partial^2f/\partial x_1^2 & \partial^2f/\partial x_1\partial x_2\\ \partial^2f/\partial x_1\partial x_2 & \partial^2f/\partial x_2^2\end{vmatrix}$。这

个表达式用于将平面定义为函数 $f: R^3 \to R$ 的零点集时，得到的是平面的高斯曲率。

◎ 三维空间曲线的曲率

在三维情形下，如果曲线是用弧长参数化的 $\gamma(s)$，切矢量是单位矢量，由曲率定义 $k(s) = \left|\boldsymbol{T}'(s)\right| = |\gamma''(s)|$，硬推导到曲线一般参数化为 $\gamma(t)$ 的情形，则有

$$k = \frac{|\gamma' \times \gamma''|}{|\gamma'|^3} = \frac{\sqrt{|\gamma'|^2 |\gamma''|^2 - (\gamma' \cdot \gamma'')^2}}{|\gamma'|^3} \tag{9.8}$$

如果一条三维曲线的参数方程是 $\gamma: (x(t), y(t), z(t))$，则其曲率为

$$k = \frac{\sqrt{(x'y'' - y'x'')^2 + (y'z'' - z'y'')^2 + (z'x'' - x'z'')^2}}{(x'^2 + y'^2 + z'^2)^{3/2}} \tag{9.9}$$

多美妙的公式。二维曲线可看作是三维空间中某个平面上的曲线，故表达式 $k = \dfrac{|\gamma' \times \gamma''|}{|\gamma'|^3}$ 也可用于计算二维曲线的曲率。

一条二维平面上弧长 s 参数化的曲线，切矢量 $\boldsymbol{T}$ 和法线 $\boldsymbol{n}$ 构成一组正交基，其随弧长的变化满足关系式

$$\begin{pmatrix} \boldsymbol{T}' \\ \boldsymbol{n}' \end{pmatrix} = k_{ij} \begin{pmatrix} \boldsymbol{T} \\ \boldsymbol{n} \end{pmatrix}, \quad k_{ij} = \begin{pmatrix} 0 & k \\ -k & 0 \end{pmatrix} \tag{9.10}$$

这个曲率矩阵是反对易的 2×2 矩阵，故只有一个曲率 k。一条三维空间的曲线，其在任意点上的切矢量 $\boldsymbol{T}$ 好定义。若曲线是关于弧长参数化的，切矢量 $\boldsymbol{T}(s) = \dot{\gamma}(s)$ 是单位矢量。由切矢量 $\boldsymbol{T}$ 的变化 $\dot{\boldsymbol{T}} = k\boldsymbol{n}$ 可得一单位矢量 $\boldsymbol{n}$ 与 $\boldsymbol{T}$ 垂直，此为曲线的主法线（principal normal，字面是第一法线），由 $\boldsymbol{b} = \boldsymbol{T} \times \boldsymbol{n}$ 定义的单位矢量 $\boldsymbol{b}$ 与 $\boldsymbol{T}$ 和 $\boldsymbol{n}$ 都垂直，此为曲线的次法线（binormal，字面是二法线）。这三者构成的正交基，其随弧长参数的变化可表示为

$$\begin{pmatrix} \boldsymbol{T}' \\ \boldsymbol{n}' \\ \boldsymbol{b}' \end{pmatrix} = k_{ij} \begin{pmatrix} \boldsymbol{T} \\ \boldsymbol{n} \\ \boldsymbol{b} \end{pmatrix}, \quad k_{ij} = \begin{pmatrix} 0 & k & 0 \\ -k & 0 & \tau \\ 0 & -\tau & 0 \end{pmatrix} \tag{9.11}$$

这个曲率矩阵是反对易的 3×3 矩阵，因为是关于一维对象的，故有两个独立的量，一个为曲率 k，一个为扭量 τ。曲率矩阵 k_{ij} 是反对易的，它保证了曲线上一点处的正交基，沿曲线移动后永远是正交基。

◎ 曲面的曲率

研究曲面的自然方式是研究其上的曲线。三维空间里的曲面的曲率，可以由该曲面上的曲线来描述。曲面是二维几何对象。与曲线只有外赋曲率不同，曲面有内禀曲率和外赋曲率之分。过曲面上一点有很多曲线，其法向曲率有最大值 K_1 和最小值 K_2，此为曲面的主曲率，其量纲为 L^{-1}。曲面的平均曲率定义为 $K=(K_1+K_2)/2$，是外赋曲率，其同曲面面积的一阶变化有关。最小面如肥皂膜，其平均曲率恒为零。与此相对，高斯曲率只依赖于曲面的度规，是曲面的内禀曲率。平面上半径为 r 的圆，圆周长为 $2\pi r$。针对曲面上的一点，画半径为 r 的圆，计算其周长 $C(r)$ 只牵扯曲面的度规，则高斯曲率定义为

$$K = \lim_{r\to 0^+} 3\left(\frac{2\pi r - C(r)}{\pi r^3}\right) \tag{9.12}$$

其量纲为 L^{-2}。这就是拿圆周周长与平面情形的偏差来衡量曲面的弯曲程度。高斯曲率只取决于黎曼度规，此即所谓的高斯绝妙定理（Theorema Egregium）。人类在地球表面上就是这样测量地球的曲率的（高斯曾亲力亲为之），篮球上的蚂蚁也能这样决定篮球的曲率。$K=K_1K_2$，这是高斯曲率同曲面上之曲线的曲率之间的关联。曲面的总曲率为高斯曲率对曲面的积分。

一条嵌在三维空间中二维曲面上的曲线，有更多的曲率度量。光滑曲面上的规则曲线，其切线 $\boldsymbol{T}$ 在曲面的切平面内，将曲面的法线记为 $\boldsymbol{n}$，它们决定了第三个方向 $\boldsymbol{t}=\boldsymbol{n}\times\boldsymbol{T}$，与曲线的扭曲有关。曲线的切矢量 $\boldsymbol{T}$，曲面的法线矢量

$\boldsymbol{n}$，和 $\boldsymbol{t}$ 构成了一组正交基，即所谓的 Darboux Frame。若曲线是单位速度曲线的话，则有 $\begin{pmatrix} \boldsymbol{T}' \\ \boldsymbol{t}' \\ \boldsymbol{n}' \end{pmatrix} = k_{ij} \begin{pmatrix} \boldsymbol{T} \\ \boldsymbol{t} \\ \boldsymbol{n} \end{pmatrix}$。偏对易的矩阵 k_{ij} 的显式表达为

$$k_{ij} = \begin{pmatrix} 0 & k_g & k_n \\ -k_g & 0 & \tau_r \\ -k_n & -\tau_r & 0 \end{pmatrix} \tag{9.13}$$

其中，k_n 是法向曲率（normal curvature），是曲线在法线/切线平面内投影的曲率，k_g 是测地线曲率（geodesic curvature），是曲线在切平面内投影的曲率；τ_r 是测地线扭曲（geodesic torsion，relative torsion），度量法线绕切线的变化率。测地线曲率考察的是一条曲线与其所在子流形上的测地线之间的偏离。举例来说，考察三维欧几里得空间的子流形（比如球面）上的曲线，球面之大圆的测地线曲率为零，因为它就是测地线，而小圆除了曲率 $1/r$ 以外，还有测地线曲率。

曲面上任一点的切空间中的切矢量，其内积同微分几何里的第一基本形式相联系。若曲面的一个曲面片（surface patch）的参数化为 $\boldsymbol{\sigma}(u,v)$，则第一基本形式为 $Edu^2+2Fdudv+Gdv^2$，其中 $E=\boldsymbol{\sigma}_u\cdot\boldsymbol{\sigma}_u$，$F=\boldsymbol{\sigma}_u\cdot\boldsymbol{\sigma}_v$，$G=\boldsymbol{\sigma}_v\cdot\boldsymbol{\sigma}_v$。第一基本形式决定克里斯多夫符号，可用于计算曲面上曲线的长度和夹角。对于曲面上的一条曲线，$\gamma=\sigma(\boldsymbol{u}(t),\boldsymbol{v}(t))$，其长度为 $s=\int(E\dot{\boldsymbol{u}}^2+2F\dot{\boldsymbol{u}}\dot{\boldsymbol{v}}+G\dot{\boldsymbol{v}}^2)^{1/2}dt$。第二基本形式为 $Ldu^2+2Mdudv+Ndv^2$，其中 $L=\sigma_{uu}\cdot\boldsymbol{n}$，$M=\sigma_{uv}\cdot\boldsymbol{n}$，$N=\sigma_{vv}\cdot\boldsymbol{n}$，这里的法线 $\boldsymbol{n}=\dfrac{\sigma_u\times\sigma_v}{|\sigma_u\times\sigma_v|}$。一阶微分驻扎在切平面内，而与切平面的偏差就体现在二级微分上。曲面的曲率最终指向第二基本形式。针对曲面 S 在点 p 处的切平面 T_pS 基为 (σ_u,σ_v) 的 Weingarten 映射 $W_{p,S}$，其形式为 $W_{p,S}=\begin{pmatrix} E & F \\ F & G \end{pmatrix}^{-1}\begin{pmatrix} L & M \\ M & N \end{pmatrix}$，这里第一、第二基本形式都用上了。这个

矩阵的矩阵值就是高斯曲率。平面的第二基本形式为 0，故其高斯曲率为零。球面的高斯曲率为恒定的正值，马鞍面的高斯曲率为负。

描述曲面曲率的一个符号是形状算符（shape operator），是从切平面到自身的线性算符。形状算符是法线矢量沿着切平面内一条曲线移动时变化率的切分量。主曲率就是形状因子的本征值。相对于切平面内一对正交矢量的表示，形状算符和第二基本形式有相同的矩阵表示。高斯曲率就是形状算符（张量）的矩阵值，平均曲率就是其迹的一半。

高斯曲率由曲面的内禀几何来描述，即从第一、第二基本式或者度规张量 $g_{\mu\nu}$ 得到。内禀曲率的概念可以推广到一般流形上，曲率由其上矢量沿环路平行移动（parallel transport）所引起的方向改变加以描述。这可以用于广义相对论，将引力作为时空曲率加以描述。这个概念可以移植到主纤维丛上，用于规范场论，那里曲率描述相互作用的强度。这就引出一个关键问题，什么叫平行位移？沿一条曲面上的曲线 γ，其上有速度场 $\boldsymbol{v}$， 其变化在切平面的投影为 $\nabla_\gamma \boldsymbol{v} = \dot{\boldsymbol{v}} - (\dot{\boldsymbol{v}} \cdot \boldsymbol{n})\boldsymbol{n}$，这就是所谓的沿曲线的协变导数。如果 $\nabla_\gamma \boldsymbol{v} = 0$，我们就说该矢量沿曲线 γ 是保持平行的。如果一个矢量沿着一个曲面上的闭环移动但保持平行，回到原点时结果矢量的方向会改变，此现象名为 holonomy。Holonomy，字面意思是整体上的规律，汉译绕异性不是翻译，而是根据情景另行编造。平行移动的矢量，其方向改变同所在流形的曲率相联系。宽泛地说，平行移动指矢量从一点沿曲线移到另一点时但保持针对某个联络（比如协变导数）平行。联络把临近点上的几何连接起来。平行移动是联络的局域实现。

曲率的另外两个推广是标量曲率和里奇曲率。弯曲表面上一个圆盘的面积不同于平直空间中相同直径的圆盘的面积。这个差别由标量曲率（scalar curvature）度量。圆盘的扇面面积的差别就由里奇（Gregorio Ricci-Curbastro，1853—1925，意大利人） 曲率来度量。这些都可以推广到更高维情形。这里的思想在于，弯曲用同平直的偏离来定义和描述。有趣的是，当我们拥有了关于弯曲的一般描述时，从中才能更好地理解作为特例的平与直。

9.4　空间的曲率

曲率为零的空间或者时空是平的。相对论时空是 (3,1) 型的赝黎曼流形。黎曼流形一般来说不能嵌入高维的欧几里得空间中去。为了描述流形的曲率，微分几何引入了曲率张量来度量流形的局域几何同欧几里得几何之间的差别。设一 n-维流形，装备了仿射①联络 ∇，由此联络可定义黎曼张量。由流形上的矢量场 X,Y,Z, 有

$$R(X,Y)Z = \nabla_X\nabla_Y Z - \nabla_Y\nabla_X Z - \nabla_{[X,Y]}Z \tag{9.14}$$

即黎曼曲率张量 R 度量的是协变导数之间的非对易性。对每一个矢量场 Z，黎曼张量 $R(X,Y)$ 联系着一个矢量场 $R(X,Y)Z$。或者换种表述，对每一个仿射流形 (M,g)，可定义曲率 $R(X,Y,Z,W)=g(R(X,Y)Z,W)$，可表示为

$$g(R(X,Y)Z,W) = g_{\mu\lambda}R^{\mu}_{\nu\rho\sigma}X^{\nu}Y^{\rho}Z^{\sigma}W^{\lambda} = R^{\mu}_{\nu\rho\sigma}X^{\nu}Y^{\rho}Z^{\sigma}W_{\lambda} \tag{9.15}$$

在局域基 $\vec{e}_\mu$ 中分解，可写为 $R(X,Y)Z = R^{\mu}_{\nu\rho\sigma}X^{\nu}Y^{\rho}Z^{\sigma}\vec{e}_\mu$。$R^{\mu}_{\nu\rho\sigma}$ 如果对 μ,ρ 求迹，即得到里奇曲率张量，$R_{ij}=R^{k}_{ikj}$；对 R_{ij} 再求迹，就得到标量曲率 R。注意，

$$R_{\alpha\beta} = R^{\rho}_{\alpha\rho\beta} = \partial_\rho\Gamma^{\rho}_{\beta\alpha} + \Gamma^{\rho}_{\rho\lambda}\Gamma^{\lambda}_{\beta\alpha} - \partial_\beta\Gamma^{\rho}_{\rho\alpha} - \Gamma^{\rho}_{\beta\lambda}\Gamma^{\lambda}_{\rho\alpha} \tag{9.16}$$

是对克里斯多夫符号的微分之差。关于曲率的两个推广，里奇曲率和标量曲率，都出现在爱因斯坦的引力场方程中，见下文。

除了里奇曲率和标量曲率以外，从曲率张量还可以导出截面曲率 (sectional curvature)。对黎曼流形切空间内任一平面，可以定义一个截面曲率。设 $\boldsymbol{u},\boldsymbol{v}$ 是切

① 仿射是对 affine 不负责任的音译。Affine 与姻亲有关，affine connection 就是亲情联络，拉上关系。

平面内两个独立的矢量，则截面曲率定义为$K(\boldsymbol{u},\boldsymbol{v})=\dfrac{< R(\boldsymbol{u},\boldsymbol{v})\boldsymbol{v},\boldsymbol{u} >}{< \boldsymbol{u},\boldsymbol{u} >< \boldsymbol{v},\boldsymbol{v} > - < \boldsymbol{u},\boldsymbol{v} >^2}$，其中 $R < \boldsymbol{u},\boldsymbol{v} >$ 是黎曼曲率张量。

一个 n-维流形的黎曼张量有 $n^2(n^2-1)/12$ 个独立变量。对于四维时空，黎曼张量有 20 个独立变量。

9.5 测地线

直线是沿同一方向运动的物体的轨迹。测地线（geodesic）是流形上的直线。测地线曲率为零 ($k_g = 0$) 的曲线是曲面上的测地线，即其加速度和次法线垂直，因为要求加速度必须在法线方向上。一个曲面，在一点的切平面内的基为 $(\boldsymbol{\sigma}_u,\boldsymbol{\sigma}_v)$，则其速度为 $\dot{\boldsymbol{r}} = \dot{\boldsymbol{u}}\boldsymbol{\sigma}_u + \dot{\boldsymbol{v}}\boldsymbol{\sigma}_v$，加速度和这两个基都垂直，$\dfrac{d}{dt}(\dot{\boldsymbol{u}}\boldsymbol{\sigma}_u + \dot{\boldsymbol{v}}\boldsymbol{\sigma}_v)\cdot\boldsymbol{\sigma}_u = 0$，也即

$$\frac{d}{dt}(\dot{\boldsymbol{u}}\boldsymbol{\sigma}_u + \dot{\boldsymbol{v}}\boldsymbol{\sigma}_v)\cdot\boldsymbol{\sigma}_v = 0 \tag{9.17}$$

此为测地线的参数方程。测地线方程一般是非线性微分方程。一个方向上只有一条测地线。曲面上的测地线仅由第一基本形式就能决定。从物理的角度来看，曲面上受力始终和曲面垂直的粒子，其运动轨迹是测地线。任何测地线都有恒定的速率。

对于一般的流形 M，测地线方程为 $\nabla_{\dot{\gamma}}\dot{\gamma} = 0$，$\nabla$ 是流形上的联络。注意，此处的 $\dot{\gamma}$ 是被扩展成曲线上之切空间内的矢量场了。测地线方程，用克里斯多夫符号表示，为

$$\frac{d^2\boldsymbol{x}^\lambda}{dt^2} + \Gamma^\lambda_{\mu\nu}\frac{d\boldsymbol{x}^\mu}{dt}\frac{d\boldsymbol{x}^\nu}{dt} = 0 \tag{9.18}$$

注意到其实联络和克里斯多夫符号都是由度规 $g^{\mu\nu}$ 决定的，因此我们有必要牢记始终是度规张量决定了流形的几何。

测地线可以经由变分法得到。其一是针对路径弧长函数 $L(\gamma)=\int_a^b \sqrt{g_\gamma(\dot{\gamma},\dot{\gamma})}$

dt 求变分，最短路径的局部一定是测地线；其二是针对能量函数 $E(\gamma)=\dfrac{1}{2}\int_a^b$ $g_\gamma(\dot{\gamma},\dot{\gamma})dt$ 求变分。

如果连接两固定点的作为测地线的路径，其长度满足变分条件。由弧长定义 $ds^2=g_{\mu\nu}dx^\mu dx^\nu$ 出发，作变分，得

$$\begin{aligned}sds\delta(ds)&=\delta g_{\mu\nu}dx^\mu dx^\nu+g_{\mu\nu}dx^\mu\delta dx^\nu+g_{\mu\nu}\delta dx^\mu dx^\nu\\&=g_{\mu\nu,\lambda}dx^\mu dx^\nu\delta x^\lambda+2g_{\mu\lambda}dx^\mu\delta dx^\lambda\end{aligned}\tag{9.19}$$

利用关系 $\delta dx^\lambda=d\delta x^\lambda$，记 $dx^\mu/ds=v^\mu$，得

$$\delta(ds)=\left(\frac{1}{2}g_{\mu\nu,\lambda}v^\mu v^\nu\delta x^\lambda+g_{\mu\lambda}v^\mu\frac{d\delta x^\lambda}{ds}\right)ds\tag{9.20}$$

对积分 $\delta\int ds=\int\delta(ds)=\int\left[\dfrac{1}{2}g_{\mu\nu,\lambda}v^\mu v^\nu\delta x^\lambda+g_{\mu\lambda}v^\mu\dfrac{d\delta x^\lambda}{ds}\right]ds$ 中的第二项作分步积分，并利用在积分边界上 $\delta x^\lambda=0$，得

$$\delta\int ds=\int\left[\frac{1}{2}g_{\mu\nu,\lambda}v^\mu v^\nu-\frac{d}{ds}(g_{\mu\lambda}v^\mu)\right]\delta x^\lambda ds\tag{9.21}$$

此积分对任意 δx^λ 都成立，则其为零的条件为

$$\frac{1}{2}g_{\mu\nu,\lambda}v^\mu v^\nu\delta x^\lambda-\frac{d}{ds}(g_{\mu\lambda}v^\mu)=0\tag{9.22}$$

但是，$\dfrac{d}{ds}(g_{\mu\lambda}v^\mu)=g_{\mu\lambda}\dfrac{dv^\mu}{ds}+g_{\mu\lambda,\nu}v^\mu v^\nu=g_{\mu\lambda}\dfrac{dv^\mu}{ds}+\dfrac{1}{2}(g_{\mu\lambda,\nu}+g_{\nu\lambda,\mu})v^\mu v^\nu$，故进一步地有

$$g_{\mu\lambda}\frac{du^\mu}{ds}+\Gamma^{u^\mu}_{\lambda\mu\nu}u^\nu=0\tag{9.23}$$

其中 $\Gamma_{\lambda\mu\nu}$ 是第一类克里斯多夫符号。乘以 $g^{\lambda\sigma}$，将方程中的第一类克里斯多夫符号 $\Gamma_{\lambda\mu\nu}$ 提升指标变为第二类克里斯多夫符号 $\Gamma^\sigma_{\mu\nu}$，得

$$\frac{du^\sigma}{ds}+\Gamma^\sigma_{\mu\nu}u^\mu u^\nu=0\tag{9.24}$$

这本质上和式（9.18）是同样的测地线方程，此处路径的参数为路径的弧长。

测地线反映的是空间的局域性质。测地线是直线，它不一定是最短的，但反过来最短路径总是测地线。流形上的一条测地线，经重新参数化后，未必还是一条测地线 —— 意思是对测地线直接重新参数化得到的方程，未必是对应那个参数的测地线方程。

推荐阅读

1. Andrew Pressley, Elementary Differential Geometry, 2nd edition, Springer (2012).
2. James Casey, Exploring Curvature, Vieweg (1996).
3. J. L. Coolidge, The Unsatisfactory Story of Curvature, The American Mathematical Monthly 59 (6), 375-379 (1952).
4. Herbert Busemann, The Geometry of Geodesics, Academic Press Inc. (1955).
5. Manfredo. P. do Carmo, Differential Geometry of Curves and Surfaces, Dover (2017).
6. Shlomo Sternberg, Curvature in Mathematics and Physics, Dover(2012).
7. *Yuri Animov*, Differential geometry and topology of curves, CRC Press (2001).
8. James Casey, Exploring curvature, Vieweg (1996).

第10章　曲 线 坐 标

Il grandissimo libro della natura è scritto in lingua matematica.[①]

——Galileo Galilei

摘　要　平直、均匀的空间是理想化的抽象概念。平直空间的几何，自然地采用正交直线坐标系，虽然简单，却忽略了许多内在的一般性问题。正常的空间是弯曲的，其实即便对平直空间也是选用曲线坐标才算常态。习惯于弯曲空间、曲线坐标这样的概念，会使用曲线坐标系作弯曲空间中的微分，才可能进入相对论的王国。再者，相对论思想的数学体现是物理规律（方程）不依赖于坐标系的选择，变换中才见不变性，因此我们有必要熟悉坐标变换的数学。具体问题在恰当的坐标系下求解可能会更容易。

物理学的首要问题是运动和动力学，因此要学会处理时空距离以及物理量的积分、微分。选用曲线坐标系，重点关注的也是距离、积分和微分，尤其是作为二阶微分的拉普拉斯式的表示。空间的几何性质就隐藏在微分的表示中。

① 大自然这本书是用数学语言写的。——伽利略。希腊语、拉丁语的物理，字面上就是自然。汉语也有物理固自然的说法，见于杜甫《盐井》一诗。

给定空间的坐标 $(q_1, q_2, ..., q_n)$，可根据坐标面 $(q_i = \text{const.})$ 的法线和坐标线的切线分别定义两套基矢量。弯曲坐标系的基，在空间各点上是不同的。由基矢量可以得到拉梅系数和度规张量 $g^{\mu\nu}$，这些见于距离的定义以及微分、积分的表达式中。度规张量 $g^{\mu\nu}$ 的矩阵值 $\det(g^{\mu\nu})$ 对应从直线正交坐标到该曲线坐标变换的雅可比行列式 J 的平方。微分问题比积分问题略复杂一些，对于标量、矢量和 2-秩张量，可以定义不同意义的微分。

为了给读者一点曲线坐标的感觉，本节选取了平直空间的斜坐标系和椭圆坐标系两个简单例子略作深入分析。

关键词 曲线坐标系，坐标线，坐标面，协变基，逆变基，对偶空间，拉梅系数，度规张量，雅可比行列式，拉普拉斯式

10.1 导言

从抽象的、理想的简单情形出发构造物理学，这是人类的大智慧，也成了物理学的通病。静电学、质点力学、可逆过程皆如此。依据理想化的概念人们洞察了自然的原理，但太多的、本就存在的深刻问题却也被掩盖了。**平直、均匀的空间是理想化的抽象概念**。平直空间的几何，自然地采用直线正交坐标系，因为是最简单的情形，却让人忽略了许多本就有的一般性问题。在一般性的弯曲空间中，直线正交坐标系是奢侈，或曰不可能。现实中，那些标定我们生存空间的标志性线条，比如村边的小河、林间的小路，可资作为坐标轴的自然选择。但是，它们的方向从来不总是一致的，你也不能要求这些方向一定互相垂直。又比如平行移动，设想你扛着一根长竹竿行走在山坡丛林中的小路上，你会体会到弯曲空间中只有针对特定姿态的平行移动。你既想和重力方向保持一致，又想和山坡的法向保持一致，还想让竹竿和小路的切向保持一致，你若有此切身体会，那理解微分几何和广义相对论就不会太难。采用曲线坐标系（curvilinear coordinates)，作弯曲空间中沿曲线的微分，才可能进入相对论的王国。因此，欲学相对论者，当习惯于弯曲空间和曲线坐标系。再者，相对论思想的数学体现是物理规律（方程）不依赖于坐标系的选择，读者应熟悉坐标变换的相关数学。

曲线坐标一词是法国数学家拉梅（Gabriel Lamé，1795—1870）引入的。拉梅采用曲线坐标系对偏微分方程研究做出了重要贡献，比如他采用椭球坐标系表示拉普拉斯方程从而可以使用分离变量法求解。

10.2　曲线坐标系的定义

以我们熟悉的三维平直空间为例。针对三维平直空间我们习惯采用的是笛卡尔坐标系，三个坐标轴 x-轴、y-轴、z-轴互相垂直，点的坐标记为 (x, y, z)。我们也可以基于三条交于一点的曲线建立起曲线坐标系 (q_1, q_2, q_3)。在空间中，$q_i = const.$ 定义的面为坐标面，坐标面两两相交得到的曲线称为坐标线，坐标线之切线构成坐标轴（图 10.1）。采用曲线坐标，空间不同点上坐标轴的取向是不一样的，且一般非正交。使用曲线坐标系时，基一般是局域的。相比笛卡尔坐标系（坐标轴方向不变），这显然有点儿复杂，但为了研究物理又必须引入曲线坐标系。在流体力学和连续体力学中，因为物理量有复杂的方向依赖性，采用曲线

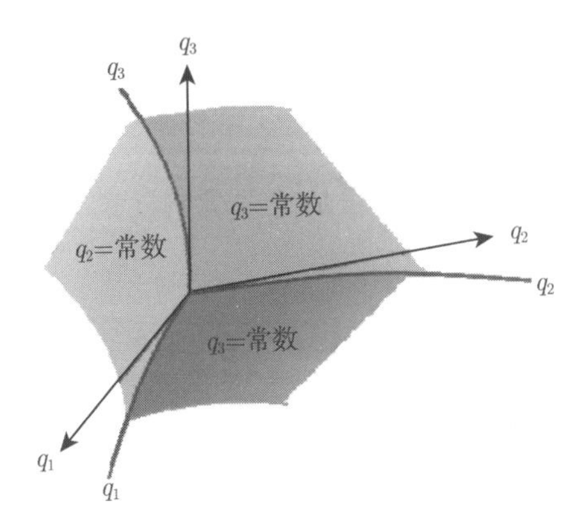

图 10.1　三维空间的曲线坐标系中的对象：坐标线、坐标面和坐标轴

坐标更合适。针对具体的物理问题找到合适的坐标系，会让问题的求解变得容易。

空间中的任意点可用一个位置矢量 $\boldsymbol{r}$ 表示，$\boldsymbol{r}=x\boldsymbol{e}_x+y\boldsymbol{e}_y+z\boldsymbol{e}_z$，用曲线坐标表示，则是 $\boldsymbol{r}=h_1q_1\boldsymbol{b}_1+h_2q_2\boldsymbol{b}_2+h_3q_3\boldsymbol{b}_3$，其中 $\boldsymbol{b}_1,\boldsymbol{b}_2,\boldsymbol{b}_3$ 是基矢量，h_1,h_2,h_3 是拉梅系数（曲线坐标的量纲不一定是长度量纲，拉梅系数的物理意义是尺度因子），h_1q_1，h_2q_2，h_3q_3 是空间点的坐标，有关系 $h_i=|\partial r/\partial q_i|$，以及 $d\boldsymbol{r}=h_1dq_1\boldsymbol{b}_1+h_2dq_2\boldsymbol{b}_2+h_3dq_3\boldsymbol{b}_3$。

10.3 协变基和逆变基

协变基（covariant bases），其基矢量是坐标曲线的单位切矢量，$\boldsymbol{b}_i=\dfrac{\partial \boldsymbol{r}}{\partial q_i}\Big/\left|\dfrac{\partial \boldsymbol{r}}{\partial q_i}\right|=\dfrac{1}{h_i}\dfrac{\partial \boldsymbol{r}}{\partial q_i}$，按照协变矢量方式作变换（见第 11 章）。逆变基（contravaraint bases）的基矢量是坐标面的单位法线矢量，$\boldsymbol{b}^i=\nabla q_i/|\nabla q_i|=h_i\nabla q_i$，按照逆变矢量方式变化。协变基同逆变基之间①，有算法

$$\boldsymbol{b}_k\cdot\boldsymbol{b}^i=\delta_k^i \tag{10.1}$$

其中 δ_k^i 是克罗内克符号，当 $i=k$ 时，$\delta_k^i=1$，否则为 0；以及

$$\boldsymbol{b}^k\cdot\boldsymbol{b}^i=g^{ki},\quad \boldsymbol{b}_k\cdot\boldsymbol{b}_i=g_{ki} \tag{10.2}$$

也就是说同类基的这种乘积，其结果是一个 2-秩张量 $g_{ik}(g^{ik})$，就是所谓的度规张量，它决定特定空间中两点间的距离表达。考虑到拉梅系数，则有

$$g_{ij}=h_ih_j,\quad g=\det(g_{ij})=J^2 \tag{10.3}$$

① 不必对协变、逆变这类说法有恐惧感。一个事物是变化的 (variant)，另一个事物按照它的方式跟着变化 (covariant)，很常见。这个 co-的观念其实你是很熟悉的。记得 sine 函数 $\sin\theta$ 吗？那个 $\cos\theta$ 函数就是 cosine，表现为 $\cos\theta=\sin(\pi/2-\theta)$。

其中 J 是表示坐标变换的雅可比行列式。依据度规张量的定义，显然有关系

$$\boldsymbol{v}_i = g_{ik}\boldsymbol{v}^k, \quad \boldsymbol{v}^i = g^{ik}\boldsymbol{v}_k \tag{10.4}$$

这就是广义相对论里会遇到的使用度规张量来升降矢量指标的操作的由来。

一个矢量，可以有两种表达方式，$\boldsymbol{v} = v^1\boldsymbol{b}_1 + v^2\boldsymbol{b}_2 + v^3\boldsymbol{b}_3$ 和 $\boldsymbol{v} = v_1\boldsymbol{b}^1 + v_2\boldsymbol{b}^2 + v_3\boldsymbol{b}^3$，缩写为 $\boldsymbol{v} = v^i b_i$，或者 $\boldsymbol{v} = v_i\boldsymbol{b}^i$。注意，逆变矢量用了协变基矢量，协变矢量用了逆变基矢量。可定义矢量的各种积，内积（缩并）为

$$\boldsymbol{u}\cdot\boldsymbol{v} = u^i v_i = g^{ij}u_i u_j \tag{10.5}$$

三维情形的叉乘得到一个矢量，$\boldsymbol{u}\times\boldsymbol{v} = E_{ijk}u^i u^j b^k$。以此类推，2-秩张量可表示为矢量的直积，有 $S = S^{ij}b_i\otimes b_j$，$S_i^j = b^i\otimes b_j$，$S_{ij} = b^i\otimes b^j$ 等三种等价形式，其中 S^{ij} 称为逆变分量，S_{ij} 称为协变分量。$S^{ij} = g^{ik}S_k^j$，$S^{ij} = g^{ik}g^{jl}S_{kl}$。关于 3-秩交替张量（alternating tensor），在正交坐标系下，$E = \varepsilon_{ijk}e^i\otimes e^j\otimes e^k$，其中 ε_{ijk} 为列维–齐维塔符号，当 ijk 为偶排列时，$\varepsilon_{ijk} = 1$；为奇排列时，$\varepsilon_{ijk} = -1$；其他情形，$\varepsilon_{ijk} = 0$。在任意曲线坐标系下，$E = E_{ijk}b^i\otimes b^j\otimes b^k = E^{ijk}b_i\otimes b_j\otimes b_k$，$E^{ijk} = \dfrac{1}{\sqrt{g}}\varepsilon_{ijk}$。

10.4 曲线坐标语境下的积分与微分

物理里常常会用到针对曲线、曲面的积分和微分，不妨了解一下相应的与曲线坐标有关的形式变换。积分比较简单。标量函数的线、面和体积分是直接求和，变换比较简单。其线积分的变换形式为

$$\int_C \varphi(x)d\ell = \int_a^b \varphi(x(\lambda))\left|\frac{\partial x}{\partial\lambda}\right|d\lambda \tag{10.6a}$$

对于面积分的情形，

$$\int_S \varphi(x)dS = \iint_T \varphi(x(\lambda_1,\lambda_2))\left|\frac{\partial x}{\partial\lambda_1}\times\frac{\partial x}{\partial\lambda_2}\right|d\lambda_1 d\lambda_2 \tag{10.6b}$$

对于体积分，

$$\int_V \varphi(x)dV = \iiint_\Omega \varphi(x(\lambda_1,\lambda_2,\lambda_3))\left|\frac{\partial x}{\partial\lambda_1}\cdot\left(\frac{\partial x}{\partial\lambda_2}\times\frac{\partial x}{\partial\lambda_3}\right)\right|d\lambda_1 d\lambda_2 d\lambda_3 \tag{10.6c}$$

矢量函数的积分略复杂一点，注意一维积分可能是矢量函数同路径切矢量之内积的积分（电场 $\boldsymbol{E}$ 同路径切矢量之内积的线积分就是电势差），

$$\int_C \boldsymbol{v}(x)\cdot d\ell = \int_a^b \boldsymbol{v}(x(\lambda))\cdot\frac{\partial x}{\partial\lambda}d\lambda \tag{10.7a}$$

二重积分可能是矢量函数与面法线矢量之内积的积分（磁场 $\boldsymbol{B}$ 同面法向内积的面积分就是磁通量），

$$\int_S \boldsymbol{v}(x)\cdot dS = \iint_T \boldsymbol{v}(x(\lambda_1,\lambda_2))\cdot\left(\frac{\partial x}{\partial\lambda_1}\times\frac{\partial x}{\partial\lambda_2}\right)d\lambda_1 d\lambda_2 \tag{10.7b}$$

而体积分则是直接的体积分而已，

$$\int_V \boldsymbol{v}(x)dV = \iiint_\Omega \boldsymbol{v}(x(\lambda_1,\lambda_2,\lambda_3))\left|\frac{\partial x}{\partial\lambda_1}\cdot\left(\frac{\partial x}{\partial\lambda_2}\times\frac{\partial x}{\partial\lambda_3}\right)\right|d\lambda_1 d\lambda_2 d\lambda_3 \tag{10.7c}$$

这里出现的变换因子就是雅可比行列式 J。从坐标系 $(x_1,x_2,...,x_n)$ 变换到坐标系 $(q_1,q_2,...,q_n)$，雅可比行列式的一般表示为

$$J = \left|\frac{\partial(x_1,x_2,...,x_n)}{\partial(q_1,q_2,...,q_n)}\right| \tag{10.8}$$

相较于积分，曲线坐标系的微分更难一些，也包含更深刻的内容 —— 几何体现在微分中。一个标量场，可求其梯度，得一逆变矢量，

$$\nabla\varphi = \frac{\partial\varphi}{\partial q^i}\boldsymbol{b}^i \tag{10.9a}$$

进一步地，有二阶微分拉普拉斯算子作用于其上，结果为

$$\nabla^2\varphi = \frac{1}{h_1h_2h_3}\frac{\partial}{\partial q^i}\left(\frac{h_1h_2h_3}{h_i^2}\frac{\partial\varphi}{\partial q^i}\right) \tag{10.9b}$$

矢量场的梯度是个 2-秩张量，

$$\nabla\boldsymbol{v} = \frac{1}{h_i^2}\frac{\partial\boldsymbol{v}}{\partial q^i}\otimes\boldsymbol{b}_i \tag{10.10a}$$

矢量场的散度（内积）是一标量场，

$$\nabla \cdot \boldsymbol{v} = \frac{1}{h_1 h_2 h_3} \frac{\partial}{\partial q^i}(h_1 h_2 h_3 \boldsymbol{v}^i) \tag{10.10b}$$

三维矢量场的旋度（叉乘）是一矢量场，

$$\nabla \times \boldsymbol{v} = \frac{h_i e_i \varepsilon_{ijk}}{h_1 h_2 h_3} \frac{\partial}{\partial q^j}(h_k \boldsymbol{v}^k) \tag{10.10c}$$

对矢量场运用拉普拉斯算子，结果仍是一个矢量场，

$$\nabla^2 \boldsymbol{v} = \frac{1}{h_1 h_2 h_3} \frac{\partial}{\partial q^i} \left(\frac{h_1 h_2 h_3}{h_i^2} \frac{\partial \boldsymbol{v}}{\partial q^i} \right) \tag{10.10d}$$

对于 2-秩张量，梯度为

$$\nabla S = \frac{\partial S}{\partial q^i} \otimes \boldsymbol{b}^i \tag{10.11a}$$

散度按定义应满足关系式 $(\nabla \cdot S) \cdot \boldsymbol{a} = \nabla \cdot (S \cdot \boldsymbol{a})$，故有

$$\nabla \cdot S = \left(\frac{\partial S_{ij}}{\partial q^k} - \Gamma^l_{ki} S_{lj} - \Gamma^l_{kj} S_{il} \right) g^{ik} \boldsymbol{b}^j \tag{10.11b}$$

在张量散度表示（10.11b）中出现的 Γ^k_{ij} 是第二类克里斯多夫符号，来自对曲线坐标系基矢量的微分。引入表示 $\boldsymbol{b}_{i,j} = \Gamma_{ijk} \boldsymbol{b}^k$ （此处下标中逗号后加一指标，表示针对该指标的微分），也即 $\Gamma_{ijk} = \boldsymbol{b}_{i,j} \cdot \boldsymbol{b}_k$。对于度规张量，因为 $g_{ij,k} = (\boldsymbol{b}_i \cdot \boldsymbol{b}_j)_{,k} = \Gamma_{ikj} + \Gamma_{kji}$，故有关系式

$$\Gamma_{ijk} = \frac{1}{2}(g_{ik,j} + g_{kj,i} - g_{ij,k}) \tag{10.12}$$

从这里看来，克里斯多夫符号来自对度规张量的微分，是第二位的、导出的（secondary，derivative）。但是，从几何学的观点，克里斯多夫符号才是本原的（fundamental）。在规范场论的语境中，克里斯多夫符号和电磁场矢量势都是一类称为联络（connection）的几何量。关于克里斯多夫符号，在广义相对论部分会有更多介绍。

10.5 曲线坐标系举例

平直空间里的直线正交坐标系是笛卡尔坐标系。平直空间还可以有仿射（affine）坐标系，坐标轴是直线，但不正交。常见的平直空间曲线坐标系有关于二维欧几里得空间的极坐标系和关于三维欧几里得空间的柱坐标系和球坐标系，大家都比较熟悉了。在这些情形中，基矢量在不同点上是不同的，但基矢量还都是垂直的，算是简单的情形。下面举两个平直空间中曲线坐标系的例子，以便读者找找使用曲线坐标的感觉。

◎ 斜坐标系

考察最简单的情形。将三维直角坐标系的一个坐标轴，比如 x-轴，向 z-轴方向偏转 θ 角但保持垂直于 y-轴。可以想见，x-轴和 z-轴之间失去了正交性，这构成了斜坐标系（skew coordinates）。容易计算，$g_{11}=g_{22}=g_{33}=1$，$g_{12}=g_{32}=0$，$g_{13}=\sin\theta$，度规张量的矩阵值为 $g=\cos^2\phi$。距离表示为

$$ds^2=dx^2+dy^2+2\sin\theta dxdz+dz^2 \tag{10.13}$$

标量函数的拉普拉斯式为

$$\nabla^2\Phi=\frac{1}{\cos^2\theta}\left(\frac{\partial^2\Phi}{\partial x^2}+\frac{\partial^2\Phi}{\partial z^2}-2\sin\theta\frac{\partial\Phi}{\partial x}\frac{\partial\Phi}{\partial z}\right)+\frac{\partial^2\Phi}{\partial y^2} \tag{10.14}$$

这样的斜坐标系便于解决平行四边形梁的力学问题以及单斜晶体的各种物理问题。

◎ 椭圆坐标系

椭圆坐标系（elliptic coordinates）的坐标线由共焦的椭圆和双曲线组成（图10.2）。椭圆坐标系的坐标为 (ξ,η)，其中 ξ 是正实数，而 $\eta\in[0,2\pi]$。同笛卡尔坐标间的变换为 $x=a\cosh\xi\cos\eta$，$y=a\sinh\xi\sin\eta$。明显地，$\eta=\text{const.}$ 对应 $\dfrac{x^2}{a^2\cosh^2\xi}+\dfrac{y^2}{a^2\sinh^2\xi}=1$，是一族椭圆；而 $\xi=\text{const.}$ 对应 $\dfrac{x^2}{a^2\cos^2\eta}-\dfrac{y^2}{a^2\sin^2\eta}=1$，

是一族双曲线。曲线长度由表达式

$$ds^2 = a^2(\sinh^2\xi + \sin^2\eta)d\xi d\eta \tag{10.15}$$

给出，而标量或者矢量场的拉普拉斯式为

$$\nabla^2\varPhi = \frac{1}{a^2(\sinh^2\xi + \sin^2\eta)}\left(\frac{\partial^2\varPhi}{\partial\xi^2} + \frac{\partial^2\varPhi}{\partial\eta^2}\right) \tag{10.16}$$

椭圆坐标系的特点是具有两个对称的中心。对于研究类似氢分子离子 H_2^+ 中电子的运动这样的物理问题，因为电子是绕两个质子运动的，使用椭圆坐标系会特别方便。

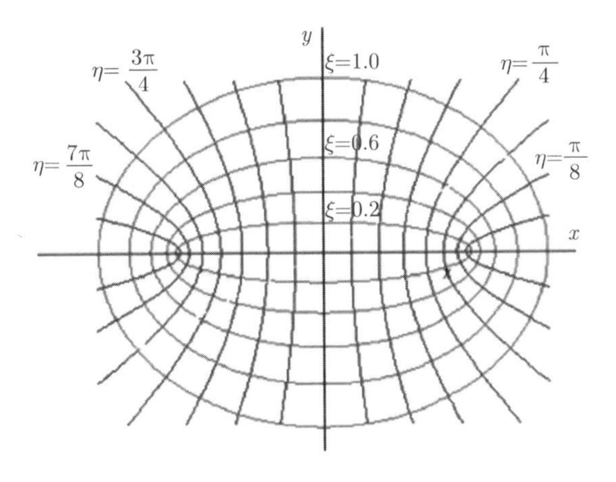

图 10.2　椭圆–双曲坐标系

针对二阶微分方程的三维空间正交坐标系，已知有 11 种之多，且都能让拉普拉斯方程和亥尔姆霍兹方程可以通过分离变量法求解。记住，是物理问题决定了坐标系的选择。相对论的一个追求是，物理问题的表示和解都不依赖于坐标系的选择。

推 荐 阅 读

1. Gabriel Lamé, Leçons sur les Coordonnées Curvilignes et Leurs Diverses Applications (曲线坐标及其多种应用), Mallet-Bachelier (1859).

2. G. Darboux, Sur une Classe Remarquable de Courbes et de Surfaces Algébriques (一类特别的代数曲线和曲面), Gauthier-Villars (1910).
3. P. Moon, D. E. Spencer, Field Theory Handbook, second edition, Springer (1971).

第 11 章　变换视角下的物理量

▼

...a quantity is characterized not only by its tensor order, but also by symmetry.[①]

——Hermann Weyl

摘　要　广义相对论要求运动方程关于任意相对运动带来的变换都是形式不变的，这就要求运动方程只涉及张量及由其构成的不变量。张量具有随坐标系变换形式变换不变的性质，为零的张量分量经坐标变换后始终为零，这后一点尤有深意。矢量可理解为 1-秩张量，标量可理解为 0-秩张量。从标量场的二阶微分为不变量可以获得对矢量的协变微分。用张量可以通过外积和内积构造更高或更低阶的张量。绝对微分，即张量分析，为广义相对论奠定了数学基础。学会了张量的性质和张量微分，就能轻松理解广义相对论方程的数学形式了。

关键词　标量，矢量，张量，多线性映射，外积，内积，缩并，张量分析

11.1　物理量

物理学探究自然的规律。作为建立物理学的第一步，首先要确立描述存在

① ……一个量不只是由其张量秩所表征，还有对称性。—— 外尔

之物理量的（数学）性质。不同的物理量可能具有不同的数学性质。最简单的一类称为标量，它就是一个量，用一个数字表示即可。标量（scalar），就是用来作标度（scale）的量，具有传递性：若 $A \geqslant B$，$B \geqslant C$，则必有 $A \geqslant C$。常见的如质量、电荷、温度、能量等物理量，都是标量①。标量在空间里的分布构成标量场，可记为 $\varphi(x)$。另有一类物理量是矢量（vector），具有多个分量，分量用一个指标（自然数）来标记，一个 n-维矢量一般可记为 $\boldsymbol{v}=(v_1, v_2, \cdots, v_n)$。常见的物理量，如速度（动量、电流）、磁矢势等，都是矢量。Vector 的意思是携带者，一般文献会强调其是既有大小又有方向的量，赋予其一个箭头的形象，这也是其被汉译为矢量的原因。严格说来，这样的理解是不正确的。矢量并不需要有大小或者方向，让一个矢量成为矢量的性质是其所归属的特殊代数结构。关于矢量，进一步地可定义矢量之间的乘积，包括内积和外积，这时它才有方向的问题。关于矢量的内积，也分为矢量同另一矢量之间的内积，以及矢量同对偶矢量之间的乘积。物理学中遇到的矢量还有（真）矢量与赝矢量（也叫轴矢量）的区别，后者在空间反演下符号不变，角动量就是一种赝矢量。赝矢量可在几何代数的语境下加以理解。

如果一个量的分量需要用两个指标来标记，如描述固体紧张程度（tension）的量 ε_{ij}，$i, j=1,2,\ 3$，称为 2-秩张量（tensor）②。广义相对论的主角就是四维时空的度规张量 $g^{\mu\nu}$ 和能量–动量张量 $T^{\mu\nu}$，它们可粗略地看作是一个 4×4 的矩阵。类似地，可以定义 3-秩、4-秩甚至更高秩的张量。到这时反过来看，矢量

① 标量还可以继续细分。质量这样的标量是非极性的，只有多少的差别。与此相反，电荷则是极性的，有正、负之分，是极性标量 (polar scalar)。极性世界的物理比非极性世界更加丰富多彩，这也是电磁学比引力内容更丰富的原因。笔者有种感觉，电磁学与引力之间的一些类比可能不成立。粒子除质量、电荷以外的另一标签，自旋，更是别有深意。0-自旋的量子场是标量场。

② Tensor 本用来描述固体的形变或者紧张程度，后来它被泛化为一般概念。描述变形了的固体需要用弯曲坐标系。熟悉连续介质力学的读者，更容易进入广义相对论的语境。相对论是经典物理的固有组成部分。

可看作 1-秩张量，而标量可看作 0-秩张量。

关于张量的定义，并非只是具有用多重指标标记的分量。张量随坐标系变换，变换前后的张量之间的映射应是多线性的。张量相对于坐标变换应保持形式不变。尤其重要的是，当张量的分量在一坐标系表示下为零时，经坐标变换后依然为零（0 具有特别的意义，可参照关于热力学可逆循环的表示 $\oint dQ/T = 0$ 深入体会）。由此可以理解，为什么满足广义相对论原理的物理学方程应是关于张量的方程。进一步也就可以理解，为什么恰是绝对微分，即张量分析，此一数学领域为广义相对论奠立了数学基础。不满足张量定义的具有多指标标记的量被称为非张量（nontensor）。广义相对论中会用到的克里斯多夫符号是一个非常重要的微分几何概念，它就不是张量。克里斯多夫符号 $\Gamma^{\sigma}_{\mu\nu}$ 出现在推导广义相对论场方程的**中间**过程，由它的微分可得到微分几何的关键概念 —— 黎曼张量 $R^{\sigma}_{\mu\nu\rho}$。强调一句，非张量同样可以通过度规张量升降指标。

11.2　张量变换

张量随坐标变换的变换性质，是学习相对论的数学拦路虎之一。然而，这恰是广义相对论的数学基础。其大致内容可总结如下。

作为 0- 秩张量，标量函数 $\varphi(x)$ 不随坐标变换而发生变化，$\varphi'(x') = \varphi(x)$。$\varphi'(x')$ 也干脆就写成 $\varphi(x')$。

矢量是 1-秩张量，其随坐标变换的变化就有点儿繁琐。首先，位移矢量 δx，或者叫线元，其随坐标的变换显然应该遵从关系

$$\delta x'^{\mu} = \frac{\partial x'^{\mu}}{\partial x^{\sigma}} \delta x^{\sigma} \tag{11.1}$$

注意，这个变换是线性的、齐次的。

同位移矢量 δx 遵循同样坐标变换的矢量，称为逆变矢量（contravariant

vector)，按照惯例将其指标记为上标，

$$\boldsymbol{A}'^{\mu} = \frac{\partial x'^{\mu}}{\partial x^{\sigma}} \boldsymbol{A}^{\sigma} \tag{11.2a}$$

相应地，可定义协变张量（covariant vector），按照惯例将其指标记成下标，满足变换关系

$$\boldsymbol{A}'_{\mu} = \frac{\partial x^{\sigma}}{\partial x'^{\mu}} \boldsymbol{A}_{\sigma} \tag{11.2b}$$

容易证明，$\boldsymbol{A}_{\nu}\boldsymbol{B}^{\nu}$（按照爱因斯坦约定，出现一对相同的上、下标自动意味着对该指标求和）这样的协变矢量同逆变矢量之间的内积（inner product）为不变量（invariant）。

两逆变矢量按照各自指标独立取值的方式乘积，就得到一个 2-秩逆变张量，$\boldsymbol{A}^{\mu}\boldsymbol{B}^{\nu} \to T^{\mu\nu}$。一个 2-秩张量并不必然能表示成上述的两个矢量直积的形式，但幸运的是，一个 2-秩张量总是能表示成两个矢量直积之和的形式。这样，就保证了 2-秩逆变张量的变换形式为

$$T'^{\mu\nu} = \frac{\partial x'^{\mu}}{\partial x^{\rho}} \frac{\partial x'^{\nu}}{\partial x^{\sigma}} T^{\rho\sigma} \tag{11.3a}$$

这个变换是（双）线性的、齐次的。与此类似，2-秩协变张量满足变换关系

$$T'_{\mu\nu} = \frac{\partial x^{\rho}}{\partial x'^{\mu}} \frac{\partial x^{\sigma}}{\partial x'^{\nu}} T_{\rho\sigma} \tag{11.3b}$$

一般地，可定义 (p, q) 阶混合张量，其中 p-秩为协变的，按照协变张量变换；q-秩为逆变的，按照逆变张量变换。若高阶混合张量的上下指标各有一个同步取值，按照爱因斯坦约定这意味着对该指标求和，由此可得到一个新的张量，其逆变部分和协变部分各降低一阶，$T^{\mu\nu\gamma\cdots}_{\mu\rho\sigma\ldots} \to S^{\nu\gamma\cdots}_{\rho\sigma\ldots}$，即对张量进行了缩并①。引力场方程中的里奇张量 $R_{\mu\nu}$ 就是由黎曼张量 $R^{\sigma}_{\mu\nu\rho}$ 缩并而来的。学习广义相

① 张量缩并这个操作英语为 contraction，对应的德语词为 Verjungung，年轻化、降代的意思，更直观。缩并减少了张量的阶数，相当于级别“降了两代”。

对论，应注意所使用的（非）张量之上下标的平衡问题。方程里的每一项其上下标都应是一致的。

两个张量的外积（exterior product），即一个张量的每一个元素同另一个张量的每一个元素都相乘，得到秩更高的张量，比如 $\boldsymbol{A}_{\mu\nu}\boldsymbol{B}_{\alpha} \to T_{\mu\nu\alpha}$，$\boldsymbol{A}^{\mu\nu}\boldsymbol{B}^{\sigma} \to T^{\mu\nu\sigma}$，$\boldsymbol{A}^{\mu\nu}\boldsymbol{B}_{\rho\sigma} \to T^{\mu\nu}_{\rho\sigma}$。内积可理解为外积接着缩并，比如先有 $\boldsymbol{A}_{\mu\nu}\boldsymbol{B}^{\sigma} \to \boldsymbol{D}^{\sigma}_{\mu\nu}$，然后 $\boldsymbol{D}^{\nu}_{\mu\nu} \to \boldsymbol{D}_{\mu}$。或者，作外积时见到相同的上下指标直接就意味着缩并，比如 $\boldsymbol{A}_{\mu\nu}\boldsymbol{B}^{\nu\tau} \to \boldsymbol{D}^{\tau}_{\mu}$。

若 $\boldsymbol{A}_{\mu}$ 和 $\boldsymbol{B}^{\nu}$ 是 1-秩张量（矢量），$\boldsymbol{A}_{\mu}\boldsymbol{B}^{\mu}$ 就是一个标量。若 $\boldsymbol{A}_{\mu\nu}$ 和 $\boldsymbol{B}^{\rho\sigma}$ 是二阶张量，$\boldsymbol{A}_{\mu\nu}\boldsymbol{B}^{\mu\nu}$ 就是一个标量。容易证明，若 $\boldsymbol{A}_{\mu\nu}\boldsymbol{B}^{\mu\nu}$ 对于任意张量 $\boldsymbol{B}^{\mu\nu}$ 都是不变量，则 $\boldsymbol{A}_{\mu\nu}$ 是张量。若 $\boldsymbol{A}_{\mu\nu}\boldsymbol{B}^{\mu}\boldsymbol{C}^{\nu}$ 对于任意矢量 $\boldsymbol{B}^{\mu}$ 和 $\boldsymbol{C}^{\nu}$ 都是标量，则 $\boldsymbol{A}_{\mu\nu}$ 是张量。

11.3　度规张量

在广义相对论中出现的关键张量是度规张量 $g_{\mu\nu}$。度规张量 $g_{\mu\nu}$ 是时空坐标的函数，见于定义

$$ds^2 = g_{\mu\nu}d\boldsymbol{x}^{\mu}d\boldsymbol{x}^{\nu} \tag{11.4}$$

其中 ds 是曲线的长度微元 —— 它决定曲线长度的度量。$g_{\mu\nu}$ 是 2-秩对称张量，

$$g_{\mu\nu} = g_{\nu\mu} \tag{11.5}$$

故对于（3,1）型时空，$g_{\mu\nu}$ 有 10 个独立元素。在广义相对论中，10-参数的函数 $g_{\mu\nu}$ 不止是时空的度规张量，它还表示引力场。将时空度规张量 $g_{\mu\nu}$ 同引力联系起来，是建立起广义相对论的重头戏。爱因斯坦将度规张量 $g_{\mu\nu}$ 称为基本张量（Fundamentaltensor），可见其地位之重。

同其他 2-秩张量相比，度规张量 $g_{\mu\nu}$ 具有某些特殊性质。方程 $ds^2 = g_{\mu\nu}dx^{\mu}dx^{\nu}$ 中的线元（平方），可理解为张量 $g_{\mu\nu}$ 配合矢量场 dx^{μ} 构成的贝尔特拉米（Eugenio Beltrami，1835—1900，意大利人）不变量。曲线长度是不变量，这

是物理的要求。这样，定义 $g=\det(g_{\mu\nu})$，则度规张量 $g_{\mu\nu}$ 随坐标系的变换满足关系式

$$g'=\left|\frac{\partial x^{\mu}}{\partial x'^{\sigma}}\frac{\partial x^{\nu}}{\partial x'^{\tau}}g_{\mu\nu}\right| \tag{11.6a}$$

故有 $g'=\left|\frac{\partial x^{\mu}}{\partial x'^{\sigma}}\right|^2 g$，即

$$\sqrt{g'}=\left|\frac{\partial x^{\mu}}{\partial x'^{\sigma}}\right|\sqrt{g} \tag{11.6b}$$

这比较容易理解 —— 度规张量 $g_{\mu\nu}$ 是 2-秩张量，故坐标变换是二重的。考察时空的体积元，$d\tau=dx_1dx_2dx_3dx_4$，由微积分基本定理知道 $d\tau'=\left|\frac{dx'^{\sigma}}{dx^{\mu}}\right|d\tau$，也即有恒等式 $\sqrt{g'}d\tau'=\sqrt{g}d\tau$。在广义相对论的拉格朗日表述中，经常出现 $\sqrt{g}d\tau$，因为对于给定的坐标系，$\sqrt{g}d\tau$ 才是物理的空间体积元的表示。考虑到（3,1）型时空的度规符号问题，有的广义相对论文献中会写成 $\sqrt{-g'}d\tau'=\sqrt{-g}d\tau$。

由于度规张量 $g_{\mu\nu}$ 的特殊角色，同度规张量的恰当乘积方式可以改变一个张量的协变或者逆变分量的身份。由矩阵求逆方法，可以由协变度规张量 $g_{\mu\nu}$ 得到逆变度规张量 $g^{\mu\nu}$，

$$g_{\mu\sigma}g^{\nu\sigma}=\delta_{\mu}^{\nu} \tag{11.7}$$

其中 $\delta_{\mu}^{\nu}=1$，如果 $\mu=\nu$，否则 $\delta_{\mu}^{\nu}=0$。由 $ds^2=g_{\mu\nu}dx^{\mu}dx^{\nu}$ 出发，$ds^2=g_{\mu\rho}\delta_{\nu}^{\rho}dx^{\mu}dx^{\nu}=g_{\mu\rho}g_{\nu\sigma}g^{\rho\sigma}dx^{\mu}dx^{\nu}$，记 $d\xi_{\rho}=g_{\mu\rho}dx^{\mu}$，$d\xi_{\sigma}=g_{\nu\sigma}dx^{\nu}$，上式可写为

$$ds^2=g^{\rho\sigma}d\xi_{\rho}d\xi_{\sigma} \tag{11.8}$$

由此，导出了用度规张量升降张量指标的乘积。比如，

$$A^{\mu}=g^{\mu\sigma}A_{\sigma} \tag{11.9}$$

和逆变度规张量 $g^{\mu\nu}$ 的乘积让一个协变矢量的指标从低处上升，变成了一个逆变矢量。又，

$$A=g_{\mu\nu}A^{\mu\nu} \tag{11.10}$$

和协变度规张量 $g_{\mu\nu}$ 的乘积让一个 2-秩逆变矢量变成了一个标量。再者，

$$A^{\mu\nu} = g^{\mu\rho}g^{\nu\sigma}A_{\rho\sigma} \tag{11.11a}$$

$$A_{\mu\nu} = g_{\mu\rho}g_{\nu\sigma}A^{\rho\sigma} \tag{11.11b}$$

这是用两个度规张量实现了对一个 2-秩张量的指标升降。当然了，度规张量能实现对度规张量自身的指标升降，$g^{\mu\nu} = g^{\mu\rho}g^{\nu\sigma}g_{\rho\sigma}$。类似（11.11a），（11.11b）这样获得的新张量是对等式另一侧张量的补充（Ergänzung），而

$$B_{\mu\nu} = g_{\mu\nu}g^{\alpha\beta}A_{\alpha\beta} \tag{11.12}$$

这个保持协变（逆变）性不变的乘法获得的新张量是源自旧张量的约化张量（reducierter Tensor）。张量指标的升降方便构造不变量。

11.4　协变微分

如前所述，微分算符 ∇ 作用于不同阶的张量，有多种可能性。简言之，微分算符 ∇ 作用于标量函数 $\varphi(x)$，得到该标量函数的梯度 $\nabla\varphi(x)$，为一矢量；微分算符 ∇ 作用于标量函数 $\varphi(x)$ 的梯度 $\nabla\varphi$ 上，可得到拉普拉斯量 $\nabla^2\varphi = \nabla\cdot\nabla\varphi$，为一标量。微分算符 ∇ 作用于矢量函数 $\boldsymbol{v}(x)$ 上，有三种可能：其一为梯度，$\nabla\boldsymbol{v}$，结果为一个 2-秩张量；其二是散度，$\nabla\cdot\boldsymbol{v}$，为一标量；其三为旋度，$\nabla\times\boldsymbol{v}$，其结果为一个赝矢量。一般地，旋度应表示成外积的形式。微分算符 ∇ 作用于 2-秩张量函数 $S(x)$ 上，可能之一依然是梯度，∇S，结果为一个 3- 秩张量；其二是散度，要求对于任意常矢量 $\boldsymbol{a}$，关系式 $(\nabla\cdot S)\cdot\boldsymbol{a} = \nabla\cdot(S\cdot\boldsymbol{a})$ 成立；其三为旋度，可通过递归关系定义，对于任意常矢量 $\boldsymbol{a}$，有 $(\nabla\times T)\cdot\boldsymbol{a} = \nabla\times(T\cdot\boldsymbol{a})$。以三维直角坐标表示的二阶张量场为例，$\nabla\times S = \varepsilon_{ijk}S_{mj,i}e_k\otimes e_m$，其中 ε_{ijk} 是列维–齐维塔符号。请参见 10.4 节。

考虑到广义相对论关注的是弯曲时空里的几何，故应在曲线坐标系和引入联络的概念后讨论为宜，那里的主角是度规张量的一阶和二阶微分。物理学方程多是微分方程，但在弯曲空间中，微分算符 ∇ 作用于不同张量上所得的结果

未必是某阶张量。有必要将微分算符 ∇ 改造成**协变微分**。

可以从测地线（用弧长 s 参数化）和一个标量函数 φ 出发构造协变微分。显然，$d\varphi/ds$ 是不变函数。由 $\frac{d\varphi}{ds}=\frac{\partial\varphi}{\partial x_\mu}\frac{\partial x_\mu}{\partial s}$，可见函数 $\psi=\frac{\partial\varphi}{\partial x_\mu}\frac{\partial x_\mu}{\partial s}$ 对任意选择的矢量 dx_μ 来说都是不变的，故

$$A_\mu=\frac{\partial\varphi}{\partial x_\mu} \tag{11.13}$$

是一矢量，即标量函数 φ 的梯度总为一协变矢量，满足变换 $\frac{\partial\varphi}{\partial x_{\mu'}}=\frac{\partial\varphi}{\partial x_\mu}\frac{\partial x_\mu}{\partial x_{\mu'}}$。更进一步地，$\chi=\frac{d\psi}{ds}=\frac{d^2\varphi}{ds^2}$ 应是不变量。$\chi=\frac{\partial^2\varphi}{\partial x_\mu\partial x_\nu}\frac{dx_\mu}{ds}\frac{dx_\nu}{ds}+\frac{\partial\varphi}{\partial x_\mu}\frac{d^2x_\mu}{ds^2}$，则利用测地线方程有 $\chi=\left(\frac{\partial^2\varphi}{\partial x_\mu\partial x_\nu}-\Gamma^\tau_{\mu\nu}\frac{\partial\varphi}{\partial x_\tau}\right)\frac{dx_\mu}{ds}\frac{dx_\nu}{ds}$，其对任意矢量 dx_μ 是不变量，故

$$A_{\mu\nu}=\frac{\partial^2\varphi}{\partial x_\mu\partial x_\nu}-\Gamma^\tau_{\mu\nu}\frac{\partial\varphi}{\partial x_\tau} \tag{11.14a}$$

是一个 2-秩张量，简记为

$$A_{\mu;\nu}=A_{\mu,\nu}-\Gamma^\tau_{\mu\nu}A_\tau \tag{11.14b}$$

也就是说，对于矢量 A_μ，$A_{\mu;\nu}=A_{\mu,\nu}-\Gamma^\tau_{\mu\nu}A_\tau$ 形式的微分是协变微分。

因为任何 2-秩协变张量都可以写成 $A_\mu B_\nu$ 之和的形式，故对于 2-秩协变张量，其协变微分的形式为

$$T_{\mu\nu;\sigma}=T_{\mu\nu,\sigma}-\Gamma^\tau_{\sigma\nu}T_{\mu\tau}-\Gamma^\tau_{\mu\sigma}T_{\tau\nu} \tag{11.15}$$

关于弯曲空间里的协变微分，狄拉克在其《广义相对论》一书中给出了另一种推导方式。弯曲空间中两点上的矢量，我们无法如同在欧几里得空间那样谈论它们的平行。但是，如果这两点非常近，将两点的距离作为一级小量，则若两点上的矢量之差别为距离的二阶小量，我们就说这两个矢量是平行的。这样，对于点 x 上的矢量 A_μ，在点 $x+dx$ 上的矢量 $A_\mu+\Gamma^\alpha_{\mu\nu}A_\alpha dx^\nu$ 算是矢量 A_μ 平行移动过去的结果。关于弯曲空间中矢量平行移动的这个证明，可设想我们感

兴趣的弯曲空间是嵌在一个高维的欧几里得空间里的，这样就可以使用直线坐标，平行也就有了严格的意义。对于矢量场 $A_\mu(x)$，其变换为 $A_{\mu'} = A_\rho x, \mu'^\rho$，直接求导，即通过计算 $(A_\mu(x+dx) - A_\mu(x))$ 得到的 $A_{\mu,\nu}$ 就不具有 2-秩张量的变换。但是，设想把矢量 $A_\mu(x)$ 先平行移动到点 $x+dx$ 上然后再微分，即通过计算 $[A_\mu(x+dx) - (A_\mu(x) + \Gamma^\alpha_{\mu\nu} A_\alpha dx^\nu)]$ 求导数，得到的形如 $A_{\mu;\nu} = A_{\mu,\nu} - \Gamma^\alpha_{\mu\nu} A_\alpha$ 这样的协变导数就具有张量的性质了。协变微分中加入了带克里斯多夫符号的项，而克里斯多夫符号由度规张量 $g_{\mu\nu}$ 微分而来，注意这个协变微分使得 $g_{\mu\nu;\sigma} = 0$。度规张量相对于协变微分是独特的，这一点倒也好理解。二重协变微分对微分变量交换顺序后，结果一般是不同的。矢量的二重协变微分对微分变量交换顺序后，两者之差和矢量成比例，

$$A_{\mu;\rho;\sigma} - A_{\mu;\sigma;\rho} = R^\nu_{\mu\rho\sigma} A_\nu \tag{11.16}$$

此处的 $R^\nu_{\mu\rho\sigma}$ 即是黎曼张量。进一步地，2-秩张量的二重协变微分交换顺序后，两者之差为

$$T_{\mu\nu;\rho;\sigma} - T_{\mu\nu;\sigma;\rho} = R^\alpha_{\mu\rho\sigma} T_{\alpha\nu} + R^\alpha_{\nu\rho\sigma} T\mu\alpha \tag{11.17}$$

用文字表述来总结一下，度规张量 $g_{\mu\nu}$ 决定了空间的几何性质。对空间中场函数的一重协变微分，要引入克里斯多夫符号，对空间中场函数的二重协变微分，要引入黎曼张量，且 n-秩张量函数的一（二）重协变微分的表达式要引入 n-个含克里斯多夫符号（黎曼张量）的项。

学广义相对论，首要的是要克服对张量分析的复杂记号的恐惧感。这就如同学游泳，首要的是要克服对深水的恐惧感。掌握了标量、矢量和 2-秩张量的协变微分表示，我们就掌握了理解广义相对论的基础数学了。

推 荐 阅 读

1. Josiah Willard Gibbs, Vector Analysis (edited by Edwin Bidwell Wilson), Charles Scribner's Sons(1901).

2. Jose G. Vargas, Differential Geometry for Physicists and Mathematicians, World Scientific(2014).
3. Albert Einstein, Grundlage der Allgemeinen Relativitätstheorie (广义相对论基础), Annalen der Physik, Series 4, 49, 769–822 (1916).
4. P. A. M. Dirac, General Theory of Relativity, John Wiley & Sons (1975).

构造广义相对论期间的爱因斯坦（1912）

第12章 广义相对论基础

宇宙是惯性的，我是懒的![1]

概要 空间是弯曲的。电–动力学和牛顿引力理论具有不同的不变变换。引力理论未曾用狭义相对论予以讨论。相对性原理按说对于相互间作任意运动的参照框架都应该成立。爱因斯坦欲改造引力理论，使之局域上具有狭义相对论的对称性。任意参照框架的等价性和能量的引力问题指向相对论的不完备性。引力质量与惯性质量的等价，意味着加速度等价于均匀引力场，惯性运动的观念改为引力场中的自由下落。广义相对论同时是引力理论，是非线性的场论。引力、加速度与曲率有关。对任意参照框架形式不变的动力学方程可由绝对微分提供。爱因斯坦假设物理时空为黎曼流形，其几何性质由度规张量 $g_{\mu\nu}$ 决定。由度规张量 $g_{\mu\nu}$ 可以导出列维–齐维塔联络，黎曼张量 $R^{\rho}_{\sigma\mu\nu}$ 里奇张量 $R_{\mu\nu}$ 和标量曲率 R。由不变量理论可知，度规张量 $g_{\mu\nu}$、里奇张量 $R_{\mu\nu}$ 和标量曲率 R 是仅有的三个到度规张量之二阶微分的贝尔特拉米不变量。爱因斯坦张量 $G_{\mu\nu} = R_{\mu\nu} - \frac{1}{2}Rg_{\mu\nu}$ 是由度规张量 $g_{\mu\nu}$ 及其微分所构成的、唯一的散度为零的张量，满足广义协变性。爱因斯坦

① 笔者想说，the Universe is of inertia, so am I.

于 1915 年年底得到了正确的引力场方程 $R_{\mu\nu}-\frac{1}{2}Rg_{\mu\nu}=8\pi GT_{\mu\nu}$，其弱场近似为牛顿引力理论。后来加入了宇宙常数项，引力场方程变为 $R_{\mu\nu}-\frac{1}{2}Rg_{\mu\nu}+\Lambda g_{\mu\nu}=8\pi GT_{\mu\nu}$ 的形式。用标量曲率 R 作为拉格朗日量密度，希尔伯特用变分法也同时得到了引力场方程。

关键词　狭义相对论，牛顿引力理论，能量的引力问题，等价原理，微分几何，广义协变性，西尔维斯特惯性定理，自由落体，绝对微分，时空流形，曲率，不变量，度规张量 $g_{\mu\nu}$，列维-齐维塔联络，黎曼张量，里奇张量，标量曲率，贝尔特拉米不变量，爱因斯坦张量，能量-动量张量，引力场方程，变分原理

12.1　广义相对论的前驱

1907 年，爱因斯坦在撰写一篇相对论综述文章时认识到，到那时候为止的相对论有推广的必要。到 1915 年年底最终得出了引力场方程，历时八年，爱因斯坦算是完成了他自己的心愿。推广了的相对论，被称为 allgemeine Relativitätstheorie（general theory of relativity 或者 generalized theory of relativity）。与此相对应，从前关于平直时空的以洛伦兹变换为特征的相对论被称为 spezielle Relativitätstheorie（special theory of relativity，英文也称之为 restricted theory of relativity），汉译狭义相对论。注意，广义相对论的广义不止是指相对性原理被推广到相对加速运动的参照框架因而具有更一般性的意义，它还指向在该理论中扮演关键角色的一般协变性（general covariance）这一数学概念。

如同狭义相对论一样，广义相对论也有它的思想前驱。广义相对论的前驱思想主要来自三个人：德国的黎曼（Bernhard Riemann，1826—1866）、英国的克利福德（William Kingdon Clifford，1845—1879）和法国的庞加莱（Henri Poincaré，1854—1912）。黎曼在 1860 年前后认识到电力作用的传播速度为（有

限的）光速，物理的空间可能不同于欧几里得空间，物理作用可能是由物理空间的弯曲所造成的。此外，黎曼创立了微分几何，用度规张量 $g_{\mu\nu}$ 来表征空间的几何性质。克利福德第一个设想引力是存在之深层次几何的表现。1870 年在介绍黎曼弯曲空间的概念时，克利福德加入了“引力会弯曲空间”的猜测。克利福德的空间几何思想大意为:（1）空间在平均意义上是平的，但局域上是弯曲的;（2）这种弯曲或者扭曲会不停地以波（一个非常含混的字眼。不针对具体的波动方程和波动方程具有的解而谈论波，是不合适的）的形式从一地传播到另一地;（3）所谓物质的运动，就是空间曲率的变化（这在爱因斯坦的广义相对论中未得到体现）;（4）除了变化，当然还必须体现连续性。黎曼和克利福德太钟爱他们的几何学了，所以才会有这么大胆的感觉。1901 年，庞加莱以加速运动的带电粒子辐射电磁场作类比，提出了物质加速运动时是否会产生引力辐射的猜想，此为引力波概念之滥觞。笔者以为这个类比未必合理。粒子的电荷是极性标量，即电荷分正负，即使是单个电荷加速辐射了电磁场，它有电磁辐射也可能是因为存在正、负电荷的事实。与此相对，质量是非极性标量。所谓引力辐射，以及该辐射传播速度为光速，都是缺乏根据的猜测或类比。考察电磁波方程和引力波方程各自的获得过程，会发现前者是物理现实和物理思想交相辉映自然得到的产物。

12.2 为什么要推广相对论？

1907 年前的相对论只处理平直时空和惯性参照框架的简单情形。想把相对性原理推广到更一般的作任意相对运动的参照框架是自然而然的事情。把理论推广到更一般的情形，是数学、物理的典型研究范式，类似 general theory of partial differential equations （偏微分方程的一般理论）这样的广义理论比比皆是。除此之外，还有一些因素使得爱因斯坦下定决心推广相对论。相对论未用于处理引力问题。牛顿的万有引力是超距作用， 这与狭义相对论不一致。 相对

爱因斯坦1921年在维也纳

论质能关系 $E=mc^2/\sqrt{1-v^2/c^2}$ 中的质量是惯性质量而非引力质量。当爱因斯坦试图用相对论处理引力问题时，他发现非引力的能量 E 要联系上一个额外的、位置依赖的引力势能 $\frac{E}{c^2}\Phi$。在 1907 年 11 月爱因斯坦还认识到，引力场中自由下落者会以为自己的状态是静止的，因为他找不到任何参照物可判定自己处于加速运动中，从某种意义上来说引力场中的自由下落才是“惯性运动”。引力场中所有物体具有相同的加速度，这一点与电磁场下的情形完全不一样，可见引力具有特别的意义。就加速运动而言，引力场具有特殊性 —— 局域的引力场在所有质量上引起同样的加速度，是故均匀引力场和参照框架的加速度具有某种等价性。这也是广义相对论同时是引力论的原因。

从对称性的角度来看，电–动力学基本方程在洛伦兹变换下不变，而万有引力下的牛顿运动方程则是伽利略变换下不变的。伽利略变换不适用于电–动力学。这样就造成了一个有趣的现象：关于引力和电磁两种相互作用的理论，具有两种不同的不变变换。有两种不同的不变变换不一定有什么不妥。问题是，我们能够构造出一个统一的理论体系，其中这两种相互作用具有相同的不变变换吗？毕竟，若两种相互作用具有相同的不变变换这意味着某种简单性和一般性（generality）。爱因斯坦或者广义相对论想回答的问题是，一般协变形式的自然定律是啥样的（wie heißen die allgemein kovarianten Naturgesetze）？

让电磁相互作用和引力具有相同的不变变换，有几种不同的策略。一种是找出新的、适用于两者的不变变换，再者就是改造电磁理论使之适用引力的不变不换，或者反过来改造引力理论使之适用电磁理论的不变变换。爱因斯坦选择了最后一条：“改造引力理论，使得在任意引力场的无穷小局域环境中，可以为运动状态找到一个局域参照框架，相对于这个局域框架没有引力场。就这个惯性框架而言，狭义相对论的结果在一阶近似下是正确的。简单地说，这要求引力场下的局域时空满足狭义相对论的洛伦兹变换。”用爱因斯坦原话来说，广义相对论原理的数学表述应该是这样的：“表示大自然一般定律的方程体系对所有的参照框架都是相同的。”落实到实处，狭义相对论语境下，时空具有全局洛伦兹不变性。如果参照框架等价的原理对任何情况（in all generality）都成立，这个全局洛伦兹不变性可能就不合适，洛伦兹不变性要改为局域的性质。用数学的语言来说，若 $g_{\mu\nu}$ 是描述一般弯曲物理时空的度规张量，则在小区域内一定能找到恰当的坐标系，使得 $g_{\mu\nu} \approx \eta_{\mu\nu}$，即弯曲的物理时空局部可看作是在其中洛伦兹变换成立的闵可夫斯基时空。或者说，无穷小坐标系的加速状态应这样选择，其中没有引力。西尔维斯特 1852 年的惯性定理从数学上保证了这一点是可行的。

广义相对论是将相对性原理推广到加速运动的参照框架得到的理论，面对的对象是弯曲时空，其局部仍满足狭义相对论的变换。**广义相对论同时还意味着对牛顿引力理论的改造，引力场方程只能在广义协变的原理指导下寻找**。如何做到这一点呢？爱因斯坦从引力质量与惯性质量的等价原理开始，进行了长达八年的思维跋涉。在这期间，爱因斯坦是探索者，也是学习者。

12.3　等价原理与广义协变性

根据牛顿万有引力定律，两个引力质量分别为 m_g 和 M_g 的物体，其间的万有引力为 $\boldsymbol{f} = -\frac{Gm_gM_g}{r^3}\boldsymbol{r}$。设想相应的惯性质量有 $m_i \ll M_i$，比如 M_i 是类似地球那样的大块物体的惯性质量，而 m_i 是类似伽利略从比萨斜塔抛下的铁球那样的小块物体的惯性质量，则这两个物体因万有引力所造成的运动可近似看作是小物体在运动而大物体是静止的。对于小块物体，由牛顿第二定律，可得运动方程

$$m_i\frac{d^2\boldsymbol{r}}{dt^2} = -\frac{Gm_gM_g}{r^3}\boldsymbol{r} \tag{12.1}$$

传说中的伽利略比萨斜塔实验以及基于此的思想实验①表明不同（小）质量的物体在引力场中同步下落。对于两个小物体 1 和 2，同步下落表现为遵循同样的牛顿第二定律，即 $m_i^{(1)}\dfrac{d^2\boldsymbol{r}}{dt}=-\dfrac{Gm_g^{(1)}M_g}{r^3}\boldsymbol{r}$，$m_i^{(2)}\dfrac{d^2\boldsymbol{r}}{dt}=-\dfrac{Gm_g^{(2)}M_g}{r^3}\boldsymbol{r}$，则有 $\dfrac{m_i^{(1)}}{m_i^{(2)}}=\dfrac{m_g^{(1)}}{m_g^{(2)}}$，即

$$\frac{m_i^{(1)}}{m_g^{(1)}}=\frac{m_i^{(2)}}{m_g^{(2)}} \tag{12.2}$$

也就是说，$\dfrac{m_i}{m_g}$ 与具体的物体无关。弱等价原理认为，物体的惯性质量与引力质量是等同的，即有 $m_i=m_g$。这样，万有引力下的运动方程（12.1）可化简为

$$\frac{d^2\boldsymbol{r}}{dt^2}=-\frac{GM_g}{r^3}\boldsymbol{r} \tag{12.3}$$

其实，只要要求引力质量和惯性质量成正比②，即可保证得到化简的运动方程（12.3）。此后，我们不再区分引力质量和惯性质量，而只简单地使用质量一词。

这个在弱等价原理基础上的简化不仅让万有引力下的运动方程变得简单，更重要的是，它改变了我们对引力的认识。电场中的带电粒子就没有同步加速的必然，这表明引力同电磁相互作用具有某种深刻的差别，或者说引力具有特殊性。关于这一点，爱因斯坦再一次展现了他的深刻洞察力。若弱等价原理成立，相对于加速运动的参照框架，由牛顿第二定律 $m_i\left(\dfrac{d^2\boldsymbol{r}}{dt^2}-\boldsymbol{a}_0\right)=-\dfrac{Gm_gM_g}{r^3}\boldsymbol{r}$ 可导出

$$\frac{d^2\boldsymbol{r}}{dt^2}=-\frac{GM_g}{r^3}\boldsymbol{r}+\boldsymbol{a}_0 \tag{12.4}$$

---

① 比萨斜塔式的真实实验具有启发意义，但不可能得出任何免于争议的结论。落体实验要靠思想实验（Gedankenexperiment）予以完善。设想不同重量（质量）的物体不是同步下落，倘若重的物体落得快，则将两个物体粘到一起岂非落得更快？这既不合逻辑，也不符合观测事实。假设不成立。证毕。

② 连爱因斯坦本人都经常写道有测量结果精确给出了所谓的 $m_i=m_g$。我再强调一遍，1. 不存在能建立起严格等式的测量；2. 确实也不曾有过这种所谓的测量。就等价原理而言，$m_i\propto m_g$ 即可。物理学的有效性来自其整体上的自洽性。鲜有不依赖于理论的所谓能确立某个理论成立的精确测量。**逻辑比数值更有力量。**

这相当于是引力场多了不依赖于位置的一项。也就是说，加速度和均匀引力场可以是等价的，这一般被称为强等价原理。若认真对待这个等价原理，就得重新审视惯性运动的概念。在从前的牛顿力学中，惯性指不受外力条件下的运动状态。但是，我们看到加速度和均匀引力场是不可区分的，如何算是不受外力就变得含混了。看来对引力我们当另眼相看。可以把惯性运动的定义修改为在除引力之外的其他作用力之和为零的条件下的运动。也即是说，引力场下的自由下落才是惯性运动。换一种说法是，引力场中自由下落的物体感受不到引力①。深空中流浪的小星体的运动是伽利略意义下的惯性运动，而所有宏观/中性（免于电磁–强–弱相互作用）物体的运动都是广义相对论意义下的惯性运动。

在牛顿的万有引力理论中，质点是靠着两者之间的瞬时作用相互联系着的。公式 $\boldsymbol{f}=-\dfrac{Gm_gM_g}{r^3}\boldsymbol{r}$传达这样的图像:“作用力是沿着两质量体之间的连线（所谓的有心力），且是没有时间延迟的（公式不含时间 t）。”若等价原理成立，在约化的运动方程（12.3）或者 $\dfrac{d^2\boldsymbol{r}}{dt^2}=\boldsymbol{g}$ 中，公式左边是试验粒子运动的加速度，而右边是一个引力质量为 M_g 的物体所产生的引力的强度。引入标量势能 $\varphi=-\dfrac{GM_g}{r}$，方程（12.3）可改写为

$$\frac{d^2\boldsymbol{r}}{dt^2}=-\nabla\varphi \tag{12.5}$$

从 $\varphi=-\dfrac{GM_g}{r}$ 的角度来看，这是一个引力质量为 M_g 的质点在全空间中产生的势的分布。物体之间靠沿着两点间连线的万有引力造成加速运动的图像，变成了空间中的物质共同贡献了一个引力场，物体在引力场中作惯性运动（沿着

① 据说爱因斯坦是在 1907 年 11 月某个时刻突然意识到自由下落的物体是感受不到引力的，这个想法对建立广义相对论很重要。当年欧洲冬天来临前会有专门的人扫烟囱为越冬烧壁炉作准备，时常有人从房顶上掉下来。不幸摔落的人事后聊天时会提及自由下落的感受。自由坠落，不，自由堕落，是很自由的。今天在空间舱中嬉戏的宇航员让我们对此深信不疑。宇航员和空间舱一起在引力场中自由坠落（沿测地线运动），空间舱中宇航员感受不到引力。

引力场的测地线行进)。此外，引入了势的语言，引力理论和电-动力学之间就有共同语言了。一个自然的构造引力理论的途径就是参照电-动力学理论引入延迟势的概念，强调相互作用的传播是需要时间的，且传播速度是光速。不过这也太直接了，且它就是狭义相对论的内核，无助于构造广义相对论 —— 其实是此路不通。这是构造广义相对论过程中走过的弯路之一，从略。

引入引力标量势能 $\varphi = -\dfrac{GM_g}{r}$，空间中质量分布所造成的引力势满足相应的场方程为

$$\nabla^2\varphi = 4\pi G\rho \tag{12.6}$$

此即著名的泊松方程，其中 ρ 是引力源的质量密度分布。未来的广义相对论会用到如此处理引力问题的经典场论语言。此外，在经典力学中我们已经注意到，加速度反映物体运动轨迹的曲率。因此，类似经典引力场方程 $\dfrac{d^2\boldsymbol{r}}{dt^2} = -\nabla\varphi$ 的相对论引力方程也可能需要用曲率的语言来表述。

但是，相对论引力场方程到底该如何构造呢？推广相对论的目的是要在引力理论中纳入洛伦兹变换，使得相对性原理对任意参照框架亦成立。爱因斯坦现在遇到的问题是构造由特殊的数学方程所主导的物理理论，方程应该具有广义协变性。引力场中的惯性运动是引力场的测地线，而加速运动与轨迹的曲率有关，构造广义相对论的尝试让爱因斯坦慢慢转向了微分几何的语言。爱因斯坦的德国同胞高斯、黎曼、克里斯多夫，以及意大利人贝尔特拉米、里奇、列维-齐维塔和比安奇已经为他准备了一个充分强大的数学工具库，他的瑞士朋友格罗斯曼把他领到了这座数学宝库的门口。1912 年奥地利数学家皮克（Georg Pick，1859—1942）猜测发展爱因斯坦思想的数学工具可以在里奇和列维-齐维塔等人的文章中找到。在苏黎世，爱因斯坦向格罗斯曼咨询，是否有一般协变张量，其分量只依赖于 $g_{\mu\nu}$ 的微分，是否有这样的几何学？第二天格罗斯曼告诉爱因斯坦有这样的几何，那就是黎曼几何。于是，爱因斯坦转向微分几何和绝对微分的学习（图 12.1）。有趣的是，绝对微分那时刚诞生不久，似乎就是为

广义相对论专门准备的。用来构造对任何参照系都保持形式不变的动力学微分方程，绝对微分恰如其分。绝对微分又叫张量分析。

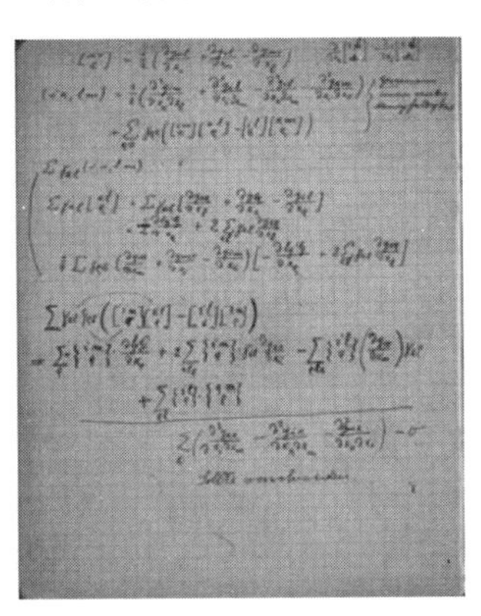

图 12.1　列维–齐维塔的著作 *The Absolute Differential Calculus*（《绝对微分》）（左图）。此书当前的英文版比爱因斯坦学习时增加了两章以阐述其在广义相对论方面的应用。右图为爱因斯坦学习绝对微分的笔记

12.4　广义相对论引力场方程

那么，如何构造新的引力理论呢？为此，爱因斯坦首先假设物理时空是黎曼流形，其局部小范围近似是平的，是闵可夫斯基时空。一般意义下的时空是弯曲的，则弯曲空间、曲线坐标系、曲率、微分形式这些概念必然会用到。再者，与电磁场理论不同，电磁场没有电荷，故电磁场理论可以是线性的，但引力场自身有能量问题，非引力能量对引力质量有贡献（这是质能关系的实质），在引力场中联系着一个势能项，因此引力场方程注定是非线性的。

一种办法是由弱场方程的形式入手，从弱场下的引力方程出发，通过使强场变弱之坐标变换的逆变换，找出一般性方程。质量密度为 ρ 的质量分布，其所产生的弱静力场之度规张量的 g_{00} 分量，近似地为 $g_{00} \sim (1+2\varphi)$，其中 φ 即是牛顿引力势，满足泊松方程 $\nabla^2\varphi = 4\pi G\rho$。同时，非相对论的能量密度

为 $T_{00} \sim \rho$（取 $c=1$），由此可得弱场的引力方程形式为 $\nabla^2 g_{00} = 8\pi G T_{00}$。爱因斯坦推测，引力场方程的一般形式应是张量的二阶微分方程，可表示为 $G_{\mu\nu} = 8\pi G T_{\mu\nu}$，其中 $G_{\mu\nu}$ 后来被称为爱因斯坦张量，形式待定。爱因斯坦张量是对称张量，$G_{\mu\nu} = G_{\nu\mu}$。假设引力场关于尺度是齐次的，爱因斯坦张量应只含度规的二阶导数或者一阶导数的平方项。构造这种张量的一般方法是缩并曲率张量 $R^{\rho}_{\mu\nu\sigma}$。由于曲率张量是反对称的，由其缩并得到的张量只有里奇张量 $R_{\mu\nu}$ 和标量曲率 R 两者，因此爱因斯坦张量可表示为线性组合

$$G_{\mu\nu} = c_1 R_{\mu\nu} + c_2 R g_{\mu\nu} \tag{12.7}$$

的形式。对爱因斯坦张量有散度为零的要求（能量-动量张量是无源的），即 $G^{\mu}_{\nu;\mu} = 0$，可得 $\frac{1}{2}c_1 + c_2 = 0$。进一步地，为了再现弱场近似 $\nabla^2 g_{00} = 8\pi G T_{00}$，则要求 $c_1 = 1$。因此，最终得到的爱因斯坦张量形式为 $G_{\mu\nu} = R_{\mu\nu} - \frac{1}{2} R g_{\mu\nu}$。1969 年，拉乌洛克（David Lovelock，1938—）证明了在四维可微流形上，爱因斯坦张量是由度规及其 1-，2-阶微分所构成的唯一散度为零的张量。最终，爱因斯坦得到了他的引力场方程

$$R_{\mu\nu} - \frac{1}{2} R g_{\mu\nu} = 8\pi G T_{\mu\nu} \tag{12.8}$$

这就是广义相对论的引力场方程。Muß es sein? Es muß sein!（必须是这样吗？必须是这样！）

把方程 $R_{\mu\nu} - \frac{1}{2} R g_{\mu\nu} = 8\pi G T_{\mu\nu}$ 里的张量都缩并，可得到 $R = 8\pi G T^{\mu}_{\mu}$，由此可以将引力场方程改写为另一种形式

$$R_{\mu\nu} = 8\pi G \left(T_{\mu\nu} + \frac{1}{2} g_{\mu\nu} T^{\lambda}_{\lambda} \right) \tag{12.9}$$

此方程见于爱因斯坦的手稿（图 12.2）。注意，爱因斯坦，包括下文里的希尔伯特，当年使用的公式符号和此处略有差异。爱因斯坦于 1915 年 12 月在普鲁士科学院宣读了他关于引力场方程的工作，次年 3 月正式发表。场方程以 $R_{\mu\nu} - \frac{1}{2} R g_{\mu\nu} = 8\pi G T_{\mu\nu}$ 的标准形式出现，是在 1918 年。

数学家希尔伯特（1907）

关于引力场方程的一个传奇是，在 1916 年 3 月爱因斯坦的文章正式发表前，史瓦西在第一次世界大战东线的战壕里给出了引力场方程的第一个解 —— 静态球对称质量外部的引力场。

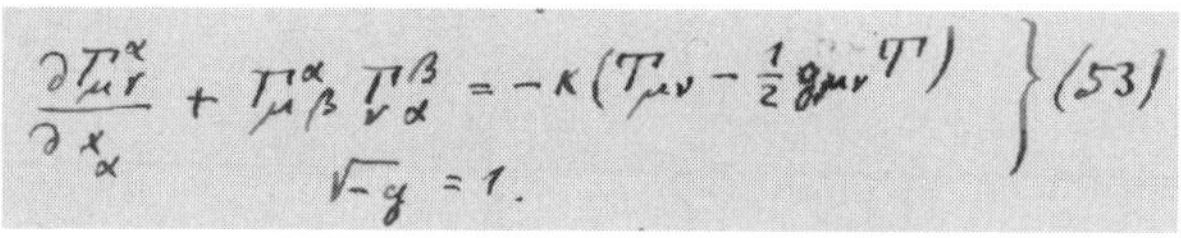

$$\left.\begin{array}{l}\frac{\partial \Gamma^{\alpha}_{\mu\nu}}{\partial x_{\alpha}} + \Gamma^{\alpha}_{\mu\beta}\Gamma^{\beta}_{\nu\alpha} = -\kappa\left(T_{\mu\nu} - \frac{1}{2}g_{\mu\nu}T\right) \\ \sqrt{-g} = 1.\end{array}\right\}(53)$$

图 12.2 爱因斯坦手稿里的引力场方程

如果允许 $G_{\mu\nu}$ 含阶数小于 2 的度规张量导数项，一阶导数不会带来新内容，那就只能是 0- 阶的了，故场方程可修改为

$$R_{\mu\nu} - \frac{1}{2}Rg_{\mu\nu} + \Lambda g_{\mu\nu} = 8\pi GT_{\mu\nu} \tag{12.10}$$

的形式。这是 1917 年爱因斯坦为了凑合静止宇宙的模型所做的修改，故引入的系数 Λ 被称为宇宙常数。方程里的这个宇宙常数项必须非常小才不会和牛顿引力理论冲突。后来，当 1922 年弗里德曼（Алекса́ ндр Алекса́ ндрович Фри́ дман，1888—1925，俄国人）和勒梅特（Georges Lemaitre，1894—1966，比利时人）得出了膨胀宇宙解，1929 年哈勃（Edwin Powell Hubble，1889—1953，美国人）提供了膨胀宇宙的观测证据，爱因斯坦曾要撤回这个宇宙常数。

12.5 测地线方程

相对论引力理论一个不完美的地方是它不完备，它需要补充假设：“粒子在引力场中的运动遵从测地线方程。”测地线方程为

$$\frac{d^2\boldsymbol{x}^{\sigma}}{d\lambda^2} + \Gamma^{\sigma}_{\mu\nu}\frac{d\boldsymbol{x}^{\mu}}{d\lambda}\frac{d\boldsymbol{x}^{\nu}}{d\lambda} = 0 \tag{12.11}$$

测地线方程是 1914 年得到的，早于引力场方程。我们知道，对于一个逆变 1-秩张量，其变化为 $dB^{\nu} = -\Gamma^{\nu}_{\mu\sigma}B^{\mu}d\boldsymbol{x}^{\sigma}$；则对于物体运动轨迹的速度 4-矢量

$\boldsymbol{u}^{\sigma}=\dfrac{d\boldsymbol{x}^{\sigma}}{d\tau}$，其中参数 τ 为固有时，$\dfrac{d\boldsymbol{u}^{\sigma}}{d\tau}=-\Gamma^{\sigma}_{\mu\nu}\boldsymbol{u}^{\mu}\dfrac{d\boldsymbol{x}^{\nu}}{d\tau}$，这就是测地线方程（12.11）。当然可以对测地线使用其他参数。有描述称，引力场方程告诉我们物质如何产生引力场，测地线方程告诉我们物质如何在引力场中运动。**依着惯性，便只有堕落一途**。注意，$\Gamma^{\sigma}_{\mu\nu}=0$ 意味着 $\dfrac{d^2\boldsymbol{x}^{\sigma}}{d\tau^2}=0$，这是牛顿力学中的惯性运动，即不受任何外力作用下的运动，而测地线方程（12.11）是广义相对论惯性运动的方程，是故 $\Gamma^{\sigma}_{\mu\nu}$ 是引力场的分量。带电粒子的测地线方程为

$$\frac{d^2\boldsymbol{x}^{\sigma}}{ds^2}+\Gamma^{\sigma}_{\mu\nu}\frac{d\boldsymbol{x}^{\mu}}{ds}\frac{d\boldsymbol{x}^{\nu}}{ds}=\frac{q}{m}F^{\sigma\mu}\frac{d\boldsymbol{x}^{\nu}}{ds}g_{\mu\nu} \tag{12.12}$$

方程右侧来自电磁场作用在电荷上的洛伦兹力。

测地线依不同的定义，可以从不同的途径推导出来。测地线是距离 $\displaystyle\int ds$ 取极值的路径。由 $ds^2=g_{\mu\nu}d\boldsymbol{x}^{\mu}d\boldsymbol{x}^{\nu}$，取 $c=1$，按照常规的变分方法，$\displaystyle\delta\int ds=\int\delta(ds)=\int\left[\frac{1}{2}g_{\mu\nu,\lambda}\boldsymbol{v}^{\mu}\boldsymbol{v}^{\nu}-\frac{d}{ds}\left(g_{\mu\lambda}\boldsymbol{v}^{\mu}\right)\right]d\boldsymbol{x}^{\lambda}ds=0$ 对任意 $d\boldsymbol{x}^{\lambda}$ 成立，则要求 $\dfrac{d}{ds}(g_{\mu\lambda}\boldsymbol{v}^{\mu})-\dfrac{1}{2}g_{\mu\nu,\lambda}\boldsymbol{v}^{\mu}\boldsymbol{v}^{\nu}=0$。展开微分得

$$g_{\mu\lambda}\frac{dv^{\mu}}{ds}+\Gamma_{\lambda\mu\nu}\boldsymbol{v}^{\mu}\boldsymbol{v}^{\nu}=0 \tag{12.13}$$

将（12.13）乘上 $g^{\lambda\sigma}$，即得到（12.11）形式的测地线方程。测地线还可以用平行移动的概念得到。能平行移动自己切矢量的曲线，是测地线。沿曲线平行移动其切矢量，即切矢量沿切矢量的协变微分为零，

$$\nabla_V\boldsymbol{V}=\boldsymbol{V}^{\nu}\nabla_{\nu}\boldsymbol{V}=0 \tag{12.14}$$

此即测地线方程 $\dfrac{d\boldsymbol{V}^{\sigma}}{d\lambda}+\Gamma^{\sigma}_{\mu\nu}\boldsymbol{V}^{\mu}\boldsymbol{V}^{\nu}=0$。沿测地线，度规张量满足 $\nabla_V g=0$，标量 $\boldsymbol{V}\cdot\boldsymbol{V}$ 也是常数。

为了描述在引力场中小质量物体的惯性运动，引力场方程需和测地线方程一起配合使用。然而这个问题让爱因斯坦感到非常不安。测地线方程应是质量

奇点之外的场方程。运动定理包含于如下条件:“在产生引力的质点之外，场处处没有奇点!”爱因斯坦相信测地线方程可以从空旷时空（empty space，即只有引力场的空间）的场方程得来，即从里奇曲率为零得到。如何做到这一点，相对论沿此方向在继续发展。再者，引力场方程也不能唯一决定度规张量 $g_{\mu\nu}$，这也是广义相对论待克服的不足。

12.6 引力场方程的希尔伯特推导

希尔伯特于 1915 年 11 月 20 日先于爱因斯坦 5 天得到了正确的广义相对论场方程。作为一位纯数学家，希尔伯特是基于不变理论（theory of invariant）导出了广义相对论引力场方程的。

自从笛卡尔引入了解析几何，解析几何将代数和微分用于研究几何，是几何学的一大进步。但它有个缺点，就是需要引入坐标系。坐标系具有任意性，与研究的几何对象没有唯一的联系甚至根本没有任何联系。为此，诞生了不变理论，贡献者包括数学家西尔维斯特、凯莱（Arthur Cayley，1821—1895，英国人）、克莱布什（Alfred Clebsch，1833—1872，德国人）、戈尔丹（Paul Gordan，1837—1912，德国人）、希尔伯特等人。开始时主要是研究代数不变量，二元的，适用于欧几里得空间的几何。最著名的代数不变量是坐标差的平方和，即距离的平方，$ds^2 = dx_1^2 + dx_2^2 + \cdots + dx_n^2$。

微分不变量的第一个里程碑是 1828 年高斯关于曲面的一般论述，他引入了高斯曲率 k。高斯曲率对曲面的弯折（包括拉伸和剪切）、平移和转动都不变。高斯曲率被称为内禀曲率，即与此性质有关。

1854 年，黎曼考虑 n-维空间的二次型，$ds^2 = g_{\mu\nu}dx^\mu dx^\nu$，描述空间的量度问题。黎曼推广了高斯的工作，构造过一点 P 的测地面，考虑其由高斯曲率 k 表示的曲率。硬核部分是 1869 年克里斯多夫的工作，他引入了 3-指标和 4-指标的符号，即克里斯多夫符号和黎曼张量，以及协变导数，从而能够构造不变量和协变量（任意阶的张量）。黎曼此前也完成了部分类似的工作。高斯曲率 k 就是黎曼张量的一个分量，$k=g^{-1}R_{1212}$。黎曼张量的引入，为弯曲空间的曲率表达提供了普适的词汇。

希尔伯特得到广义相对论场方程的不变量研究，涉及高斯不变量和贝尔特拉米不变量。G-阶高斯不变量是坐标（实际上与坐标无关）和直到度规张量 $g_{\mu\nu}$ 之 G-阶微分的函数 J。进行坐标变换后，函数形式不变。里奇标量就是 2-阶高斯不变量。没有低于 2-阶的高斯不变量。里奇张量是只由度规张量 $g_{\mu\nu}$ 及其微分可构造的张量。

贝尔特拉米不变量就是函数 J，此外它还是一个标量函数 φ 直到 B-阶微分的函数。贝尔特拉米发现了第一类贝尔特拉米不变量 $g^{ab}\varphi_{,a}\varphi_{,b}$ 和第二类贝尔特拉米不变量 $g^{ab}\varphi_{,a;b}$，此处的 $\varphi_{,a;b}$ 就是标量函数在弯曲坐标下的拉普拉斯量。标量积 $T^{ab}\varphi_{,a}\varphi_{,b}$ 对任意矢量 $\varphi_{,a}$ 的不变性唯一地决定了张量 T^{ab}。

给定空间里与坐标系选取无关的不变量，其数目是有限的。对于 4 维空间，共有 14 个独立不变量和三个张量。如果要求其关于度规张量 $g_{\mu\nu}$ 的二阶微分是线性的，那就只有里奇张量 $R_{\mu\nu}$ 和标量曲率 R 两者了。希尔伯特的构造过程中使用了这个假设，即只有里奇张量 $R_{\mu\nu}$ 和标量曲率 R（不变量）可供候选，但希尔伯特那时候不知道存在这样的证明。

希尔伯特从变分原理出发，选择拉格朗日密度为标量曲率，$L=R$，广义坐标系下的体积元记为 $\sqrt{g}d^4w$，计算变分 $\delta\int R\sqrt{g}d^4w=0$。注意，令 $\dfrac{\delta(\sqrt{g}R)}{\delta g^{\mu\nu}}=\dfrac{\partial(\sqrt{g}R)}{\partial g^{\mu\nu}}-\dfrac{\partial}{\partial x^\rho}\dfrac{\partial(\sqrt{g}R)}{\partial g^{\mu\nu}_\rho}+\dfrac{\partial^2}{\partial x^\rho\partial x^\sigma}\dfrac{\partial(\sqrt{g}R)}{\partial g^{\mu\nu}_{\rho\sigma}}=\sqrt{g}G_{\mu\nu}$，得到 $G_{\mu\nu}=R_{\mu\nu}-\dfrac{1}{2}Rg_{\mu\nu}$，其 R 只包含度规张量 $g_{\mu\nu}$ 的二次微分的线性项和一阶微分的双线性项，因此 $G_{\mu\nu}=R_{\mu\nu}-\dfrac{1}{2}Rg_{\mu\nu}$只包含度规张量的二阶微分的线性项。即方程 $G_{\mu\nu}=R_{\mu\nu}-\dfrac{1}{2}Rg_{\mu\nu}$ 是二阶微分方程。 如果考虑直到度规 $g_{\mu\nu}$ 的二阶微分和一个标量函数 φ 的一阶微分，希尔伯特指出只有三个独立的不变量，分别为 R, $g^{\mu\nu}\varphi_{,\mu}\varphi_{,\nu}$ 和

$R^{\mu\nu}\varphi_{,\mu}\varphi_{,\nu}$。如果只考虑度规张量、$\varphi$ 二阶微分线性项和 $\varphi_{,\mu}$ 的双线性项，则不变函数只能是这三者的线性组合 $G_{\mu\nu}=\alpha R_{\mu\nu}+\beta Rg_{\mu\nu}+\gamma g_{\mu\nu}$ 的形式，其中的系数可能是只依赖于空间维数的数字。由此可见，爱因斯坦的直到引入宇宙常数的引力场方程（12.10），从数学的角度看，就只能是那样的方式。

利用变分原理由拉格朗日量出发构造场方程，经典力学有标准的范式。构造一个作用量，要求其欧拉–拉格朗日方程就是引力场方程，为此要为引力场猜出一个拉格朗日密度函数 L。将广义坐标系下的体积元记为 $\sqrt{-g}d^4x$（这里考虑到 g 为负值），现在，作用量可写为

$$S=\int L\sqrt{-g}d^4x \tag{12.15}$$

设拉格朗日密度 L 包含两部分，$L=L_{GR}+L_M$，其中 L_{GR} 与引力或者几何有关，L_M 同物质分布有关。关于几何项，可表示为标量曲率的线性函数 $L_{GR}=k_1R+k_2$；则引出两项变分，$\dfrac{\delta}{\delta g_{\mu\nu}}\displaystyle\int\sqrt{-g}d^4x=\dfrac{\partial}{\partial g_{\mu\nu}}\sqrt{-g}=\dfrac{1}{2}g^{\mu\nu}\sqrt{-g}$；另一项，反正应该是这样的形式 $\dfrac{\delta}{\delta g_{\mu\nu}}\displaystyle\int R\sqrt{-g}d^4x=H^{\mu\nu}\sqrt{-g}$。我们看到合适的选择是 $H^{\mu\nu}=c_1R^{\mu\nu}+c_2Rg^{\mu\nu}$。但是规范不变的要求，导致 $H^{\mu\nu}_{;\nu}=0$，所以合适的选择是 $H^{\mu\nu}=c_1G^{\mu\nu}$，选择 $c_1=1$；$H^{\mu\nu}=G^{\mu\nu}$。物质部分的变分依定义，写为 $\dfrac{\delta}{\delta g_{\mu\nu}}\displaystyle\int L_M\sqrt{-g}d^4x=\dfrac{1}{2}T^{\mu\nu}\sqrt{-g}$。这样，再经过升降张量指标就得到了引力场方程（12.8）。

给出引力场方程的拉格朗日形式推导的好处是:（1）方便加入新的作用。这是走向统一场论的途径；（2）容易辨识出其中所蕴含的守恒律。在拉格朗日密度中加入加宇宙常数项 $S=\displaystyle\int\left[\dfrac{1}{2k}(R+2\Lambda)+L_M\right]\sqrt{-g}d^4x$，相应地，引力场方程就变为了方程（12.10）。关于引力场方程右侧的能量–动量张量，爱因斯坦只说了其应满足的变换和守恒律。希尔伯特的 $T^{\mu\nu}$ 有动力学形式。

强调一句以显示爱因斯坦的高明。对于物理学的运动方程，可以要求其满足所有光滑坐标变换下的对称性。第一个这么干的是爱因斯坦，他要求引力理

论具有广义相对性。引力理论是场论中最对称的，其对称群是 Diff(M) 群，即在一个时空 M 的所有微分同胚（diffeomorphism）[1]下是不变的。**与所有光滑坐标变换的对称性相联系的物理量只有无散度、对称的能量–动量张量**$T^{\mu\nu}$。还有一点，恰如爱因斯坦自己强调的，重要的不是得到式（12.8）形式的几何意义的场方程，而是知道它和引力相联系 —— 在弱场近似下，它回归到牛顿引力场方程。爱因斯坦在给希尔伯特的明信片上写道："困难不在于找到关于 $g_{\mu\nu}$ 的广义协变方程 —— 用黎曼张量很容易做到，而是认识到这些方程是牛顿理论的推广，确实是这么一个简单、自然的推广。"

12.7　关于弯曲空间的数学知识补充

缺乏关于弯曲空间的数学知识，对于理解广义相对论场方程的推导以及后续的求解是非常困难的。本节补充一些相关数学知识，读者在阅读本章及下一章时可随时参详这一节。

度规张量、克里斯多夫符号与里奇张量

广义相对论要求用弯曲时空来讨论物理。如欲超越对物理关系肤浅的讨论则必然需要处理弯曲空间中的动力学方程。任何试图理解广义相对论的人都必须掌握处理弯曲时空的数学技能。空间的度规张量 $g_{\mu\nu}$ 的意义体现在距离公式 $ds^2 = g_{\mu\nu}dx^\mu dx^\nu$ 中。对应黎曼流形 (M, g)，进一步地有定义联络的克里斯多夫符号

$$\Gamma^\sigma_{\mu\nu} = \frac{1}{2}g^{\sigma\rho}(\partial_\mu g_{\nu\rho} + \partial_\nu g_{\rho\mu} - \partial_\rho g_{\mu\nu}) \tag{12.16}$$

来自度规张量 $g_{\mu\nu}$ 的一阶导数。再进一步，由克里斯多夫符号可导出黎曼张量，一个（1, 3）张量，

$$R^\rho_{\sigma\mu\nu} = \partial_\mu\Gamma^\rho_{\nu\sigma} + \Gamma^\rho_{\mu\lambda}\Gamma^\lambda_{\nu\sigma} - \partial_\nu\Gamma^\rho_{\mu\sigma} - \Gamma^\rho_{\nu\lambda}\Gamma^\lambda_{\mu\sigma} \tag{12.17}$$

---

① Diffeomorphism，汉译微分同胚，但这个词和"同"没有一点关系。

来自度规张量 $g_{\mu\nu}$ 的二阶导数。对黎曼张量作收缩，得里奇张量 $R_{\mu\nu}=R^{\lambda}_{\mu\lambda\nu}$。标量曲率 R 定义为里奇曲率张量关于度规 $g_{\mu\nu}$ 的迹，即 $R=g^{\mu\nu}R_{\mu\nu}=R^{\rho}_{\rho}$。由此可见，关于流形的几何信息，都包含在度规张量 $g_{\mu\nu}$ 中。记住，黎曼张量是唯一的可由度规张量及其一、二阶导数构造出来且对二阶导数是线性的张量！“真”引力的出现总可以由时空的曲率决定，满足一般协变性。

黎曼张量 $R^{\rho}_{\sigma\mu\nu}$ 是由度规张量经由反对称的李括号得来的反对称张量。对于叉乘、泊松括号、李括号等反对称操作，存在雅可比恒等式。若定义 $[A,B]=A\circ B-B\circ A$，不论 $A\circ B$ 这种操作的具体内容，总有雅可比恒等式

$$[[A,B],C]+[[B,C],A]+[[C,A],B]=0 \tag{12.18}$$

这里的特征是，两重括号，所有可能的交换项都出现。对反对称的黎曼张量 $R^{\rho}_{\sigma\mu\nu}$ 有比安奇（Luigi Bianchi，1856—1928）恒等式（1902 年得出），包括由黎曼张量本身组成的雅可比恒等式，

$$R^{i}_{jkl}+R^{i}_{klj}+R^{i}_{ljk}=0 \tag{12.19}$$

称为第一类比安奇恒等式，以及由黎曼张量微分组成的第二类比安奇恒等式，

$$R^{h}_{ijk,l}+R^{h}_{ikl,j}+R^{h}_{ilj,k}=0 \tag{12.20}$$

引力场方程自然蕴含了守恒律，这一点可以通过比安奇恒等式加以理解。由第二类比安奇恒等式可证明 $\left(R_{\mu\nu}-\dfrac{1}{2}Rg_{\mu\nu}\right)_{;\nu}=0$，这样由引力场方程（12.8）必然意味着 $T^{\mu\nu}_{;\mu}=0$。这就是广义相对论的能量–动量守恒律。由比安奇恒等式证明能量–动量守恒第一次出现在首滕（Jan Arboldus Schouten，1883—1971, 荷兰人）于 1924 年出版的*Der Ricci-Kalkül*（《里奇微积分》）一书中。爱因斯坦为了引力场方程的能量守恒问题，很是挣扎了一段时间。爱因斯坦是在学习中创造的。

◎ 平行移动、联络与测地线

平行移动是弯曲空间微分几何的关键概念。前文提到过，设想在山坡蜿蜒

的林间小路上扛着一根长竹竿走路，那个能顺利前行的走路方式大约能体现矢量平行移动的精神。

流形之两点上的矢量是否平行，得有个（基于流形自己的性质所确立的）判据。为此，首先得在两点之间建立起适当的联络。对应一个联络的平行移动提供了一个沿曲线输送流形之局域几何的方式，将临近点上的几何相连接起来。反过来说，具体化了一个平行移动，就相当于为流形提供了一个联络。若联络是微分算符 ∇，沿曲线的矢量丛的一个截面为 $\boldsymbol{X}$，则 $\nabla_{\dot{\gamma}}\boldsymbol{X}=0$，意思是沿曲线 γ 的 $\boldsymbol{X}$ 按照联络 ∇ 规定的方式平行移动。平行移动提供了联络的一个局域实现，也提供了曲率的一个局域实现。始于一点 x 的沿闭合曲线的平行移动定义了点 x 上切空间的自同构。由所有过点 x 的闭合曲线所定义的自同构定义了联络在该点的全称群（holonomy group，完整群），即包含其全部对称性质的群。

流形上的标量函数可以自然地微分，但微分矢量场就不易处理了。在欧几里得空间的情形下，一点的切空间可以等同于（平移到）另一点的切空间。一般的流形，近邻点上的切空间不存在自然认同，相邻点上的矢量也不能自然而然地比较。仿射联络（affine connection）把相邻的切空间相连接。仿射联络有两个起源：表面理论（来自高斯）和张量分析。通过从一个切空间到另一切空间的仿射变换，一点上的切平面内的切矢量同曲线上任一点上的唯一一个矢量建立起了认同。

黎曼几何里有度规联络，该联络对应的平行移动是保度规张量的。即对于联络（选定的点到点的映射），满足

$$\left\langle\Gamma(\gamma)_s^t X,\Gamma(\gamma)_s^t Y\right\rangle_{\gamma(t)}=\langle X,Y\rangle_{\gamma(s)}\tag{12.21}$$

相连接的微分算符应该满足依度规定义的运算规则，$Z\langle X,Y\rangle=\langle\nabla_Z X,Y\rangle+\langle X,\nabla_Z Y\rangle$. 如果 ∇ 是一个度规联络，仿射测地线就是普通的黎曼几何测地线，

$$\frac{d}{dt}\langle\dot{\gamma}(t),\dot{\gamma}(t)\rangle=2<\nabla_{\dot{\gamma}(t)}\dot{\gamma}(t),\dot{\gamma}(t)>=0\tag{12.22}$$

那么，什么是仿射联络呢？仿射联络连接邻域的切空间，这样切矢量场就可以微

分了。选定一个仿射联络，会让一个流形在无穷小区域内可看作是欧几里得空间，不只是光滑，还如同仿射空间。仿射空间就是没选定确定之原点的矢量空间，描述空间中点和自由矢量的几何。仿射联络可以用来定义流形上的测地线。选择一个联络，如同选择了一个微分矢量场的方式，选择了一种平行移动的观念。仿射联络可以是协变微分或者是切丛上的（线性）联络。流形上有无穷多的仿射联络，但是对于黎曼流形，有一个自然的仿射联络，即列维–齐维塔联络。

矢量的分量可以微分，但是微分随坐标变化的变换不易对付。克里斯多夫于 1870 年引入了修正项，用克里斯多夫符号表示。这个思想被里奇和列维–齐维塔在绝对微分中发展了。1922 年，他们给出了同黎曼度规相联系的唯一联络，即列维–齐维塔联络。

流形之不同点上切矢量的比较不是完好定义的。仿射联络使用平行移动的观念提供了补救；或者说平行移动提供了仿射联络的定义。仿射联络是双线性映射 $(X,Y)\mapsto\partial_X Y$，描述矢量沿另一矢量方向的变化率。联络提供了曲线段上切空间之间的线性同构（linear isomorphism）。平行矢量的所有导数为零，关于所有其他矢量场的导数为零，$\nabla_Y X=0$，即某种意义上它是常数。这个要求太强了。如果这个方程被限制到一条曲线上，那就是一个一阶常微分方程，针对任意初始值有唯一解！沿曲线的平行移动：$\nabla_{\dot{\gamma}(t)}X=0$，$t\in[a,b]$；初始条件为 $X_{\gamma(a)}=\xi$。这样的平行移动是依据具体的曲线实现的（curve-specific）。仿射联络的主要不变量是曲率和扭曲，可直接从协变导数 ∇ 来定义。其中，扭曲的定义涉及两个矢量，

$$T^{\nabla}(X,Y)=\nabla_X Y-\nabla_Y X-[X,Y] \tag{12.23}$$

曲率的定义则涉及三矢量

$$R^{\nabla}_{(X,Y)}Z=\nabla_X\nabla_Y Z-\nabla_Y\nabla_X Z-\nabla_{[X,Y]}Z \tag{12.24}$$

其中的李括号定义为 $[X,Y]=(X^j\partial_j Y^i-Y^j\partial_j X^i)\partial_i$。

广义相对论所关切的黎曼流形 (M,g) 提供了一个特例。它有唯一的由度规

张量 $g_{\mu\nu}$ 定义的仿射联络 ∇，该联络的扭曲为零，其定义的平行移动是等量度的。保证曲线长度是不变量，是物理的要求。这样的联络即是列维–齐维塔联络。针对列维–齐维塔联络，度规 $g_{\mu\nu}$ 是平行的，即有 $\nabla g_{\mu\nu}=0$。在局域坐标性下，联络的分量就是克里斯多夫符号。

◎ 直线

我们再次回到这个问题，什么是直线呢？一条参数化的曲线是直线，如果它的切矢量沿着该曲线保持平行、等价（parallel and equipollent）。定义联络的平行移动映射为 $\tau_t^s: T_{\gamma(s)}M \to T_{\gamma(t)}M$；$\tau_t^s\dot{\gamma}(s)=\dot{\gamma}(t)$；若用无穷小联络 ∇ 来表示，此方程的导数为

$$\nabla_{\dot{\gamma}(t)}\dot{\gamma}(t)=0 \tag{12.25}$$

若流形上有沿曲线的映射 $\Gamma(r)_s^t: E_{\gamma(s)} \to E_{\gamma(t)}$，则无穷小联络为 $\nabla_{\dot{\gamma}(0)}V = \lim\limits_{h\to 0}\dfrac{\Gamma(\gamma)_h^0 V_{\gamma(h)}-V_{\gamma(0)}}{h}$。在光滑流形 M 的切丛上的联络，称为仿射联络，它将区分出一类曲线。光滑曲线 γ 是仿射测地线，如果其切矢量 $\dot{\gamma}$ 沿曲线 γ 被平行输送，也即满足 $\Gamma(\gamma)_s^t\dot{\gamma}(s)=\dot{\gamma}(t)$。为什么用矢量（1-秩张量）来谈论直线？因为直，要靠一个为零的量来表征。直是客观的，与坐标变换无关，这就要求那个量是张量。记住张量的一个重要性质：“张量的分量在一坐标下为零，变换后依然为零。”

推 荐 阅 读

1. Albert Einstein, Relativitätsprinzip und die aus Demselben Gezogenen Folgerungen(相对性原理及由其导出的结论), Jahrbuch der Radioaktivität 4, 411–462 (1907).

2. Albert Einstein, Grundlage der Allgemeinen Relativitätstheorie (广义相对论基础), Annalen der Physik (Series. 4) 49, 769–822 (1916).

3. Albert Einstein, Die Grundlage der Allgemeinen Relativitätstheorie (广义相对论基础), Barth (1916).
4. Albert Einstein, The Meaning of Relativity, Princeton University Press (1945).
5. A.Einstein, N. Rosen, The Particle Problem in the General Theory of Relativity，Physical Review 48 (1)，73-76(1935).
6. David Hilbert, Die Grundlagen der Physik (物理学基础), Konigl. Gesell. d. Wiss. Göttingen, Nachr. Math.-Phys. Kl., 395-407(1915).
7. The Principle of Relativity: A Collection of Original Memoirs on Special and General Theory of Relativity by Lorentz, Einstein, Minkowski and Weyl, Methuen and Company, Ltd. (1923).
8. Bernhard Riemann, Ein Beitrag zur Elektrodynamik (说说电动力学), Annalen der Physik und Chemie 131, 237–243(1867).
9. William Kingdon Clifford, On the Space-theory of Matter. Proceedings of the Cambridge Philosophical Society 2, 157–158 (1876).
10. David Lovelock, The Uniqueness of the Einstein Field Equations in a Four-dimensional Space, Archive for Rational Mechanics and Analysis 33 (1), 54–70 (1969).
11. Jan Arboldus Schouten, Der Ricci-Kalkül (里奇微积分), Springer(1924).
12. Élie Cartan, Geometry of Riemannian Spaces, Math. Sci. Press(1951).
13. Élie Cartan, La Théorie des Groupes Finis et Continus et la Géométrie Différentielle traitées par la Méthode du Repère Mobile(有限与连续群理论以及用移动框架方法处理的微分几何), Gauthier-Villars (1937).
14. Robert Debever (Ed.), Elie Cartan-Albert Einstein Letters on Absolute Parallelism 1929-1932, Princeton University Press (1979).
15. H. Weyl, Eine Neue Erweiterung der Relativitätstheorie (对相对论的新推

广), Ann. Phys. 59, 101-133 (1919).

16. P. A. M. Dirac, General Theory of Relativity, John Wiley & Sons (1975).
17. Roger, Penrose, The Road to Reality, Vintage (2007).
18. Steven Weinberg, Gravitation and Cosmology, John Wiley & Sons, Inc. (1972).
    Steven Weinberg, Cosmology, Oxford University Press (2008).
19. Judith R. Goodstein, Einstein's Italian Mathematicians, American Mathematical Society (2010).
20. Judith R. Goodstein, The Italian Mathematicians of Relativity, Centaurus 26, 241-261(1983).
21. Lizhen Ji, Athanase Papadopoulos, Sumio Yamada (eds.), From Riemann to differential geometry and relativity, Springer (2017).
22. M. D. Maia, Geometry of the Fundamental Interactions, Springer (2011).
23. Jose G. Vargas, Differential Geometry for Physicists and Mathematicians, World Scientific (2014).
24. Giuseppe Iurato, On the History of Levi-Civita's Parallel Transport, ArXiv.
25. Irwin I. Shapiro, A Century of Relativity, Review of Modern Physics 71, S41-S53 (1999).
26. A. J. Kox, Jean Eisenstaedt (eds.), The Universe of General Relativity, Birkhäuser (2000).
27. Dieter W. Ebner, How Hilbert Has Found the Einstein Equations Before Einstein and Forgeries of Hilbert's Page Proofs, arXiv:physics/0610154v1 (2006).
28. 曹则贤，物理学咬文嚼字，中国科学技术大学出版社 (2019).
29. John Lighton Synge, Relativity: the General Theory, North-Holland Publishing Company (1960).

第13章　引力场方程的解

Raffiniert ist der Herr Gott, aber boshaft ist er nicht.[①]

——Albert Einstein

摘　要　爱因斯坦引力场方程是非线性的，难以获得通解的表达式。引力场方程在 1916 年 3 月正式发表前，史瓦西就于 1 月中给出了描述静态球对称物体之引力场的度规张量，即史瓦西解。爱因斯坦在 1917 年为了得到静态宇宙引入了宇宙常数项，德西特和列维–齐维塔就迅速独立得到了含正宇宙常数的引力场方程的德西特解。史瓦西解和德西特解是后续引力场方程在宇宙学中应用的基础。爱因斯坦本人对引力场方程作了弱场近似和线性化处理，但似乎对结果没有什么热情。爱因斯坦引入的线性化操作 $h_{\mu\nu} = g_{\mu\nu} - \eta_{\mu\nu}$ 中的减号没有任何物理意义，其同氢原子光谱公式 $\nu \propto \dfrac{1}{m^2} - \dfrac{1}{n^2}$ 中的减号被诠释为量子跃迁从而洞察了原子发光的奥秘，完全不可同日而语。

关键词　引力场方程，宇宙常数，非线性，度规张量，史瓦西解，德西特解

① 上帝心思缜密，但不怀恶意。—— 爱因斯坦

13.1　史瓦西解

爱因斯坦的引力场方程，哪怕是关于空旷区域的，那方程也是非线性的，不容易解。但是，由静止球体产生的静态的、球对称的引力场是可以由场方程严格解得的。兹略述如下。所谓静态，就是度规张量 $g_{\mu\nu}$ 不依赖于时间，即若用静态坐标系，所有的 $g_{0\nu}=0$，$\nu=1$，2，3。空间坐标可选用球坐标系，令 $x^1=r$；$x^2=\theta$；$x^3=\phi$。一般地，时空间距的平方可表示为 $ds^2=Udt^2-Vdr^2-Wr^2(d\theta^2+\sin^2\theta d\phi^2)$，其中 U,V,W 是变量 r 的函数。用任何 r 的函数替换 r 都不影响问题的球对称性，故不妨设

$$ds^2=e^{2\nu}dt^2-e^{2\lambda}dr^2-r^2(d\theta^2+\sin^2\theta d\phi^2) \tag{13.1}$$

由此可确认 $g_{22}=-r^2$，$g_{33}=-r^2\sin^2\theta$，非对角项皆为 0。通过升指标运算，可得 $g^{00}=e^{-2\nu}$，$g^{11}=-e^{-2\lambda}$，$g^{22}=-r^{-2}$，$g^{33}=-r^{-2}\sin^{-2}\theta$，非对角项皆为 0。

接下来计算克里斯多夫符号 $\Gamma^{\sigma}_{\mu\nu}$。计算表明克里斯多夫符号 $\Gamma^{\sigma}_{\mu\nu}$ 不为 0 的分量共有 9 项，从而进一步得出里奇张量的四个对角项（非零的）。由爱因斯坦的空旷区域的场方程，可得 $g_{00}=1-\dfrac{2m}{r}$，其中 m 是积分常数。在 r 很大的区域，牛顿力学成立，故 m 即是产生引力场之物体的质量。注意到 $g_{00}=1/g_{11}$，由此得到表达式

$$ds^2=\left(1-\frac{2m}{r}\right)dt^2-\left(1-\frac{2m}{r}\right)^{-1}dr^2-r^2d\theta^2-r^2\sin^2\theta d\phi^2 \tag{13.2}$$

这就是所谓爱因斯坦场方程的史瓦西（Karl Schwarzschild，1873—1916，德国人）解。由距离平方的表达式可提取确定该时空的度规张量。

史瓦西解可用于计算行星绕太阳运动的微小修正。只是对于水星这样的离太阳最近的行星，其轨道漂移同经典力学计算之间才有足够大的偏差，才有广

义相对论引力场方程的用武之地。用史瓦西解可解释水星近日点进动速率同牛顿理论计算之间的差异，这可看作是对爱因斯坦理论的证实。

13.2 德西特解

广义相对论常提到的另一个比较著名且算简单的解是德西特解，是关于方程 $G_{\mu\nu} - \Lambda g_{\mu\nu} = 0$ 的，其中 Λ 是宇宙常数。宇宙常数是爱因斯坦于 1907 年为了得到静态宇宙而引入的，它具有数学上的合理性，这一点可参考贝尔特拉米不变量理论加以理解。德西特（Willem de Sitter，1872—1934），荷兰数学家、天文学家，号称是爱因斯坦的朋友与对手。德西特解是关于含正宇宙常数 $(\Lambda > 0)$ 的爱因斯坦场方程的真空解。德西特和列维–齐维塔在 1917 年各自独立地得到了这个解。

德西特的解题思路是非常有创意的。德西特空间可定义为高一维的闵可夫斯基空间的子流形。考察闵可夫斯基空间 $R^{n,1}$，其上的时空间距定义为 $(n,1)$ 型二次型，$ds^2 = -dx_0^2 + dx_i^2$，$i = 1, 2, \cdots, n$，则方程

$$-dx_0^2 + dx_i^2 = \alpha^2,\quad \alpha\text{为非零常数} \tag{13.3}$$

就定义了德西特空间，是一种非黎曼的对称空间。德西特空间的度规可由外部的闵可夫斯基空间的度规得到。德西特空间的黎曼曲率张量为 $R_{\rho\sigma\mu\nu} = (g_{\rho\mu}g_{\sigma\nu} - g_{\rho\nu}g_{\sigma\mu})/\alpha^2$。由于其里奇张量与度规张量成正比，因此 $R_{\mu\nu} = \dfrac{(n-1)}{\alpha^2} g_{\mu\nu}$，这样的空间被称为爱因斯坦流形。德西特空间是对应宇宙常数 $\Lambda = (n-1)(n-2)/2\alpha^2$ 的引力场方程的真空解。引入用双曲函数表示的静态坐标系，为时间 t 和空间距离 r 的函数，

$$\begin{aligned} x_0 &= \sqrt{\alpha^2 - r^2}\sinh(t/\alpha) \\ x_1 &= \sqrt{\alpha^2 - r^2}\cosh(t/\alpha) \\ x_i &= z_i r;\quad n = 2, \cdots, n \end{aligned} \tag{13.4}$$

其中 z_i 是实空间 R^{n-1} 中 $(n-2)$-球的坐标，则德西特空间的度规见于如下的时空距离表示中，

$$ds^2 = -\left(1-\frac{r^2}{\alpha^2}\right)dt^2 + \left(1-\frac{r^2}{\alpha^2}\right)^{-1}dr^2 + r^2 d\Omega_{n-2}^2 \tag{13.5}$$

其中 $d\Omega_{n-2}^2$ 是 $(n-2)$-维空间线元平方的标准表示。德西特解的大问题是，没有质量源的宇宙算怎么回事？这是爱因斯坦对此解不太热心的原因。

13.3　多余的话

广义相对论的引力场方程是一个不依赖于任意运动状态参照框架的动力学方程，且能量本身对应的质量也是引力场的源，故它天然地是非线性的，这注定了其求解的艰难。解引力场方程是个数学上的挑战，或许它也在期待着整体相对论意义上的思想突破。然而，即便是简单情形的引力场方程的解，也可将引力理论引向深入。不过，应该始终牢记的是，引力场方程是非线性方程以及得到爱因斯坦引力场方程的大前提是时空遵循黎曼几何的假设。

熟悉非线性方程的人们都知道，对非线性方程的线性化一般来说不是好的求解策略，甚至不是找寻好的求解策略的策略。非线性是引力场方程不可摆脱的特性，是其灵魂与价值所在。对引力场方程的线性化会贬低它的意义。爱因斯坦后来引入了量

$$h_{\mu\nu} = g_{\mu\nu} - \eta_{\mu\nu} \tag{13.6}$$

其中 $g_{\mu\nu}$ 是待求的时空度规张量，$\eta_{\mu\nu}$ 是平直时空的度规张量，以此对引力场方程作线性化处理。不得不说，公式（13.6）中减号的意义不明，是爱因斯坦这个工作的硬伤。好的物理，公式中的符号，比如公式（13.6）中的减号，应该对应明确的物理操作。举例来说，氢原子发光的频率公式

$$\nu \propto \frac{1}{m^2} - \frac{1}{n^2}, n = m+1, m+2, \cdots \tag{13.7}$$

中的减号被诠释为跃迁（jump）过程，而这是量子力学发展过程中依据光谱线公式提出的一个非常关键的概念。至于线性化引力场方程得到了麦克斯韦波动方程那样的方程，那不过是把原先塞进帽子里去的兔子重又拎出来而已 —— 局域时空遵循的洛伦兹变换本就是麦克斯韦波动方程的不变变换，这与从前从电磁感应的经验定律一步一步地、不带任何预期地得到电磁波动方程完全没有可比性。至于这样的波动方程所表示的扰动以光速 c 传播，那也不过是原来的方程是根据时空总由光速联系 $(x, y, z; ct)$ 故而 c 是个贯穿始终的常数而已，这和麦克斯韦波动方程中的波速是由公式 $c = 1/\sqrt{\mu_0\varepsilon_0}$ 计算而来进而推测存在电磁波以及光就是电磁波，就优雅与正确性保障来说，更是不可同日而语。同推导出麦克斯韦波动方程这样的研究可相提并论的，是普朗克于 1900 年前后得出黑体辐射公式的过程。由瞎猜的（erratene）、欲走热力学途径的 $\partial^2S/\partial U^2$ 表达式和欲走统计力学途径的 $P = U_\nu/h\nu$ 为整数的大胆假设，都得到了黑体辐射公式。由两个不同的起点经过完全不同的路径，都漂亮地得到了黑体辐射公式，这为其正确性提供了坚强的保证，后来印度人玻色（Satyendranath Bose，1894—1974）于 1924 年经过一条完全不同的途径也独立得到了黑体辐射公式，更是带来了很多新的、正确的物理。黑体辐射公式得到的过程确立了假设 $P = U_\nu/h\nu$ 为整数的合理性，进而确立了光能量量子的概念和一个普适常数 h。有趣的是，作为相对论奠基人之一的普朗克，其之所以成为第一个对爱因斯坦 1905 年的相对论文章感兴趣的大物理学家，是因为注意到爱因斯坦把 c 当成了一个普适常数，这让普朗克心有戚戚焉。爱因斯坦后来对自己关于引力场方程线性化的工作的态度是犹豫不决的，这表明爱因斯坦是一个真正有品位的物理学家。

在科学上，无心插的柳，才能开出最有底气的花。

推荐阅读

1. P.A.M.Dirac, General Theory of Relativity, John Wiley & Sons, 1975.

2. W. de Sitter, On the Relativity of Inertia: Remarks Concerning Einstein's

Latest Hypothesis, Proc. Kon. Ned. Acad. Wet.19, 1217–1225(1917).

3. W. de Sitter, On the Curvature of Space, Proc. Kon. Ned. Acad. Wet. 20, 229–243 (1917).
4. Tullio Levi-Civita, Realtà Fisica di Alcuni Spazî Normali del Bianchi (另一种比安奇基的空间之物理现实), Rendiconti, Reale Accademia dei Lincei 26, 519–531(1917).
5. H. Bondi, Spherically Symmetrical Models in General Relativity, Monthly Notices of the Royal Astronomical Society 107 (5-6), 410–425(1947).
6. Hermann Weyl, Raum-Zeit-Materie (空间、时间、物质), Springer(1919). 有英译本, translated by Henry Brose, Space Time Matter, Dover (1952).

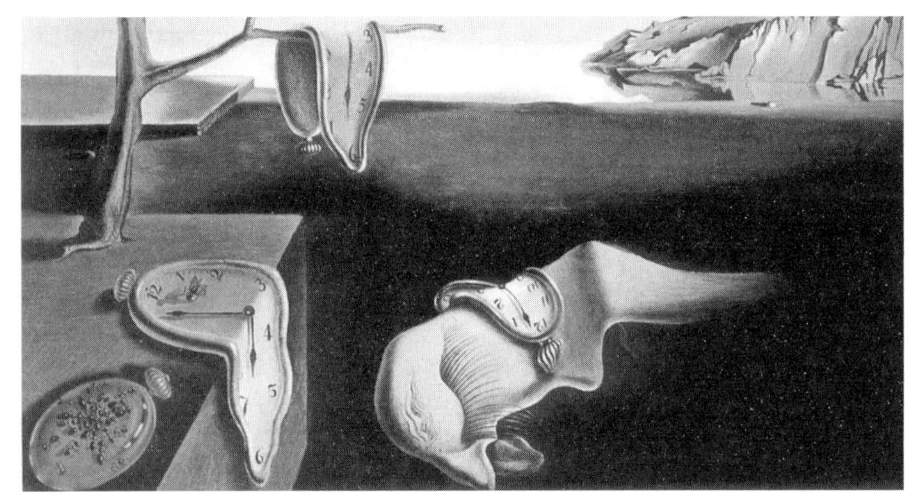

达利 (Salvador Dali) 的名画 *The Persistence of Memory* (记忆的留存)

第14章　广义相对论效应

Die Theorie stimmt doch![1]

——Albert Einstein

摘　要　广义相对论引力方程的史瓦西解可用于理解小质量物体与光线在大质量物体所产生的引力场中的运动。爱因斯坦藉此获得了关于光线引力偏折角度以及反常水星轨道进动速率的正确计算。此外，凭借等价原理和广义相对论引力场方程都能得到引力红移的结论。广义相对论为反常水星近日点进动、光线引力偏折以及光的引力红移提供了令人满意的定量解释，这使得人们对广义相对论的信心大增。然而，一个与广义相对论理论不矛盾的近似实验观测，并不构成对广义相对论的证明。理论自身要有保证正确性的内在气质。

关键词　反常水星近日点进动，光线引力弯折，引力红移

14.1　导言

求解了单个物体引起的引力场分布之后，接下来要将广义相对论引力场方

① 那理论也是对的！—— 在被问到要是引力偏折光线的观测结果和他的理论不一致呢该如何，爱因斯坦如是说。

程应用于两体问题。当其中一个物体的质量可以忽略不计时，则只需解单体的引力场方程即可。这可以用来理解比如行星绕太阳轨道的进动问题以及光线的引力偏折问题。此外，自大引力区域发出的光线会被观察到红移，此即引力红移现象。预言了引力红移现象，能够精确计算反常水星近日点进动速率和光的引力偏转角度，这是广义相对论的三大成就。

14.2　反常水星近日点进动

关于行星运动的长期观察数据让开普勒于 1609 年得出了行星绕太阳运动的轨道为椭圆的结论，此为开普勒第一定律，由法国物理学家莎特莱夫人（Émilie du Châtelet，1706—1749）倡议如此称呼。作为几何对象，椭圆可理解为到两固定点距离之和为常数的点的轨迹。此两固定点即为椭圆的焦点。相对于给定的焦点，轨道有最近点（近拱，periapsis）和最远点（远拱，apoapsis），连接拱点的线段（the lines of apsides）过两焦点，是椭圆的长轴（图 14.1）。针对行星绕太阳或者人造卫星绕地球的运动，近拱点和远拱点分别具体地被称为近日点（perihelion）、近地点（perigee）和远日点（aphelion）、远地点（apogee）。根据牛顿力学，一个行星绕太阳运动这样的两体体系，若（1）行星质量远小于太阳质量可当作一个质点处理，（2）太阳为球形，（3）太阳与行星之间的引力与距离平方成反比，则可严格地证明行星的轨道是个以太阳为焦点的椭圆。这样得到的椭圆轨道，是固定的、严格闭合的，行星在这样的轨道上周期性地运动。

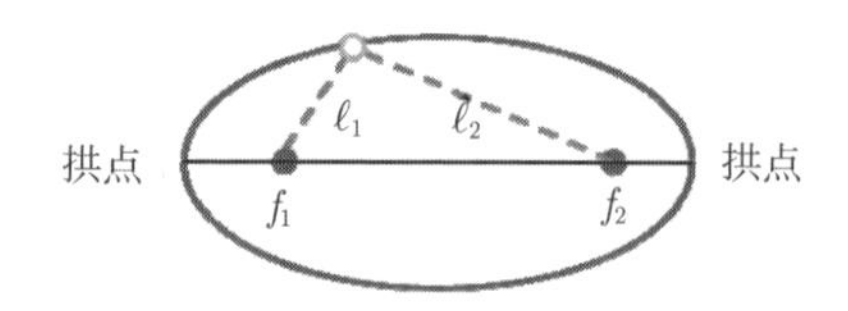

图 14.1　椭圆定义之一为到两固定点距离之和为常数的点的集合。有近拱点和远拱点，连接拱点的线段经过焦点，是椭圆的长轴

然而，现实永远比理论更复杂、更精彩。实际的行星轨道并不是固定的、严格闭合的椭圆，而是有一定程度的漂移。这个现象被称为轨道进动（orbital precession）或者拱线进动（apsidal precession）。若针对太阳系而论，这个现象也被具体地称为近日点进动（perihelion precession）或者近日点漂移（perihelion shift）。水星离太阳最近，故而这个效应最为明显（图 14.2）。有许多因素，比如太阳是扁的，来自兄弟行星的引力，等等，曾被拿来解释这个现象，甚至还有人拿偏离平方反比律来说事儿。1859 年，法国天文学家勒维耶（Urbain Le Verrier，1811—1877）注意到水星进动的速率，其由牛顿力学计算而来的值比 1697—1848 年间的观测数据还少每世纪 38″。1882 年美国天文学家纽科姆（Simon Newcomb，1835—1909）将这个缺额修正为每世纪 43″。这就是所谓的反常水星近日点进动问题，这关于水星轨道漂移速率的每世纪 43″ 的缺额不能由牛顿力学计算得到解释。根据最新数据，水星轨道漂移速率为每世纪 574.10″ ± 0.65″，缺额为每世纪 42.98″。

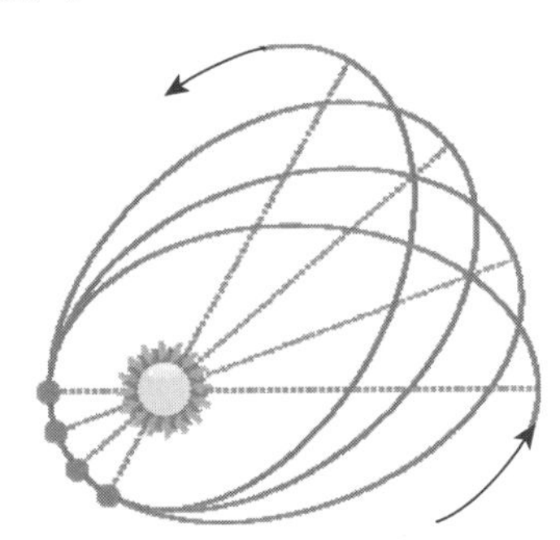

图 14.2　实际的行星绕太阳的近似椭圆轨道一直在漂移（图中的漂移速率夸张了）

有了引力场方程的史瓦西解，就可以对付反常水星轨道进动问题了。一个质量为 m 的物体在质量为 M 的物体之引力场中运动，根据史瓦西解，其运动方程为

$$\left(\frac{dr}{d\tau}\right)^2 = \frac{E^2}{m^2c^2} - \left(1 - \frac{r_s}{r}\right)\left(c^2 + \frac{L^2}{\mu^2 r^2}\right) \tag{14.1}$$

其中 μ 是有效质量，E 是能量，L 是角动量。

方程（14.1）可改造为能量表达的形式

$$\frac{1}{2}m\left(\frac{dr}{d\tau}\right)^2=\left(\frac{E^2}{2mc^2}-\frac{1}{2}mc^2\right)+\frac{GMm}{r}-\frac{L^2}{2\mu r^2}+\frac{G(M+m)L^2}{\mu c^2r^3} \tag{14.2}$$

方程（14.2）右侧后面三项都算作势能，其中最后一项就是多出来的广义相对论项。可将相对论下的有效势能写为 $V(r)=\frac{1}{2}mc^2\left(-\frac{r_s}{r}+\frac{a^2}{r^2}-\frac{r_sa^2}{r^3}\right)$，其中 $r_s=\frac{2GM}{c^2}$ 是质量为M 的吸引中心的史瓦西半径（地球质量对应的史瓦西半径只有 9 mm。$r_s/r\to 0$ 时，时空趋近平直时空），$a=L/\mu c$。不包含最后一项的等效势能为 $V(r)=\frac{1}{2}mc^2\left(-\frac{r_s}{r}+\frac{a^2}{r^2}\right)$，这是大家熟悉的牛顿力学的结果。有效势能中的广义相对论项预期可以解释水星轨道进动速率的缺额。

轨道进动速率由势能项对行星距离 r 的二阶微分决定，计算角速度 $\omega^2=\frac{1}{m}\left(\frac{d^2V}{dr^2}\right)_{r=r_0}$，其中 $r=r_0$ 满足 $\left(\frac{\partial V}{\partial r}\right)_{r=r_0}=0$。利用包含与不包含广义相对论项的势能计算得到相应的 ω_r 和 ω_N，可得每周期轨道进动的角度为 $\delta\alpha=T(\omega_r-\omega_N)$，其中 T 为轨道周期。近似解得

$$\delta\alpha\sim\frac{6\pi G(M+m)}{Ac^2(1-e^2)} \tag{14.3}$$

其中 A 和 e 分别是轨道的半长轴和偏心率，c 是光速。该近似结果与预期符合。

14.3 引力弯曲光线

牛顿在 1704 年出版的《光学》一书中提出了一条疑问，“物体不作用于远处的光并因此弯折光线吗？这作用不该是距离最近的地方最强吗？”物体能偏转物体的运动轨迹，若能偏折光线也不奇怪，尤其是当光被当作颗粒（corpuscle）的时候。德国人索尔德纳（Johann Georg von Soldner，1776—1833）认定牛顿引力理论预言了经过一个大质量天体附近的星光会被弯曲，相应的计算于 1804 年发表并流传至今。索尔德纳的计算结果表明，远处来的星光经过一个表面处加

速度为 g 的星球，其路径的偏折角 ω 可由公式

$$\tan\omega = \frac{2g}{v\sqrt{v^2 - 4g}} \tag{14.4}$$

给出，其中 v 是光在星球表面的速度。先不谈这个公式对不对，我们首先要问的是星球引力凭什么能让光线偏折？索尔德纳承认他是拿光当作一般的重物（ponderable object）对待了。对他来说，光被引力场偏转实际上就是重物被引力场散射的经典力学问题。

只要我们认可引力可以偏折光线，偏折角就有个简单的、基于量纲分析的推导，而不必管具体的物理机制是什么。笔者的思路如下。偏折角 ω 是个无量纲量。就引力偏折光路这个问题来说，光的唯一性质就是速度 c，而物体的引力强度由 GM 来表征，其中 G 是万有引力常数，M 是质量。此外，决定弯折多少的另一个量是光线靠物体有多近，即还要考虑一个特征距离 R。这个特征距离就是散射问题中的瞄准距，当光线从星体表面掠过只有微不足道的弯折时，瞄准距近似就是星体的半径。GM，c 和 R 可组成一个恰当的无量纲量 $\frac{GM}{c^2R}$。这样，可得偏折角的公式 $\omega = f\left(\frac{GM}{c^2R}\right)$，这里的 f 是一个形式未知的函数，但是我们可以推断它应该有的性质。首先函数 f 必是一个关于变量的正相关函数，即变量 $\frac{GM}{c^2R}$ 越大，它应该越大。再者，应有边界条件 $f(0) = 0$，意思是无引力就无偏折。对于很小的偏折，近似地有

$$\omega \approx \alpha\frac{Gm}{c^2R} \tag{14.5}$$

现在只剩下一个需要确定的比例系数 α 了。可以看到，前述索尔德纳假设光是重物的计算，得到的结果对应 $\alpha = 2$。

1911 年，爱因斯坦基于强等价原理 —— 均匀引力场和加速度等价 —— 计算得到了索尔德纳的结果。在加速运动的体系中会观察到光线的弯折，则在存在引力的区域也应该有光线的弯折。笔者以为，这个看似合理的推论实际上存在一个很大的逻辑漏洞，即等价原理是针对有质量的存在的。对于光这种没有

质量标签 —— 更遑论惯性质量与引力质量之分 —— 的存在，等价原理成立不成立是个悬而未决的问题！爱因斯坦的计算过程大致如下。引力场中光的速度是位置的函数，则光的波，根据惠更斯原理，会发生偏折。爱因斯坦由此导出的结果为

$$\omega = -\frac{1}{c^2}\int \frac{\partial \Phi}{\partial \boldsymbol{n}'}ds = \frac{1}{c^2}\int_{-\pi/2}^{\pi/2}\frac{Gm}{R^2}\cos\theta ds = \frac{2Gm}{c^2R} \tag{14.6}$$

其中 Φ 是引力势。这个结果与近似后的索尔德纳结果完全相同。对于太阳来说，Gm/c^2=1.47 km，R=697000 km，由此计算得到的太阳对远处恒星光线的偏折角是 $0''.83$。这篇文章爱因斯坦承认是因为对自己四年前关于这个问题的文章（见 Jahrbuch für Radioaktivität und Elektronik，1907）不满意才旧话重提的。

但是，在构造广义相对论的过程中，爱因斯坦于 1915 年认识到从前的计算结果只得到了偏转角的一半，于是又作了修正，爱因斯坦因此成了第一个得到引力弯曲光线正确计算结果的人。计算得到太阳对光线的偏角约为 $1''.75$。广义相对论假设质量弯曲了光通行的时空，得到了 $\alpha = 4$ 的结果。关于基于广义相对论的偏折角计算，英国天文学家爱丁顿（Arthur Stanley Eddington，1882—1944）在其《相对论的数学理论》第 41 节有个简洁的表述。计算的出发点是光的性质 $ds \equiv 0$，引力偏折光线此时有了略显正当的理由："质量弯曲了时空，而光线是时空中的零测地线。"在球形的静止质量体附近，光的轨道方程为

$$\frac{d^2u}{d\phi^2} + u = 3\frac{Gm}{c^2}u^2 \tag{14.7}$$

由此得到近似的偏角 $\omega = \dfrac{4GM}{c^2R}$。关于这个问题，还有其他版本的计算（见 Carroll，2004）。假设物体的引力场是弱场，引力势由泊松方程给出 $\nabla^2\Phi = 4\pi G\rho$。该引力势引起时空的微小扰动，有距离公式

$$ds^2 = -(1+2\Phi)c^2dt^2 + (1-2\Phi)(dx^2+dy^2+dz^2) \tag{14.8}$$

研究光线偏折要解该空间中的测地线方程，一番近似后得到的偏转角为 $\omega = \dfrac{2}{c^2}\displaystyle\int \nabla_{\perp}\Phi ds$，其中 $\nabla_{\perp}\Phi$ 是与路径垂直的方向上的引力势梯度投影，得到结果

$\omega = \dfrac{2GMR}{c^2}\displaystyle\int_{-\infty}^{\infty}\dfrac{dx}{(x^2+R^2)^{3/2}}$，积分即 $\omega = \dfrac{4GM}{c^2R}$。

那么，光线引力偏转角的近似公式到底该是 $\omega = \dfrac{4GM}{c^2R}$ 还是 $\omega = \dfrac{2GM}{c^2R}$ 呢？1919 年，爱丁顿领导的探险队拍摄日全蚀时刻的星空照片（图 14.3），据说验证了引力偏折的爱因斯坦计算的正确性。不过，由此认为是广义相对论引力理论相对于牛顿引力理论的胜利则纯属误解，爱因斯坦 1911 年基于相对论等价原理的结果也是 $\alpha = 2$，与牛顿力学无关。这里始终有一个未能令人信服的地方，就是引力场到底是如何影响光的路径的？在引力与电磁相互作用未能有统一的场论之前，这恐怕是个悬而未决的问题。至于爱丁顿 1919 年得到的测量值，其实是饱受争议的。因为争议太大，1979 年英国不得不又组织人力重新分析数据，结论是爱丁顿处理照片得到的数据是“合理的”。笔者对此“没有评论”。

图 14.3　爱丁顿获得的 1919 年日全蚀照片之一

关于引力场偏折光线的问题，我们还可以有另一种看法，就是重新审视“什么是直的”的问题。光线永不弯曲，光走的路径才是直线。就算按照经典光学来理解，光线在空间中走光程为极值的路径，这可当作直线的定义。以笔者的理解，非极性标量的最小值是 0。光程就是非极性标量，取最小值意味着 $ds = 0$，这就是时空中直线的定义。笔者甚至认为应该进一步地理解为，光的世界就是平直的时空。唐突之论，仅供参考。

14.4 引力红移

设想在远离任何引力场的小区域内，两个以加速度 a 运动的物体在某时刻相距为 z。若后面的物体发射了波长为 λ_0 的光，光到达前面物体约需时间 $\Delta t = z/c$。在这个时间段内，前面物体的速度已经增加了 $a\Delta t = az/c$。因为多普勒效应的缘故，光会发生红移，波长变长，

$$\Delta\lambda/\lambda_0 = a\Delta t/c = az/c^2 \tag{14.9}$$

爱因斯坦根据强等价原理，即加速度与均匀引力场等价，认定光在引力场中有同样的红移现象（图 14.4）。光在引力场中逆引力场方向传播会发生红移，

$$\Delta\lambda/\lambda_0 = gz/c^2 \tag{14.10}$$

其中 g 为局域的引力加速度。写成牛顿势的表达，

$$\frac{\Delta\lambda}{\lambda_0} = \frac{\Delta\Phi}{c^2} \tag{14.11}$$

此公式在大空间范围内成立。此结果与广义相对论场方程的具体形式无关，实际上它也确实出现在广义相对论场方程被构造出来之前。这个结果还可以这样理解。物体在引力场中上抛，其动能减小。光的动能减小就表现为红移。实际上，来自一些大质量星体的光线有红移的现象是英国哲学家米歇尔（John Michell，1724—1793）于 1783 年，拉普拉斯（Pierre-Simon Laplace，1749—1827）于 1796 年将光当作颗粒物质运用牛顿力学早就预言了的。

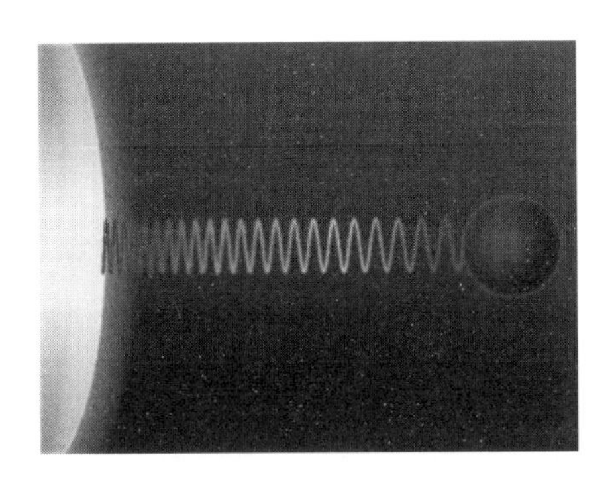

图 14.4　自大质量体向外发射的光会发生红移

引力红移的广义相对论计算如下。在一个大质量物体附近，采用史瓦西度规，局域范围内有 $d\tau^2 = (1 - r_s/R)dt^2$，其中 r_s 是史瓦西半径，$d\tau$ 是离引力中心距离 R 处测量的时间，dt 是在无穷远处测量到的时间，故有波长关系 $\lambda_\infty/\lambda_0 = (1 - r_s/R)^{-1/2}$，意思是在距离引力中心 R 处发射的波长为 λ_0 的光，其在无穷远处波长变为 λ_∞。对于来自一般星球表面的发光，$R \gg r_s$，故有 $\dfrac{\Delta\lambda}{\lambda_0} = \dfrac{GM}{c^2R}$。注意，这里又出现了无量纲量 $\dfrac{GR}{c^2R}$。

14.5　关于光的感叹

爱因斯坦 1905 年的两篇相对论论文和一篇量子力学论文，其实关注的是同一个主题，即运动物体的光发射问题。爱因斯坦于 1917 年又提出了受激辐射的概念，这是激光的概念基础。据信自少年起，爱因斯坦就对光的性质产生了浓厚的兴趣，并一直关注光的研究。然而，人们关于光的认识实在还是太肤浅了。

爱因斯坦后来曾感叹，在对光思考了三十多年以后，他对光的理解没有丝毫进展。在充分学习了经典力学、光学（在哈密顿时代光学和力学就是一体的）、电–动力学和量子场论以后，再回顾一下我们对光的认识，也许会体会到爱因斯坦的融会贯通以后的一片茫然。既然光走的路径就是直线，光在引力场中又看起来是弯的，那恰当的结论应该是时空是弯的。时空如何弯曲，才是广义相对论的关切。

推 荐 阅 读

1. Albert Einstein, Erklärung der Perihelbewegung des Merkur aus der Allgemeinen Relativitätstheorie(广义相对论对水星近日点运动的解释), Preussische Akademie der Wissenschaften, Sitzungsberichte (Part 2), 831–839(1915).
2. Johann Georg von Soldner, Über die Ablenkung eines Lichtstrals von Seiner Geradlinigen Bewegung (论光自直线运动的偏折), Berliner Astronomisches Jahrbuch, 161–172 (1804).
3. Albert Einstein, Über den Einfluss der Schwerkraft auf die Ausbreitimg des Lichtes (重力对光传播的影响), Annalen der Physik 35, 898–908(1911).
4. Albert Einstein, Lense-like Action of a Star by the Deviation of Light in the Gravitational Field, Science 84, 506–507(1936).
5. Arthur Stanley Eddington, The Mathematical Theory of Relativity, Cambridge University Press(1923).
6. Sean Carroll, Spacetime and Geometry, Addison Wesley (2004).

晚年的爱因斯坦

第15章 整体相对论

I see Mach's greatness in his incorruptible skepticism and independence.[①]

——Albert Einstein

摘 要 由朴素的相对论，经伽利略相对论、狭义相对论和广义相对论，物理定律的表述已经被要求对任意运动的参照系都是成立的，引力论也成了广义相对论的一部分。那么，相对论还有推广的空间吗？其实，广义相对论的时空依然是有结构的时空，有内禀的度规场 $g_{\mu\nu}$。马赫原理由爱因斯坦于 1918 年首次提出，源于对转动相对性和惯性起源的讨论。马赫原理尽管表述很含糊，细究起来有不少技术性的困难，但它却提醒我们思考关于时空基本性质的必要性和构建具有更大对称性的原初方程的可能性。整体相对论要求物理的原初方程关于任意相对运动都是等价的，坐标系的选择只是个约定问题，这要求在建构原初方程时要剔除任何的内禀时空结构。整体相对论指向一个基本问题，或许一个物体的惯性是由存在之整体决定的。

关键词 水桶实验，相对转动，拖曳效应，时空结构，马赫原理，惯性，整体相对论，一元论

---

① 马赫的伟大在于其不屈的怀疑精神和傲然独立。—— 爱因斯坦

15.1　引力作用下的两体运动

考察力学的最基本问题 —— 通过万有引力相互作用的两个物体的运动。牛顿力学下的两体问题可以用来模型化行星绕太阳的运动。当然，实际情况是对真实的行星绕太阳运动的研究引导人们得到了万有引力的观念。根据牛顿第二定律，假设两个物体的质量分别为 m 和 M，且 $m \ll M$，这个两体体系的运动可近似为质量为 m 的物体绕质量为 M 的物体的转动，满足方程 $m\frac{d^2\boldsymbol{r}}{dt^2} = -G\frac{mM}{r^3}\boldsymbol{r}$，其中 $\boldsymbol{r}$ 表示两物体间的距离，t 是时间。接下来就是解二阶微分方程，得出质量为 m 的物体的运动轨迹是一个绕质量为 M 的物体的圆锥曲线，云云。

不过，且慢。在仅由两个物体构成的世界里，距离（位置）是什么？时间是什么？它们是如何度量的？如果我们愿意再深入一点思考的话，在仅由两个物体构成的世界里质量又是什么？这些我们在学习时随便就接受了的观念，逃不过一些习惯具有批判性思维之人的注意。这些人包括但不限于牛顿、马赫（Ernst Mach，1838—1916）、爱因斯坦等。马赫说，从经验得来的物理概念必须为其正当性作辩护。空间、时间、惯性，这些在建立物理学（方程）时作为基本出发点的概念，需要最严格的思考与批判。

15.2　牛顿的水桶实验

牛顿于 1689 年描述了他对水桶实验的观察（图 15.1）。一只半满的水桶，静止时水面是平的。在接下来转动（spinning）水桶的不同阶段，大致可观察到如下现象：（1）水桶开始转动，水也跟着转动，水贴着桶壁的地方会升高，表面变成凹的；（2）水桶和水同步转动（相对静止）时，水面是凹的；（3）水桶停止

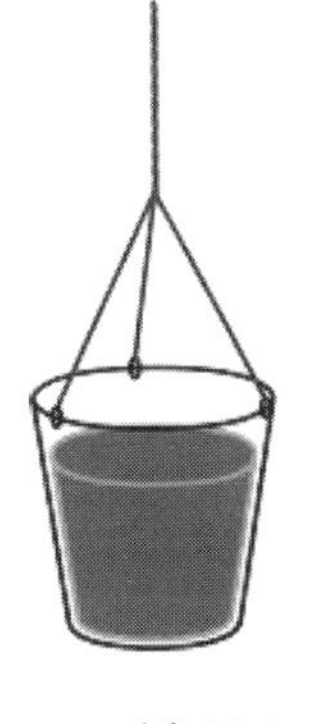

图 15.1　牛顿的水桶实验

转动（相对大地是静止的），水相对于水桶继续转动，水面保持是凹的。现在的问题是，水面为什么变凹了？答案是因为水面转动起来才变凹的。但是，这转动是相对于什么的转动呢？刚开始时，水桶转动而水尚未动时，水面是平的；水桶和水都转动（相对静止）时，水面是凹的；等到后来水桶停下来，而水继续转动时，水面保持是凹的。显然，水面是凹的这个事实不是因为水相对于水桶的转动！后来我们知道，这里牛顿发现的是，转动物体之间不只有静的万有引力（static gravitation），还有一个拖曳效应（dragging effect）。

牛顿进一步设想，在深空中观察一根绳两头系着两块石头，让这样的体系绕中心转动起来（类似杂技演员玩的水流星）。转动越快，绳子会绷得越紧。但是，空旷的空间里没有任何参照物可用来定义这个转动。那总得有什么东西可用来标志这个转动啊，毕竟绳子的紧张状态是不同的。牛顿说，那就是绝对空间。空间是个整体性概念（entity）。牛顿的论证有个明显的漏洞，就是不存在这样的孤立体系。宇宙就是作为一个整体在那儿的，宇宙里的一切现象就应该从存在出发加以理解。

莱布尼茨就不同意牛顿的观点。在莱布尼茨看来，位置是相对的，运动的各个特征都是相对的。空间不是个整体性概念，空间只是提供了编码（encoding）物体间相互关系的工具。笔者猜测，这是不是说，运动的特征是相对的，描述一个运动（的相对性），也许局部宇宙提供的背景就足够了？

15.3 爱因斯坦的马赫原理

马赫是一个极具批判精神的科学家，他的*Die Mechanik in ihrer Entwickelung historisch-kritisch dargestellt*（《历史批判地呈现其发展历程的力学》）一书影响了爱因斯坦，也就影响了相对论的发展。马赫也不接受绝对时间、绝对空间的概念：“绝对时间不能通过同任何运动的比较被测量，它因此没有任何实际的或科学的价值；没有人敢说关于绝对时间他知道点儿什么。那就是一个毫无根据的形而上的概念。”马赫的这段话，恰恰坚定了笔者的信念，时间是个导出概念（time is derivative），运动才是本原的、第一位的。马赫认可运动的相对性。1872 年马赫断言，是地球在自转，还是整个宇宙背景在转，怎么说都行。这大概就是所谓的转动相对性。1883 年马赫详细讨论了牛顿的水桶实验，指出：“牛顿的水桶实验告诉我们，水相对于桶壁的相对转动不会产生可观的向心力，但是相对于地球或者远处其他星体的转动产生了那样的向心力。毕竟，我们不知道如果桶足够厚实、质量足够大时的结果会怎样”（大意）。后来的发展证明，马赫的这句话是极具洞察力和先见之明的。

1918 年，在广义相对论场方程面世两年后，Joseph Lense（1890—1985）和 Hans Thirring （1888—1976）得到了转动物体的相对论场方程的近似解，其结果表明旋转的物体会拖曳时空，这被称为参照框架拖曳效应（frame-dragging effect）。Dieter Brill（1933—）和 Jeffrey Cohen（1940—2003）于 1966 年证明了在空球壳情形下拖曳效应也会发生。1985 年，Herbert Pfister （1936—2015）和 Karlheinz Braun 的计算表明在空球壳的中心会诱导出足够大的向心力，使得那里的水面尽管不是处于相对远方星体的转动中也是凹的。这样，利用广义相对论终于得到了马赫找寻的那种对称性形式 —— 自转相对远处背景转动的对称性。牛顿关于水桶实验的观察至此得到解决。

转动相对性的问题让人们深入思考参照框架的问题。1870 年，纽曼（Carl Neumann，1832—1925）提出了一个有趣的问题：“宇宙中一个孤独的星体，其若旋转应是椭球形的，其若静止则是球形的。”爱因斯坦在其 1916 年的“广义相对论基础”一文中对此问题有进一步的发挥。设想宇宙中有两团流体，从其一的角度看另一个是绕中心连线转动的，若从相对其一静止的体系来做测量的话，则此一流体是球形的，而彼一流体是椭球形的。可是，我们有什么理由认为这两个相互作为参照的流体会有不同的行为呢？爱因斯坦的回答是，原因必然在这个体系之外（Die Ursache muß also außerhalb dieses Systems liegen），这两个物体的力学行为完全由远处的质量分布所决定。

1918 年爱因斯坦第一次提及马赫原理这一概念 —— 惯性源于物体之间的相互作用（Inertia originates in a kind of interaction between bodies）。时空的度规张量 $g_{\mu\nu}$ 完全由物体的质量所决定，或者说更一般地由 $T_{\mu\nu}$ 所决定。关于马赫原理有不少不同的、很含混的表述，技术细节也不能细究。一般认为，它未能推动物理学向前发展。然而，即便它未建功于理论的创生，却有助于剔除蔓芜的理论杂草。

马赫原理的意义在于关注惯性的起源问题。所谓的惯性，是由存在之整体决定的。空旷空间里的孤立物体无所谓惯性，有人由此推论宇宙从空间上是闭合的。一个物体的运动状态，是由全体存在作为背景决定的。描述这个运动状态的所有参数都和这个大背景有关。局域物理定律由宇宙的大尺度结构决定，这是爱因斯坦发展广义相对论时的指导性信条之一。这种思想，同哲学上的一元论（holism）有关。存在整体如何决定其中之个体的惯性，这是个构建物理理论过程中要回答的哲学问题，也是个数学问题。

15.4 整体相对论

从相对论的角度来讲，马赫原理意味着整体相对论（total relativity）。整体相对论宣称任何不同的坐标系都具有等价性，坐标系的选择完全是约定层面上的事情。整体相对论要求我们从时空中剔除所有的内禀结构，这比广义相对论又进了一步。广义相对论虽然努力营造相对不同的加速运动框架物理定律都成立的理论构架，但广义相对论的时空不是没有结构的，爱因斯坦把惯性和引力植入了时空。广义相对论包含一个度规场 $g_{\mu\nu}$，告诉我们如何给时间和空间的间隔赋值，$ds^2 = g_{\mu\nu} d\boldsymbol{x}^\mu d\boldsymbol{x}^\nu$。广义相对论可表述为对称性原理：时空局部总满足洛伦兹对称性。这是广义相对论对时空的先验要求。若要构建整体相对论，我们期望该理论包含比广义相对论等价原理更大的对称性 —— 整体相对性或者对称性，任何不同坐标系都具有物理等价性。这可参照 Kaluza-Klein 理论来理解。Kaluza-Klein 理论是对（3,1）时空中理论推广的尝试。在紧致化额外维度回到我们熟悉的（3,1）维时空时，高维空间的等价性原理破缺为（3,1）维时空版本的低对称性。

如何构造整体相对论的基本方程？无人知晓答案。关于整体相对论，也许唯一要保留的是惯性定理。只有当相对惯性，以及引力，作为物体相互间的效应在一个统一的基础上得到理解以后，我们才能指望得到惯性定理的正确形式。

15.5　结语

最后，作为本书的结尾，笔者想说出自己的观点如下。全部的存在通过相互作用构成一个整体，这个整体给我们以空间的概念 —— 空间是凸的、闭合的。运动是存在的方式。静止和位置是纯粹抽象的概念。基于空间（位置）和运动，于是有了时间这个衍生概念。用时间和空间来描述运动，由运动的规律推测相互作用，这是自然通过人类做出的聪明选择，也是物理学局限性的来源。存在以最合理的方式存在，存在就是存在。正确的物理定律应该具有这样的形式，它断言所有的运动都是惯性运动（all motions are exclusively inertial motion）！

相对论赋予物理理论相对于运动的刚性，而这必然走向关于时空结构的思考。相对论的努力，就是让时空的变换实质空心化 (devoid of essence)，这一点在广义相对论同电磁理论的结合走向规范场论的过程中变得格外明显。物理定理关于变换的不变，使得变换失去物理的意义。或者，时空本就是我们作为辅助概念强行引入的，它本没有意义，要让它归于没意义。而这里吊诡的哲学是，在努力使其归于没意义的过程中，它的意义凸显了出来。如同在代数学的发展中，恰是代数规则的逐渐丢失 (先是交换律，然后是结合律) 让我们逐步认识到了这些代数规则的存在，以及代数的本质不在于可见的数之形式而在于运算规则。

时间是个导出概念，但却被当作原初概念来构造物理学。在从前这是个令笔者感到困扰的矛盾，如今它依然困扰着我，但我却能坦然接受。这样的矛盾在物理学中其实有很多。热机理论是建构在可逆过程上的，可逆过程是其上任何状态都是平衡态的过程，而平衡态之间没有过程。全从平衡态来看理想热机的工作循环，才有逆循环的概念，于是从吸热做功导出了做功吸热（可以制冷）这个观念。对卡诺循环的数学描述，其一是引入了能量守恒定律，其二是导出了熵的概念。从静电荷间的库仑力出发，有静电学，然后有电-动力学，有麦克斯韦方程组直至量子电-动力学、规范场论，但我们知道电荷从不静止。牛顿三定律中，惯性定律在前。经典力学认为未置于外力之下的物体的运动是惯性运动，但是且慢，事物都是存在于相互作用中的啊。从存在中隔离出一个作为研究对象的个体，从个体、两体问题出发我们获得了关于相互作用的认识，但是现实中从没有孤立的个体呀！这些做法矛盾吗？矛盾，但不碍事，一点儿也不妨碍人类构造物理学。

人类，就是这样带着迷惘，一点一点地不断获取对这个包含着人类自身之自然的理解。理解自然，是自然赋予人类的使命。**自然产生了试图理解它的人类，这是自然最有趣的地方。**

推荐阅读

1. Ernest Mach, Die Mechanik in Ihrer Entwickelung Historisch-kritisch Dargestellt, F.A. Brockhaus (1883). 英译本为 The Science of Mechanics: a Critical and Historical Account of its Development, Thomas J. McCormack (translation), The Open Court Publishing Co.(1893).
2. Herbert Thirring, Über die Wirkung Rotierender Ferner Massen in der Einsteinschen Gravitationstheorie, Physikalische Zeitschrift 19, 33-39(1918).
3. Frank Wilczek, Total Relativity: Mach 2004, Physics Today, April, 10-11 (2004).
4. Erwin Schrödinger, *Space-Time Structure*, Cambridge University Press (1950).
5. George Yuri Rainich, Mathematics of relativity, John Wiley & Sons (1958).

附录 1　相对论物理数学预备知识罗列

相对性首先是一个原则，一句话就可以说清楚。恰恰因为相对性是个原则，相对论涵盖的物理对象是笼统的、广泛的，进而它对数学的需求也是广泛的。虽然相对论和量子力学并称现代物理两大支柱，其实相对论的层面要高于量子力学，故有相对论量子力学而没有量子相对论。相对论的（relativistic）一词作为 前缀可加于诸多特定物理主题上，比如相对论动力学，相对论量子场论，相对 论热力学，等等。至于它所需要的数学，那更是种类繁多，广义相对论甚至会 是数学的生长点。本节开列的相对论预备知识仅是笔者所知的一点浅薄，聊供 参考。至于多少预备知识够用，这取决于欲学相对论者对自己的要求。当然，知识不是单连通的结构，我们永远不能指望拥有学习一个具体领域的全部预备知识。反复地、交叉地学，可能是我们智力一般的人所不得不采取的策略，而你首先需要的是学会乐在其中。

相对论的物理基础　爱因斯坦的狭义相对论始于 1905 年，广义相对论初成于 1915 年年底。那个时候，牛顿的引力理论、哈密顿的动力学理论、光学、电磁学和电–动力学已趋成熟，而这些可看作是理解狭义相对论的物理基础。运动物体的电–动力学（包括光发射和光吸收）研究是狭义相对论的起源，也是爱因斯坦对奠立量子力学有贡献的地方。光（子）和电子一直是狭义相对论和量子力学的主角，到了广义相对论，引力也成了主角。当外尔将电子和引力当成一对主角时，规范场论就孕育了。广延物体的动力学，包括（电磁）流体力学和固体力学，是相对论尤其是广义相对论的基础，质能关系、能量–动量张量、引力场方程在广延体系的动力学基础上才能充分理解。

相对论的数学基础 多种坐标系表示，坐标变换，线性代数，矢量分析，微分二次型，微分，变分法，洛伦兹变换，电磁场的张量表示等等，是狭义相对论常用到的数学内容。广义相对论相对要求高一些，建议读者熟悉如下一些数学分支或者概念：曲线坐标系，非欧几何，微分几何（关注曲线、曲面、度规张量、里奇张量、联络、测地线和平行位移等概念），方向导数，微分方程，群论（洛伦兹群，庞加莱群，李群与李代数），张量分析（关注度规张量、曲率张量与能量–动量张量；张量的仿射微分、协变微分与李微分），等等。因为相对论追求的是物理定律相对任意参照框架都成立，所以坐标变换和不变量理论是相对论数学的重中之重。有时间的话，复几何、泛函分析也不妨了解一下。

值得着重强调的是力学之与变分原理有关的拉格朗日表述（Lagrangian formulation）。由拉格朗日量（密度）出发构造作用量，由最小作用量原理通过变分法获得系统的动力学方程，即欧拉–拉格朗日方程。这是一个普适性的物理学研究方法。

数理从来是一家。学习相对论为数学–物理一起参详提供了绝佳的机会，值得善加利用。

参 考 文 献

1. Arthur S. Eddington, The Mathematical Theory of Relativity, Cambridge University Press (1930).
2. Anadijiban Das, The Special Theory of Relativity: a Mathematical Exposition, Springer (1993).
3. R. K. Sachs, H. Wu, General Relativity for Mathematicians, Springer (2012).

附录 2　相对论关键人物与事件

1. 中国汉代古人。东汉《尚书纬 · 考灵曜》有句云:“地恒动不止而人不知，譬如人在大舟中，闭牖而坐，舟行而不觉也。”此句已包含伽利略相对论的精髓。《尚书纬 · 考灵曜》收录于明代孙瑴编纂的《古微书》卷一，著者不详。另，北京西山大觉寺现有匾额两块，分别题有“无去来处”和“动静等观”。相对论的思想，凭此一语道破。

2. 开普勒（Johannes Kepler，1571—1630），德国天文学家、数学家。开普勒将关于火星的以地为参照点的位置观测数据换算成以太阳为参照点的数据，从而得出了行星运动的开普勒第一定律［行星轨道为一以太阳为 focus （炉子）的椭圆］和第二定律（行星与太阳的连线单位时间内扫过相同的面积，实质为角动量守恒）。以地球为参照点和以太阳为参照点，火星的运动会有不同的表象，但终究都是那个火星的运动。这是关于参照点的变换不变性。

3. 伽利略（Galileo Galilei，1564—1642），意大利人，罕见的通才，近代科学的奠基人。在其 1632 年出版的《关于托勒密和哥白尼两大主要世界体系的对话》一书中，伽利略表述了“不能通过对船舱中物理事件的观察来确立船处于匀速运动

中”的思想。伽利略的表述比《尚书纬 · 考灵曜》以及宋人陈与义的诗句“卧看满天云不动，不知云与我俱东”都更具物理内容。此外，惯性定律、落体公式以及单摆周期公式也都是伽利略的研究成果。伽利略是现代科学的奠基人。

4. 黎曼（Bernhard Riemann，1826—1866），杰出的德国数学家。黎曼还是近代物理学的奠基人，他同高斯、韦伯等人一起创立了电–动力学。延迟势、电力作用传播速度为光速、电势的波动方程等概念或思想都来自黎曼。黎曼 1854 年的升职报告标志着微分几何的诞生。黎曼提出物理的空间可能不同于欧几里得空间，物理作用可能是物理空间的弯曲。外尔于 1919 年将之同相对论联系起来。

5. 克利福德（William Kingdon Clifford，1845—1879），英国数学家、哲学家，发展了几何代数，而这只是克利福德代数的特例。克利福德第一个设想引力是（存在之）深层次几何的表现。1870 年在介绍黎曼弯曲空间的概念时，克利福德加入了“引力会弯曲空间”的猜测，这整整早于广义相对论的思想 40 年。1876 年，克利福德发表了“论物质的空间理论”一文。克利福德还是儿童文学作家。

6. 弗格特（Woldemar Voigt，1850—1919），德国物理学家，曾领导哥廷恩大学数学物理系，其 1914 年的继任者是德拜（Peter Debye），1921 年该位置的继任者为玻恩（Max Born）。现代意义上张量的概念是他 1898 年提出的。弗格特于 1887 年（这一年赫兹证实了麦克斯韦波动方程预示的电磁波的存在）率先给出了保持麦克斯韦波动方程不变的坐标变换，后来庞加莱给这个变换加上了一项使得变换具有了群的性质，即后来的洛伦兹变换。弗格特 1887 年、1888 年的两篇同名文章“Theorie des Lichts für bewegte Medien”（运动介质的光理论）是狭义相对论的理论基础。弗格特是个非常全面的物理学家，其

主要著作是 1910 年出版的*Lehrbuch der Kristallphysik*（《晶体物理教程》），他还是个巴赫专家。

7. 菲茨杰拉德（George Francis Fitzgerald，1851—1901），爱尔兰物理学家。菲茨杰拉德同赫维赛德（Oliver Heaviside）、赫兹（Heinrich Hertz）一样是麦克斯韦学者，在 1870—1880 年间修正、拓展、厘清以及证实麦克斯韦的电磁理论。1889 年在一篇名为 The aether and the Earth's atmosphere 的短信中，菲茨杰拉德提出若物体在运动方向是收缩的，就容易解释 Michelson-Morley 实验的无结果。1892 年洛伦兹将类似思想纳入洛伦兹变换，有了所谓的菲茨杰拉德–洛伦兹收缩。这是一个阶段性的概念，关于它的脱离整个理论框架的过度解读常见于狭义相对论教科书的习题中。

8. 拉莫（Joseph Larmor，1857—1942），爱尔兰数学家、物理学家，1903—1932 年间为剑桥大学的卢卡斯教席教授，曾是 1920 年世界数学大学的大会报告人和 1924、1928 年度世界数学大会的邀请报告人。拉莫是以太这个概念的研究者，1900 年即出版了《以太与物质》一书。拉莫 1897 年提出了时间膨胀的概念。如同菲茨杰拉德–洛伦兹收缩一样，这是一个阶段性的概念，应该放到整个理论框架下诠释。拉莫反对时空的概念。拉莫更多地是因拉莫进动这个概念而为人所熟知。

9. 洛伦兹（Hendrik Antoon Lorentz，1853—1928），荷兰物理学家，1902 年因对塞曼效应的理论解释获得诺贝尔物理学奖。洛伦兹的研究涉及电–动力学、光学和电子理论，因此不可避免地关注到了相对运动参照系之间的变换问题，其 1904 年的论文就有电–动力学的协变形式表述。洛伦兹提出了局域时

（local time）的概念，当前的狭义相对论中的时空变换被庞加莱命名为洛伦兹变换。洛伦兹从一开始就支持爱因斯坦构造广义相对论的努力，他试图将爱因斯坦的表述同哈密顿原理结合起来。洛伦兹是当之无愧的狭义相对论先驱者。在广义相对论问世后，洛伦兹也一直在宣讲相对论。

10. 庞加莱（Henri Poincaré，1854—1912），法国杰出的数学家、物理学家、哲学家与工程师。他是混沌理论的奠基人、拓扑学奠基人之一，所谓的庞加莱猜想到 2002 年才为俄国数学家证明，而庞加莱引理甚至被当作判断一个人是否是数学家的依据。庞加莱强调把物理定律表示成不同变换下不变形式的重要性。1893 年，庞加莱加入了法国长度局，投身时间校准工作，因而开始认真考虑相对运动物体之间的时间同时性问题。

1905 年，类比于加速电荷辐射电磁波，庞加莱设想加速的质量会辐射引力波，波速是光速，此为引力波概念之滥觞（这个类比没有道理）。1906 年，庞加莱指出 $x^2+y^2+z^2-c^2t^2$ 是洛伦兹变换下的不变量，他是第一个把洛伦兹变换表示成如今的对称形式的，洛伦兹变换就是庞加莱命名的。庞加莱群是闵可夫斯基时空的等距群，这是理解时空对称性的数学工具。庞加莱是当之无愧的狭义相对论先驱者。

11. 德 · 普莱托（Olinto De Pretto，1857—1921），意大利工程师。1903 年，根据对放射性现象（静止的原子核放射出来的粒子却具有极大的动能）的研究，德 • 普莱托指出质量为 m 的物质包含的以太振动能为 mc^2。

12. 爱因斯坦（Albert Einstein，1879—1955），德国物理学家，年轻时曾长期在瑞士求学、工作，自 1901 年起为瑞士籍，晚年移居美国。爱因斯坦是狭义相对论的奠基人之一，创立了广义相对论。1905 年爱因斯坦的两篇论文标志着狭义相对论的诞生，从描述运动钟表校准的微分方程得到了洛伦兹变换，基于光速不变性的基本假设爱因斯坦得到了质能关系。爱因斯坦 1915 年给出了引力场方程，后来还提出了爱因斯坦赝张量和引力波方程。爱因斯坦对相对论的贡献广为传颂，其对量子力学的巨大贡献（光量子概念的确立，零点能概念的引入，固体量子论的建立，受激辐射概念的提出，量子统计的建立，玻色–爱因斯坦凝聚的提出，等等）则未被充分认识。爱因斯坦 1922 年获得 1921 年度诺贝尔物理学奖（补缺）是因其对光电效应实验的解释帮助确立了光量子的概念。

13. 格罗斯曼（Marcel Grossmann，1878—1936），瑞士几何学家，爱因斯坦的同学、挚友。格罗斯曼是 1912 年和 1920 年国际数学大会的邀请报告人。格罗斯曼向爱因斯坦强调了黎曼几何的重要性，引介了克里斯多夫、里奇和列维–齐维塔等人创立的张量分析，这些都是广义相对论建立的数学基础。格罗斯曼与爱因斯坦 1913 年合作的“广义相对论与引力理论框架”一文是爱因斯坦引力论两篇基础论文之一。格罗斯曼第一个建议将里奇张量作为描述引力场曲率的候选协变张量。

14. 里兹（Walther Ritz，1878—1909），瑞士理论物理学家。1908 年，里兹写了一篇长篇评论，对麦克斯韦–洛伦兹的电磁理论进行了批判。里兹指出，同所谓光以太（luminescent aether）的关联使其非常不适合描述电磁作用传播的规律。该篇文章的主要论点包括：超前势不存在；作用不等于反作用是由

相对以太的绝对运动带入的；不可以如此表示引力，等等。里兹建议将氢原子光谱波长公式倒过来看让人们猜透了原子发光的奥秘。里兹对量子力学和相对论之诞生的贡献都是关键性的，可惜功利的社会认识不到这一点。

15. 普朗克（Max Planck，1858—1947），德国物理学家，热力学老师，量子力学奠基人之一，爱因斯坦早期的“科学圈监护人”。普朗克和维恩（Wilhelm Wien）是第一批认真对待爱因斯坦 1905 年工作的大科学家，他用经典作用量重新表述了狭义相对论，质能关系的 $E = mc^2$ 形式表述就出自其手。他是第一个用 Relativtheorie（relative theory）称呼爱因斯坦理论的人［当前相对论的标准德语说法 Relativitätstheorie（theory of relativity）源自 Alfred Bucherer］. 普朗克指出，相对论对绝对时空的抛弃并不是抛弃了绝对，而是把绝对的层次从时空推到了四维流形的度规。此外，统计力学的玻尔兹曼公式 $S = k\log W$ 也是普朗克先写出来的。

16. 劳厄（Max von Laue，1879—1960），德国物理学家，1914 年因发现晶体 X-射线衍射而获得诺贝尔奖。劳厄 1906—1909 年间为普朗克作助手，因此注意到了爱因斯坦并为相对论的接受和发展做出了富有成果的努力。质能关系的严格证明是劳厄 1911 年完成的。劳厄著有两卷本（1911，1921）的相对论。

17. 闵可夫斯基（Hermann Minkowski，1864—1909），德国数学家。1908 年，闵可夫斯基重新表述了爱因斯坦的狭义相对论，即将之表述为四维时空（即 Minkowski spacetime）中的几何理论，其中时间被乘上了单位虚数。时空（space-time）、世界线（world line）等概念都是闵可夫斯基提出的。时空的

几何观点是广义相对论的源起。闵可夫斯基在瑞士苏黎世期间曾教过爱因斯坦数学。

18. 克里斯多夫（Elwin Bruno Christoffel，1829—1900），德国数学家、物理学家。克里斯多夫曾师从狄里拆利、欧姆和库默尔等数理大家，1862 年在苏黎世理工接替了数学巨擘戴德金的教席，他引入的微分几何的概念开启了张量分析的研究，为广义相对论提供了数学基础。克里斯多夫符号使得一般流形上的矢量微分具有了协变形式。

19. 贝尔特拉米（Eugenio Beltrami，1835—1900），意大利数学家，长于微分几何，是第一个证明非欧几何自洽性的人。贝尔特拉米曾证明等曲率曲面上的测地线可以表示为平面上的直线。贝尔特拉米将微分计算用于数学物理，直接影响了绝对微分，即张量分析的发展。广义相对论场方程的形式从贝尔特拉米不变量的角度看就是必然如此.

20. 里奇（Gregorio Ricci-Curbastro，1853—1925），张量计算（tensor calculus）的创始人。他是 Tullio Levi-Civita 的老师。他和 Levi-Civita 一起发展起来的绝对微积分是广义相对论的数学基础。由曲率张量收缩而来的张量为里奇张量（Ricci tensor）。爱因斯坦假设平直空间就是里奇张量处处为零的空间。有趣的是，意大利语形容词 riccio 就是弯曲的意思，例如 i capelli ricci （卷发）。

21. 比安奇（Luigi Bianchi，1856—1928），意大利数学家。1902 年，比安奇发现了黎曼张量的 Bianchi 恒等式，其对理解爱因斯坦场方程具有重要意义。据 Tullio Levi-Civita 说那是早已被里奇 1889 年发现了的，但是他忘了。收缩的第二类比安奇

恒等式可用于证明爱因斯坦张量恒为零。

22. 列维–齐维塔（Tullio Levi-Civita，1873—1941），意大利数学家，绝对微积分的创始人之一。我们熟悉的 ε_{ijk} 就被称为 Levi-Civita 符号。列维–齐维塔是爱因斯坦的同龄人，曾和爱因斯坦就张量计算、能量–动量张量和引力场方程有长期的讨论，对爱因斯坦最终构造出引力场方程厥功至伟，其所引入的协变微分和平行移动（1917 年）是微分几何、广义相对论的关键概念。自 1907 年起列维–齐维塔从事相对论研究与教学三十余年。

23. 希尔伯特（David Hilbert，1862—1943），德国人。希尔伯特是不世出的天才数学家，后来对物理发生了浓厚的兴趣。1915 年，希尔伯特发表了“物理学的基础”一文，探讨引力场方程的公理化导出，给出了 Einstein-Hilbert 作用量。希尔伯特第一个把里奇张量作为引力场的拉格朗日量密度并由此导出正确形式的引力场方程。希尔伯特还是第一个尝试把不同的场在拉格朗日量层面予以统一的人。

24. 史瓦西（Karl Schwarzschild，1873—1916），德国物理学家、天文学家。1901—1914 年间史瓦西是哥廷恩大学的数学教授，哥廷恩天文台、波兹坦天文台台长，1912 年当选普鲁士科学院院士。1914 年一战爆发后入伍，任炮兵上尉。1915 年 12 月 22 日在俄国前线，史瓦西在爱因斯坦的广义相对论文章正式发表前给出了空的空间的一个度规表示，即所谓的史瓦西解。广义相对论中以其名字命名的概念包括史瓦西坐标、史瓦西度规、史瓦西半径等。

25. 爱丁顿（Arthur Stanley Eddington，1882—1944），英国数学家、物理学家。爱丁顿组织了 1919 年 5 月 29 日日全食的观测试图证明光线的引力偏折，是广义相对论历史上的大事件。爱丁顿写了大量著作介绍广义相对论，其 1918 年所著《关于引力相对论的报告》一书是第一本相对论专著，1923 年又出版了《相对性的数学理论》。

26. 德西特（Willem de Sitter，1872—1934），荷兰天文学家。德西特曾和爱因斯坦长期探讨宇宙的时空结构。以其名字命名的概念有德西特空间，反德西特空间。德西特空间里，时空平移子群同庞加莱群之洛伦兹变换子群结合为一单群而非半单群，这样表述的狭义相对论称为德西特相对论。

27. 弗里德曼（Alexander Friedmann，1888—1925），俄国数学家、物理学家。弗里德曼 1924 年的“论常负曲率空间的可能性”一文是宇宙学模型的基础。有两个独立的模型化均匀、各向同性宇宙的弗里德曼方程。

28. 外尔（Hermann Weyl，1885—1955，德国人），20 世纪最有影响力的数学家、物理学家，对物理的许多领域都有贡献，其中规范理论的概念是他引入的，群论也是他引入物理学的。他是第一个考虑把广义相对论同电磁学相结合的人，注意到了电磁学的规范不变性与引力场的共形不变性之间的联系。外尔 1918 年的著作《空间-时间-物质》梳理了相对论物理的发展，1929 年他又把 Vierbein（tetrad）概念引入广义相对论。当前相对论研究有用外尔几何

讨论相对论的，甚至有外尔相对论的说法。与相对论有关的用外尔命名的概念包括外尔方程、外尔张量、外尔引力、外尔变换等。因为外尔的学问太大，物理学界对他的一般关注只能停留在粗浅层次。

29. 卡当（Élie Joseph Cartan，1869—1951），法国数学家，在李群、微分系统（偏微分方程不依赖于坐标系的几何表述）、微分几何等方面都做出了基础性工作，实现了这几个领域的统合，对广义相对论（黎曼几何、微分系统等）甚至量子力学（旋量理论）的发展都做出了重大贡献。1922 年，卡当提出了关于引力的爱因斯坦-卡当理论。1929—1932 年间卡当和爱因斯坦频繁通信谈论绝对平行问题。

30. 泡利 （Wolfgang Pauli，1900—1958），奥地利物理学家，量子力学奠基人之一。泡利高中毕业就发表了讨论广义相对论中的能量-动量张量的论文，其 21 岁时发表的长达 237 页的相对论综述文章至今是经典。泡利为了描述自旋引入的泡利矩阵加上单位矩阵暗含着闵可夫斯基空间度规的一种表示。泡利矩阵（2×2 矩阵）是相对论量子力学方程中狄拉克矩阵（4×4 矩阵）的基础，不过狄拉克宣称狄拉克矩阵的构造并未受到泡利矩阵的影响。

31. 狄拉克 （P.A.M. Dirac，1902—1984），英国物理学家，量子力学创始人之一。狄拉克首先给出了电子能量的相对论形式，进而构造了一阶微分形式的相对论量子力学方程，预言了反粒子的存在，证明了电子自旋是一种相对论性的内禀性质。狄拉克发现爱因斯坦赝张量满足关系 $((T_\mu^\nu+t_\mu^\nu)\sqrt{-g})$，$\nu=0$。

32. 彭罗斯 (Roger Penrose，1931—)，英国数学家、物理学家、哲学家，对广义相对论和宇宙学的贡献是其学术光环的一部分。彭罗斯革新了描述时空性质的数学工具，他倡导忽略时空的几何结构细节，而把注意力放在时空的拓扑或者共形结构上。彭罗斯 1965 年的“引力坍缩与时空奇性”一文开启了后来的众多广义相对论和宇宙学的话题。1967 年，彭罗斯发明了扭量理论，将闵可夫斯基空间中的几何体映射到度规指标为 (2,2) 的 4-维复空间。彭罗斯的学问太大，这从其《走向实在之路》(有中译本) 一书可以略窥一二。

史上对量子力学和相对论之奠立皆有贡献者，有爱因斯坦、普朗克、外尔、狄拉克、泡利诸人。希尔伯特的名字出现于量子力学和相对论的历史语境中，然而希尔伯特空间的概念由冯·诺依曼提出，而关于引力场方程，希尔伯特将优先权都归于了爱因斯坦，故希尔伯特的贡献逐渐被淡忘。当世对量子力学和相对论皆通透且有所贡献者，当属彭罗斯和温伯格 (Steven Weinberg，1933—). 断言通晓相对论或量子力学之一者，不妨从学问之连续性和全局性的角度深刻反思一番，或许对个人有益。

不懂量子力学者，何以通相对论呢？不懂相对论者，何以通量子力学呢？

附录 3　爱因斯坦的物理学成就与年谱

And he is a legend①

——Abraham Pais

◎ 爱因斯坦的物理学成就

说起爱因斯坦，人们总是将这个伟大的名字与相对论相提并论。爱因斯坦是创立相对论的主角，相对论打上了深深的爱因斯坦烙印，这都没错。但是，这种观点造成了两方面的误解。一是容易让人们误以为相对论是爱因斯坦一人创立的。读过本书，尤其是附录 2“相对论关键人物与事件”以后，相信人们应该不再会抱有这样的观念了。物理学是一条思想的河流，如相对论这样的近代物理学支柱型的理论体系，其思想之深度与广度都决定了创立它的事业远超出单个天才的能力。这几乎应该是个显而易见的道理。然而，确实有人宣称至少广义相对论的建立归于爱因斯坦一人之功，而相当长一段时间内笔者对这种论调也是信以为真的。在浏览过相对论的内容、阅读过相应内容的经典文献后，笔者得出的结论是，相对论是浪漫的拉丁文化和严谨的德意志文化结合的产物，某种意义上说前者似乎应占更大的比重。德国南部出生、和父母一起在意大利北部

① 他（爱因斯坦）是个传说。—— 派斯

住过一段时间、在瑞士完成中学和大学教育并迈出研究第一步的爱因斯坦，无疑地深受这两种文化的熏陶与影响。罗素说，一个伟大的思想会模糊地出现在同时代许多人的头脑中，然后在某个人的头脑中一下子结晶出来。考察相对论与爱因斯坦的关系，会发现罗素的这个说法太有道理了。

可能的误解之二是人们会误以为相对论是爱因斯坦唯一的物理学成就。笔者甚至以为这个误解是确凿的 —— 即便是物理系的学生，对爱因斯坦在相对论以外的众多成就也知之甚少。其实，爱因斯坦是统计物理领域的拓荒者，是当之无愧的量子力学奠基者之一。以笔者愚见，从 1877 年玻尔兹曼大胆假设有能量单元开始，到 1905 年爱因斯坦假设光的能量以能量单元 $h\nu$ 的形式被吸收从而解释了光电效应的实验曲线，中间唯有普朗克一人而已。有一种说法，不计相对论，爱因斯坦凭借其他的学术成就在当代物理学家中也依然排在最前面。这话我信。爱因斯坦除了对狭义相对论的贡献和构建了广义相对论外，他在量子力学和统计物理方面的成就也是深刻的、开创性的。爱因斯坦后来一直致力于建立统一场论。就动力学而言，笔者以为统一场论应该体现在为引力同强-电磁-弱作用找到了一个统一的时标（time scale）。爱因斯坦对这个问题的孜孜以求，同其奠立了统计力学、量子力学和相对论的思想历程是相恰的。爱因斯坦在相对论之外的物理学成就可简单罗列如下：

1. 布朗运动的研究

1827 年英国植物学家罗伯特 · 布朗观察到液面上悬浮的花粉作激烈的无规运动，此即布朗运动。布朗运动，Brownian motion，还有个西文名称叫 pedesis ($\pi\acute{\eta}\delta\eta\sigma\iota\varsigma$)，与脚是同源词。长脚的东西，当然乱蹦乱跳啦，用来指代各种微观颗粒的无规运动很形象。1905 年，爱因斯坦发表了一篇研究布朗运动的文章“论热之分子理论所要求的平静液面上悬浮颗粒的运动［Über die von der molekularkinetischen Theorie der Wärme geforderte Bewegung von in ruhenden Flüssigkeiten suspendierten Teilchen, *Annalen der Physik* 322（8）, 549–560（1905）］”，

指出布朗运动可看作是分子（字面意思是“一小堆”）存在的证据。文章的一个重要结果是爱因斯坦关系 $D/\mu = k_{\mathrm{B}}T$，其中 D 是宏观的扩散系数，μ 是微观的迁移率。这个关系是对统计物理思想的大力支持。笔者甚至想，倘若玻尔兹曼看到过这个小青年爱因斯坦的文章，或许在 1906 年就不会选择自杀。

2. 光电效应的解释

光电效应的研究缘起 1887 年赫兹产生电磁波的实验。接收电磁波所使用的锌球在不同光照条件下的行为引起了光照射金属的电子发射研究。研究发现，自金属中出射的电子的动能与光的频率有关。当频率小到一定值后，虽然光的强度足够大却依然没有电子逸出。这个现象让当时的物理学家很困惑。1905 年，爱因斯坦接受普朗克的光能量量子的概念，并假设固体吸收光是以能量量子的形式进行的。这样从光照下金属逸出的电子，其动能就由公式 $E_k = h\nu - \phi$ 给出，ϕ 是电子从金属表面逸出所需的最低能量，取决于具体的金属。这个线性公式完美地解释了光电效应的实验结果[参见“论一种同光之产生和转换有关的启发性观点”（Über einen die Erzeugung und Verwandlung des Lichtes betreffenden heuristischen Gesichtspunkt, *Annalen der Physik* 322（6）, 132–148（1905））]。爱因斯坦 1922 年获诺贝尔物理学奖的理由就是这个工作。

3. 固体量子论

1906 年，爱因斯坦假设晶体中的原子都是独立的谐振子，所有原子用同一频率振荡，基于此得到了固体比热的量子表述（不是量子力学表述，此时还没有量子力学这个词）。该比热的量子表述在高温处再现了固体比热的 Dulong-Petit 定律[参见“辐射理论与比热理论”（Theorie der Strahlung und die Theorie der Spezifischen Wärme，*Annalen der Physik* 327, 180–190（1907））]。爱因斯坦假设的原子振动频率，可换算成一个温度，$T_{\mathrm{E}} = h\nu/k$，被称为爱因斯坦温度。这个工作，以及他关于光电效应的解释，都是量子概念终于被接受的理论基础。

4. 受激辐射

1917 年，仅在发表广义相对论一年后，爱因斯坦提出了受激辐射的概念［参见“关于辐射的量子理论”（Zur Quantentheorie der Strahlung, *Physikalische Zeitschrift* 18, 121–128（1917））］。考察一个两能级的体系，低能级上的电子吸收能量为 $h\nu = E_2 - E_1$ 的光子会跃升到高能级，高能级上的电子会自发跃迁到低能级上发出能量为 $h\nu = E_2 - E_1$ 的光子。那么，光场对高能级上的电子会有什么影响呢？爱因斯坦认为能量为 $h\nu = E_2 - E_1$ 的光子会刺激（stimulate）电子向下跃迁，发出一个和激励光子频率、方向完全相同且有固定位相差的光子。重要的是，对于描述吸收过程中的爱因斯坦系数 B_{12} 和描述受激辐射过程中的爱因斯坦系数 B_{21}，爱因斯坦认定必有 $B_{12} = B_{21}$。如此认定是基于对 principle of reciprocality 的信仰。得出这一结果靠的不是推导而是哲学。Principle of reciprocality，互反性原理，笔者曾称之为对称性之上的对称性（参见物理学咬文嚼字 078）。基于受激辐射的概念，后来人们成功获得了激光。

5. 玻色–爱因斯坦统计与玻色–爱因斯坦凝聚

爱因斯坦关于玻色–爱因斯坦统计的工作非常具有传奇色彩。1924 年，印度人玻色（Satyendra Nath Bose，1894—1974）于 1924 年在假设光量子有子能级（sublevels）的前提下得出了黑体辐射公式的一种新的推导（这个公式有从不同角度出发的多种推导）。与普朗克的黑体辐射公式（能量谱密度为 $e_\nu = \dfrac{4\nu^2}{c^3}\dfrac{h\nu}{\exp(h\nu/kT_i)-1}$，尚缺一个因子 2）相比，玻色的公式 $n_i = \dfrac{g_i}{\exp(\alpha+\beta\varepsilon_i)-1}$ 多了两项内容：其一，分子上的 g_i 至少应该是 2。后来确定对所有能级，g_i 是一样的，对光子来说 $g = 2$。其二，分母中的指数函数的指数中多了一项和粒子数对偶的 α，此即所谓的化学势。欲使该公式同普朗克的公式等同，则要求 $\alpha = 0$，这就是所谓的光子气的化学势等于 0 的由来。因此，最终的黑体辐射谱密度公式为 $e_\nu = \dfrac{8\nu^2}{c^3}\dfrac{h\nu}{\exp(h\nu/kT_i)-1}$。信心满满的玻色把文章投给英国的哲学杂志

（*Philosophical Magazine*），被拒稿。玻色转而把文章寄给爱因斯坦请求评判，并写道您若认为文章是对的请您把它翻译成德语发表在德国的杂志上（印度人的自信非常值得我们学习）。爱因斯坦果然照做，把文章翻译成了德语，并写了个纸条说这个工作很有意思我也将接着这个思路做点工作云云。这就是玻色–爱因斯坦统计的第一篇文章［S. N. Bose, Plancks Gesetz und Lichtquantenhypothese（普朗克定律与光量子假说），*Z. Phys.* 26, 178–181（1924）］。爱因斯坦发现，玻色的统计可用于原子气体，他自己于 1924 年发表了“单原子理想气体的量子理论”［Quantentheorie des einatomigen idealen Gases，*Sitzungsberichte der Preussischen Akademie der Wissenschaften, Physikalisch-Mathematische Klasse,* 261–267（1924）］一文，1925 年再发同名文章［同上，3-14（1925）］，并有了玻色–爱因斯坦凝聚——即所有玻色子占据最低能级的状态——的概念。玻色–爱因斯坦凝聚需要极低的温度，故迟至 1995 年才在实验室实现。注意，是爱因斯坦受激辐射概念之上的激光让玻色–爱因斯坦凝聚的实现成为可能。此外，当年爱因斯坦向薛定谔提议，可以考虑盒子里的粒子，每个粒子联系上一个独立的谐振子（当年一些书里也没说是谁提议这么干的，为啥这么干，让笔者误以为真有这么个谐振子，疑惑了好多年），将这些谐振子量子化，每个能级上的占据数是那个盒子里的粒子数。如此可再现玻色–爱因斯坦统计。薛定谔依法炮制，发现果然如此。此即所谓二次量子化之滥觞。

可以说，爱因斯坦对热力学、统计物理非常娴熟，他在量子论方面的工作多是和热力学、统计物理有关的。其实，一点也不奇怪。热力学是量子理论的来源之一，那个量子力学的奠基人之一，量子力学始终顶着他的标签的那个人，普朗克，就是最优秀的热力学老师。在普朗克把热力学主方程 $dU = TdS - pdV$ 写成 $dS = \frac{dU}{T} + \frac{p}{T}dV$ 的那一刻，量子力学的胎动开始了。爱因斯坦和普朗克，某种意义上是互为 dual 的科学家，爱因斯坦在量子力学方面的工作成就了贴上普朗克标签的量子力学，而普朗克的系列工作又成就了贴上爱因斯坦标签的狭义相对论（公式 $E = mc^2$ 是普朗克先写出来的，世界上第一个相对论博士是普朗克培养的）。

顺便说一句，相对论的精神楷模就是热力学。那是从基本原理出发建立理论体系的勾当，是理论物理当时的最高境界。

6. 爱因斯坦-德哈斯效应

一个自由物体之磁矩的改变会造成转动，因为角动量守恒。这个现象可以在铁磁体上观察到，且可以用于分别自旋和角动量对磁矩的贡献。爱因斯坦和德哈斯（Wander Johannes de Haas，1878—1960，荷兰人）于 1915 年发文宣告观察到了这个现象，参见 Albert Einstein，Wander Johannes de Haas，Experimenteller Nachweis der Ampereschen Molekularströme（安培分子电流的实验验证），*Deutsche Physikalische Gesellschaft Verhandlungen* 17, 152–170 （1915）一文。这是爱因斯坦为数不多的实验工作。

◎ 爱因斯坦年谱

1879 年	爱因斯坦于该年 3 月 14 日出生于德国南部小镇乌尔姆
1880 年	爱因斯坦举家迁往慕尼黑
1885—1894 年	慕尼黑，小学和中学
1894 年	爱因斯坦父母迁往意大利米兰，半年后爱因斯坦中学肄业也去到意大利帕维亚和父母相聚
1895—1896 年	瑞士阿劳中学
1896—1900 年	苏黎世联邦理工学院
1901—1902 年	在瑞士一家中学代课，后在伯尔尼专利局找到一份专利审查的工作
1903 年	和朋友组建小团体奥林匹亚学院
1905 年	该年为爱因斯坦奇迹年，一年中爱因斯坦发表了关于布朗运动、光电效应实验的解释、运动物体的电–动

	力学等论文，获苏黎世大学博士学位
1906 年	固体比热量子模型
1907 年	表述等价原理
1908 年	获聘伯尔尼大学讲师
1909 年	获聘苏黎世大学理论物理助理教授
1911 年	计算光的引力弯曲
1911—1912 年	捷克布拉格日耳曼大学物理教授
1912—1914 年	苏黎世联邦理工学院实验物理教授
1914 年	德国柏林大学物理教授，选为普鲁士科学院院士
1915 年	完成广义相对论架构
1916 年	广义相对论正式发表
1917 年	任柏林威廉皇帝研究所主任，为引力场方程加入宇宙常数项
1919 年	英国人宣称爱因斯坦基于广义相对论的引力弯曲计算正确
1921 年	访美并在普林斯顿大学讲授相对论
1922 年	发表第一篇统一场论论文，获补选的 1921 年度诺贝尔物理学奖
1924—1925 年	拓展玻色的研究，建立玻色-爱因斯坦统计和玻色-爱因斯坦凝聚
1927 年	在这一段时间研究量子力学
1933 年	移民美国
1935 年	发表论量子力学不完备性的 EPR 悖论
1936 年	提出引力透镜概念
1952 年	以色列邀其任总统，拒绝

1955 年 4 月 18 日凌晨 1 时 15 分，这颗伟大的心脏停止跳动。爱因斯坦享年 76 岁。

附录 4　爱因斯坦相对论著作目录

本附录罗列爱因斯坦相对论书籍 9 本，研究论文 107 篇，关键处加有点评，非英语文章的题目给出了中英译文。

书籍

1. Die Grundlage der Allgemeinen Relativitätstheorie, Barth (1916). 广义相对论基础 (Foundations of the General Theory of Relativity).
2. Über die Spezielle und die Allgemeine Relativitätstheorie: gemeinverständlich, Vieweg (1917, 1918, 1920). 狭义与广义相对论通俗版 (On the Special and General Theory of Relativity: A Popular Account).
3. Äther und Relativitätstheorie: Rede Gehalten am 5. Mai 1920 an der Reichs-Universität zu Leiden, Springer (1920). 以太与相对论 (Aether and Relativity Theory: A Talk Given on May 5, 1920 at the University of Leiden), 基于爱因斯坦 1920 年 5 月在莱顿大学的演讲。
4. Geometrie und Erfahrung, Erweiterte Fassung des Festvortrages Gehalten an der Preussischen Akademie, Springer (1921). 几何与经验 (Geometry and Experience: Expanded Edition of the Celebratory Lecture Given at the Prussian Academy), 乃为爱因斯坦在普鲁士科学院所做庆典演讲的扩展。

5. Vier Vorlesungen über Relativitätstheorie, Vieweg(1922). 关于相对论的四场讲座 (Four Lectures on Relativity Theory), 即爱因斯坦 1921 年 5 月在普林斯顿大学所做的讲座。

6. Origins of the General Theory of Relativity, Jackson (1933). 广义相对论的起源。

7. The Evolution of Physics: The Growth of Ideas from Early Concepts to Relativity and Quanta, Simon and Schuster (1938). 物理学的进化。合作者为 L. Infeld，有中译本。

8. Die Physik als Abenteuer der Erkenntnis (作为思维探险的物理学，Physics as an Adventure of the Mind)，Sijthoff (1938).

9. Meaning of Relativity, Princeton University Press (1945). 该书 1956 年的版本是最终版。

研究论文

1. Zur Elektrodynamik Bewegter Körper, Annalen der Physik (ser.4) 17, 891–921(1905). 运动物体的电动力学 (On the Electrodynamics of Moving Bodies), 此篇为狭义相对论关键，阐述了狭义相对论及其运动学的两个设定：相对作匀速运动的参照框架不可分辨，光速为常数。

2. Ist die Trägheit eines Körpers von Seinem Energieinhalt Abhängig? Annalen der Physik (ser.4) 18, 639–641 (1905). 物体的惯性依赖于其所含能量吗？(Does the Inertia of a Body Depend upon its Energy Content?), 此篇开启了爱因斯坦关于能量–质量等价性的思考，但其有效性值得商榷。在 1905 年之前已有意大利人、法国人关于能量–质量等价性的论述，著名的表述形式 $E = mc^2$ 是普朗克 1907 年给出的。直到 1935 年爱因斯坦还会回到这个问题。

3. Prinzip von der Erhaltung der Schwerpunktsbewegung und die Trägheit der Energie，Annalen der Physik (ser.4) 20, 627–633 (1906). 重心运动守恒与能量惯性的原理 (The Principle of Conservation of Motion of the Center of Gravity and the Inertia of Energy), 此文阐明质量守恒是能量守恒的特例。能量惯性的说法对中文读者可能有点怪异，注意德语 Trägheit 对应动词 tragen (携带)，有可携带性、拖累之类的意思。

4. Eine Methode zur Bestimmung des Verhältnisses der Transversalen und Longitudinalen Masse des Elektrons，Annalen der Physik (ser.4) 21, 583–586 (1906). 一种决定电子纵向与横向质量之比的方法 (On a Method for the Determination of the Ratio of the Transverse and the Longitudinal Mass of the Electron)，认定质量随运动速度改变的观念是一种错误观念。此文后来鲜有人提及。

5. Möglichkeit einer neuen Prüfung des Relativitätsprinzips，Annalen der Physik (ser.4) 23, 197–198(1907). 一种新的测试相对性原理的可能性 (On the Possibility of a New Test of the Relativity Principle)，此文报道横向 (源运动方向的垂直方向上)多普勒效应的发现。多普勒效应是相对论的重要话题。

6. Bemerkung zur Notiz des Herrn P. Ehrenfest: Translation Deformierbarer Elektronen und der Flächensatz，Annalen der Physik (ser.4) 23, 206–208(1907). 对艾伦菲斯特先生“平移可变形的电子与平面定律”短笺的评论 (Comments on the Note of Mr. Paul Ehrenfest: The Translatory Motion of Deformable Electrons and the Area Law), 此文谈论应用洛伦兹变换于刚体问题的困难。

7. Die vom Relativätsprinzip Geforderte Trägheit der Energie，Annalen der Physik (ser.4) 23, 371–384 (1907). 论相对性原理要求的能量的惯性 (On the Inertia of Energy Required by the Relativity Principle), 此文为论质能关系的重要文献。爱因斯坦还猜测麦克斯韦方程是大光子数的极限情形。

8. Relativitätsprinzip und die aus demselben Dezogenen Folgerungen,

Jahrbuch der Radioaktivität 4, 411–462 (1907). 相对性原理及由其导出的结论 (On the Relativity Principle and the Conclusions Drawn from It), 此文首次出现 $E = mc^2$，标志着广义相对论的开始，讨论了等价原理，引力红移和光的引力偏折。

9. Elektromagnetische Grundgleichungen für Bewegte Körper，Annalen der Physik (ser. 4) 26, 532–540 (1908). 运动物体的电磁学基本方程 (On the Fundamental Electromagnetic Equations for Moving Bodies), 与 J. Laub 合作的论文。在同一杂志 volume 27, p.232 上有订正。

10. Die im Elektromagnetischen Felde auf Ruhende Körper Ausgeübten Ponderomotorischen Kräfte，Annalen der Physik (ser. 4) 26, 541–550 (1908). 论作用于电磁场中静止物体上的驱动力 (On the Ponderomotive Forces Exerted on Bodies at Rest in the Electromagnetic Field), 与 J. Laub 合作的论文。

11. Bemerkungen zu Unserer Arbeit: Elektromagnetische Grundgleichungen für Bewegte Körper，Annalen der Physik (ser. 4) 28, 445–447 (1909). 关于我们的论文“运动物体的电磁学基本方程”的说明 (Remarks on our Paper: On the Fundamental Electromagnetic Equations for Moving Bodies), 与 J. Laub 合作的论文。

12. Bemerkung zur Arbeit von Mirimanoff: Die Grundgleichungen...，Annalen der Physik (ser. 4) 28, 885–888 (1909). 评 Mirimanoff 的文章“论 . . . 的基本方程”Comment on the Paper of D. Mirimanoff: On the Fundamental Equations...). Mirimanoff 的文章发表在 Annalen der Physik 28,192(1909) 上。

13. Einfluss der Schwerkraft auf die Ausbreitung des Lichtes，Annalen der Physik (ser. 4) 35, 898–908 (1911). 引力对光的传播的影响 (On the Influence of Gravitation on the Propagation of Light), 承接 1907 年的那篇文章的讨论。爱因斯坦认识到相对论和等价原理都是局域的而非全局的。

14. Relativitätstheorie，Naturforschende Gesellschaft, Zürich, Vierteljahresschrift 56, 1–14 (1911). 相对论 (The Theory of Relativity), 爱因斯坦开始在文章题目中使用相对论一词。

15. Zum Ehrenfestschen Paradoxon，Physikalische Zeitschrift 12, 509–510 (1911). 论艾伦菲斯特佯谬 (On the Ehrenfest Paradox), 试图澄清关于洛伦兹长度收缩的一些困惑。

16. Lichtgeschwindigkeit und Statik des Gravitationsfeldes，Annalen der Physik (ser. 4) 38, 355–369 (1912). 光速与引力场的静力学 (The Speed of Light and the Statics of the Gravitational Field), 本文中爱因斯坦认识到相对论的洛伦兹变换必须被推广，而引力理论必须是非线性的。

17. Theorie des Statischen Gravitationsfeldes，Annalen der Physik (ser.4) 38, 443–458 (1912). 论静态引力场理论 (On the Theory of the Static Gravitational Field)，算是尝试发展广义相对论的第二篇论文。

18. Relativität und Gravitation: Erwiderung auf eine Bemerkung von M. Abraham，Annalen der Physik (ser.4) 38, 1059–1064 (1912). 相对论与引力——对 Abraham 之评论的反驳 (Relativity and Gravitation. Reply to a Comment by M. Abraham).

19. Bemerkung zu Abraham's Vorangehender Auseinandersetzung: Nochmals Relativität und Gravitation，Annalen der Physik (ser.4) 39, 704 (1912). 关于此前与 Abraham 论辩的说明——再论相对论与引力 (Comment on Abraham's Preceding Discussion: Once Again, Relativity and Gravitation).

20. Gibt es Eine Gravitationswirkung die der Elektromagnetischen Induktionswirkung Analog Ist? Vierteljahrschrift für Gerichtliche Medizin (ser.3) 44, 37–40(1912). 存在同电动感应相类比的引力效应吗 (Is There a Gravitational Effect Which Is Analogous to Electrodynamic Induction)? 这个还真没有。

21. Entwurf einer Verallgemeinerten Relativitätstheorie und Eine Theorie der Gravitation. I. Physikalischer Teil von A. Einstein II. Mathematischer Teil von M. Grossmann，Zeitschrift für Mathematik und Physik 62, 225–244, 245–261(1913). 推广的相对论之框架与引力理论 (Outline of a Generalized Theory of Relativity and of a Theory of Gravitation), 此文分两部分，第一部分谈物理，为爱因斯坦本人所作，第二部分谈数学，作者是爱因斯坦密友 M. Grossmann. 此文中，牛顿的引力势，一个标量，被用对称的四维度规张量取代。

22. Physikalische Grundlagen einer Gravitationstheorie，Naturforschende Gesellschaft, Zürich, Vierteljahrsschrift 58, 284–290 (1913). 引力理论的物理基础 (Physical Foundations of a Theory of Gravitation).

23. Zum Gegenwärtigen Stande des Gravitationsproblem，Physikalische Zeitschrift 14, 1249–1266(1913). 引力问题的现状 (On the Present State of the Problem of Gravitation), 为爱因斯坦在集会上的讲话。

23. Nordströmsche Gravitationstheorie vom Standpunkt des Absoluten Differentialkalküls，Annalen der Physik (ser.4) 44, 321–328 (1914). 从绝对微分的观点看 Nordström 的引力理论 (Nordström's Theory of Gravitation from the Point of View of the Absolute Differential Calculus)，表明 Gunnar Nordström 场论可看作是 Einstein-Grossmann 方程的特例。这时候爱因斯坦已经跟从 Levi-Civita 学绝对微分学了。绝对微分，即张量分析。

24. Bemerkung zu P. Harzers Abhandlung: Die Mitführung des Lichtes in Glas und die Aberration，Astronomische Nachrichten 199, 8–10 (1914). 略论 Harzer 的文章“光在玻璃中的拖曳与色差”(Observation on P. Harzer's Article: Dragging and Aberration of Light in Glass).

25. Antwort auf Eine Replik P. Harzers, Astronomische Nachrichten 199, 47–48(1914). 对 Harzer 反驳的答复 (Answer to P. Harzer's Reply).

26. Zur Theorie der Gravitation, Naturforschende Gesellschaft, Zürich Viertel-jahrsschrift 59, 4–6 (1914). 论引力理论 (On the Theory of Gravitation).

27. Nachträgliche Antwort auf Eine Frage von Reissner，Physikalische Zeitschrift 15, 108–110(1914). 对 Reißner 先生所提问题的补充答复 (Supplementary Response to a Question by Mr. Reißner)，关注引力场的质量问题。

28. Principielles zur Verallgemeinerten Relativitätstheorie und Gravitations-theorie, Physikalische Zeitschrift 15, 176–180(1914). 论广义相对论和引力论的基础 (On the Foundations of the Generalized Theory of Relativity and the Theory of Gravitation).

29. Formale Grundlage der Allgemeinen Relativitätstheorie，Preussische Akademie der Wissenschaften, Sitzungsberichte (Part 2), 1030–1085 (1914). 广义相对论的形式基础 (Formal Foundations of the General Theory of Relativity), 此文依然没有引力场方程，但有测地线方程，有引力场与转动的关系，并重新得到关于光引力偏折的 1907 年结果。

30. Zum Relativitätsproblem，Scientia 15, 337–348 (1914). 关于相对性问题 (On the Relativity Problem), 发表在意大利的《科学》杂志上。

31. Kovarianzeigenschaften der Feldgleichungen der auf die Verallgemeinerte Relativitätstheorie Gegründeten Gravitationstheorie，Zeitschrift für Mathematik und Physik 63, 215–225 (1914). 基于推广了的相对论所建立的引力理论的场方程的协变性质(Covariance Properties of the Field Equations of the Theory of Gravitation Based on the Generalized Theory of Relativity), 此文是和 M. Grossmann 合作的。

32. Grundgedanken der Allgemeinen Relativitätstheorie und Anwendung Dieser Theorie in der Astronomie，Preussische Akademie der Wissenschaften, Sitzungsberichte (Part 1), 315 (1915). 广义相对论基本思想及其在天文学的应用

(Fundamental Ideas of the General Theory of Relativity and the Application of this Theory in Astronomy), 此为爱因斯坦 1915 年 11 月关于广义相对论的四篇文章之一。

33. Zur Allgemeinen Relativitätstheorie, Preussische Akademie der Wissenschaften, Sitzungsberichte (Part 2), 778–786, 799–801 (1915). 论广义相对论 (On the General Theory of Relativity), 此为爱因斯坦 1915 年 11 月关于广义相对论的四篇文章之二。

34. Erklärung der Perihelbewegung des Merkur aus der Allgemeinen Relativitätstheorie, Preussische Akademie der Wissenschaften, Sitzungsberichte (Part 2), 831–839(1915). 广义相对论对水星近日点运动的解释 (Explanation of the Perihelion Motion of Mercury from the General Theory of Relativity), 此为爱因斯坦 1915 年 11 月关于广义相对论的四篇文章之三。此文也第一次正确计算了光的引力偏折 ($\alpha = 4$)。

35. Feldgleichungen der Gravitation, Preussische Akademie der Wissenschaften, Sitzungsberichte (Part 2), 844–847 (1915). 引力的场方程 (The Field Equations of Gravitation), 此为爱因斯坦 1915 年 11 月关于广义相对论的四篇文章之四，终于得到了正确的引力场方程。

36. Grundlage der Allgemeinen Relativitätstheorie, Annalen der Physik (ser. 4) 49, 769–822 (1916). 广义相对论基础 (The Foundation of the General Theory of Relativity), 把 1915 年关于广义相对论的文章汇总了一下。

37. Über Fr. Kottlers Abhandlung: Einsteins Äquivalenzhypothese und die Gravitation, Annalen der Physik (ser.4) 51, 639–642 (1916). 关于 Kottler 的文章"论爱因斯坦的等价性假设和引力"(On Friedrich Kottler's Paper: On Einstein's Equivalence Hypothesis and Gravitation)，此文鲜有人提及。

38. Einige Anschauliche Überlegungen aus dem Gebiete der Relativitätstheorie, Preussische Akademie der Wissenschaften, Sitzungsberichte (Part 1), 423 (1916). 自相对论领域的一些直观思考 (Some Intuitive Considerations from the Field of Relativity Theory), 探讨钟表和傅科摆的行为的一篇摘要，论文从未发表。

39. Näherungsweise Integration der Feldgleichungen der Gravitation, Preussische Akademie der Wissenschaften, Sitzungsberichte (Part 1), 688–696 (1916). 引力场方程的近似积分 (Approximative Integration of the Field Equations of Gravitation), 是爱因斯坦第一篇提及引力波的文章。

40. Hamiltonsches Prinzip und Allgemeine Relativitätstheorie, Preussische Akademie der Wissenschaften, Sitzungsberichte (Part 2), 1111–1116(1916). 哈密顿原理与广义相对论 (Hamilton's Principle and the General Theory of Relativity).

41. Kosmologische Betrachtungen zur Allgemeinen Relativitätstheorie, Preussische Akademie der Wissenschaften, Sitzungsberichte (Part 1), 142–152 (1917). 广义相对论中的宇宙学考虑 (Cosmological Considerations in the General Theory of Relativity), 此文为物理宇宙学的开篇。

42. Prinzipielles zur Allgemeinen Relativitätstheorie, Annalen der Physik (ser. 4) 55, 241–244 (1918). 论广义相对论的基础 (On the Foundations of the General Theory of Relativity).

43. Dialog über Einwände gegen die Relativitätstheorie, Naturwissenschaften 6, 697–702 (1918). 关于反对相对论的对话 (Dialogue about Objections to the Theory of Relativity).

44. Notiz zu Schrödingers Arbeit: Energiekomponenten des Gravitationsfeldes, Physikalische Zeitschrift 19, 115–116 (1918). 关于薛定谔文章“引力场的能量分量”的批注 (Note on E. Schrödinger's Paper: The Energy Components of the Gravitational Field).

45. Bemerkung zu Schrödingers Notiz: Über ein Lösungssystem der Allgemein Kovarianten Gravitationsgleichungen，Physikalische Zeitschrift 19, 165–166 (1918). 评薛定谔的短文“论广义协变引力场方程的解系统”(Comment on Schrödinger's Note: On a System of Solutions for the Generally Covariant Gravitational Field Equations).

46. Gravitationswellen，Preussische Akademie der Wissenschaften, Sitzungsberichte (Part 1), 154–167 (1918). 论引力波 (On Gravitational Waves), 关于引力波的第二篇文章。

47. Kritisches zu Einer von Hrn. de Sitter Gegebenen Lösung der Gravitationsgleichungen，Preussische Akademie der Wissenschaften, Sitzungsberichte (Part 1), 270–272 (1918). 评 de Sitter 先生给出的引力场方程的一个解 (Critical Comment on a Solution of the Gravitational Field Equations Given by Mr. de Sitter). De Sitter 解同 Schwarzschild 解一样为人们所熟悉。

48. Der Energiesatz in der Allgemeinen Relativitätstheorie，Preussische Akademie der Wissenschaften, Sitzungsberichte (Part 1), 448–459 (1918). 广义相对论中的能量守恒定律 (The Law of Energy Conservation in the General Theory of Relativity).

49. Prüfung der Allgemeinen Relativitätstheorie，Naturwissenschaften 7, 776 (1919). 广义相对论的一个检验 (A Test of the General Theory of Relativity).

50. Spielen Gravitationsfelder im Aufbau der Materiellen Elementarteilchen eine Wesentliche Rolle? Sitzungsberichte der Preussischen Akademie der Wissenschaften (Part 1), 349–356 (1919). 引力场在物质基本粒子结构中扮演重要角色吗?（Do Gravitational Fields Play an Essential Role in the Structure of the Elementary Particles of Matter?）爱因斯坦在本文中修订了场方程以与存在稳定基本粒子相洽。

51. Bemerkungen über Periodische Schwankungen der Mondlänge, Welche Bisher nach der Newtonschen Mechanik Nicht Erklärbar Schienen，Sitzungsberichte der Preussischen Akademie der Wissenschaften (Part 1), 433–436 (1919). 论牛顿力学至今无法解释的月亮长度的周期涨落 (Comment about Periodical Fluctuations of Lunar Longitude, Which So Far Appeared to Be Inexplicable in Newtonian Mechanics).

52. Inwiefern Lässt sich die Moderne Gravitationstheorie ohne die Relativität Begründen? Naturwissenschaften 8, 1010–1011 (1920). 当代引力理论可以在多大程度上不借助相对论而建立 (To What Extent Can Modern Gravitational Theory Be Established without Relativity)?

53. Geometrie und Erfahrung，Sitzungsberichte der Preussischen Akademie der Wissenschaften(Part 1), 123–130 (1921). 几何与经验 (Geometry and Experience).

54. Eine Naheliegende Ergänzung des Fundaments der Allgemeinen Relativitätstheorie，Sitzungsberichte der Preussischen Akademie der Wissenschaften (Part 1), 261–264 (1921). 对广义相对论基础的一点自然而然的补充 (On a Natural Addition to the Foundation of the General Theory of Relativity).

55. Bemerkung zur Seletyschen Arbeit: Beiträge zum Kosmologischen Problem，Annalen der Physik (ser. 4)69, 436–438 (1922). Observation of the Paper of Selety: Contributions to the Cosmological Problem.

56. Bemerkung zu der Abhandlung von E. Trefftz: Statische Gravitationsfeld zweier Massenpunkte， Sitzungsberichte der Preussischen Akademie der Wissenschaften, Phys.-math. Klasse, 448–449 (1922). Observation on the Work of E. Trefftz: Static Gravitational Field of Two Point Masses.

57. Bemerkung zu der Arbeit von A. Friedmann: Über die Krümmung des

Raumes，Zeitschrift für Physik, 11, 326，1922. Observation on the Paper of A. Friedmann: On the Curvature of Space. 后来爱因斯坦于 Zeitschrift für Physik 16, p.228(1922) 上宣布收回这篇文章。

58. Theory of the Affine Field，Nature 112, 448–449 (1923). 爱因斯坦至此更关注数学物理了。

59. Zur Allgemeinen Relativitätstheorie, Sitzungsberichte der Preussischen Akademie der Wissenschaften, Physikalisch-mathematische Klasse, 32–38, 76–77 (1923). 关于广义相对论 (On the General Theory of Relativity).

60. Zur Affinen Feldtheorie，Sitzungsberichte der Preussischen Akademie der Wissenschaften, Physikalisch-mathematische Klasse, 137–140 (1923). 仿射场论 (On Affine Field Theory).

61. Bietet die Feldtheorie Möglichkeiten für die Lösung des Quantenproblems? Sitzungsberichte der Preussischen Akademie der Wissenschaften, Physikalisch-mathematische Klasse, 359–364，(1923). 场论提供解决量子问题的可能性吗 (Does Field Theory Offer Possibilities for Solving the Quantum Problem)?

62. Théorie de relativité，Société Française de Philosophie, Bulletin 22, 97–98, 101, 107, 111–112 (1923). 相对论 (Theory of Relativity).

63. Elektron und Allgemeine Relativitätstheorie，Physica 5, 330–334 (1925). 电子与广义相对论 (The Electron and The General Theory of Relativity).

64. Einheitliche Feldtheorie von Gravitation und Elektrizität，Sitzungsberichte der Preussischen Akademie der Wissenschaften (Berlin), Physikalisch-mathematische Klasse, 414–419 (1925). 引力与电的统一场论 (Unified Field Theory of Gravity and Electricity).

65. Geometría no Euclídea y Física，Revista Matemática Hispano-americana (Ser. 2), 1, 72–76 (19126). 非欧几何与物理 (Non-Euclidean Geometry and Physics).

66. Einfluss der Erdbewegung auf die Lichtgeschwindigkeit Relativ zur Erde, Forschungen und Fortschritte 3, 36–37(1927). 地球运动对光相对地球速度的影响(Influence of the Earth's Motion on the Speed of Light Relative to Earth).

67. Formale Beziehung des Riemannschen Krümmungstensors zu den Feldgleichungen der Gravitation，Mathematische Annalen 97, 99–103(1927). 黎曼曲率张量与引力场方程的形式关系(Formal Relationship of the Riemannian Curvature Tensor to the Field Equations of Gravity).

68. Allgemeine Relativitätstheorie und Bewegungsgesetz，Sitzungsberichte der Preussischen Akademie der Wissenschaften, Physikalisch-mathematische Klasse, 2–13, 235–245 (1927). 广义相对论与运动定律 (General Theory of Relativity and the Law of Motion). 第一部分 (pp.2–13) 的合作者为 J. Grommer。

69. Riemanngeometrie mit Aufrechterhaltung des Begriffes des Fern-Parallelismus，Sitzungsberichte der Preussischen Akademie der Wissenschaften, Physi-kalisch-mathematische Klasse, 217–221(1928). 平行移动概念加持的黎曼几何 (Riemannian Geometry with Preservation of the Concept of Distant Parallelism).

70. Neue Möglichkeit für Eine Einheitliche Feldtheorie von Gravitation und Elektrizität，Sitzungsberichte der Preussischen Akademie der Wissenschaften, Physikalisch-mathematische Klasse, 224–227 (1928). 引力与电之统一场论的新可能性 (New Possibility for a Unified Field Theory of Gravity and Electricity).

71. Einheitliche Feldtheorie, Sitzungsberichte der Preussischen Akademie der Wissenschaften, Physikalisch-mathematische Klasse, 2–7 (1929). 统一场论 (Unified Field Theory).

71. Einheitliche Feldtheorie und Hamiltonsches Prinzip, Sitzungsberichte der Preussischen Akademie der Wissenschaften, Physikalisch-mathematische Klasse,

156–15(1929). 统一场论与哈密顿原理 (Unified Field Theory and Hamilton's Principle).

72. Sur la Théorie Synthéthique des Champs, Revue Générale de l'électricité 25, 35–39,1929. 统一场论 (On the Unified Theory of Fields), 合作者为 Théophile de Donder。

73. Raum, Äther und Feld in der Physik, Forum Philosophicum 1, 173–180(1930). 物理中的空间、以太和场 (Space, Aether and Field in Physics).

74. Théorie Unitaire duCchamp Physique, Annales de l'Institut H. Poincaré 1, 1–24 (1930). 物理场的统一理论 (Unified Theory of the Physical Field).

75. Auf die Riemann-Metrik und den Fern-Parallelismus Gegründete Einheitliche Feldtheorie, Mathematische Annalen,102, 685–697(1930). 基于黎曼度规和平行移动的统一场论 (A Unified Field Theory Based on the Riemannian Metric and Distant Parallelism).

76. Das Raum-Zeit Problem, Die Koralle 5, 486–488 (1930). 时空问题 (The Space-Time Problem).

77. Kompatibilität der Feldgleichungen in der Einheitlichen Feldtheorie, Sitzungsberichte der Preussischen Akademie der Wissenschaften, Physikalisch-mathematische Klasse 18–23 (1930). 统一场论中场方程的自洽问题 (Consistency of the Field Equations in the Unified Field Theory).

78. Zwei Strenge Statische Lösungen der Feldgleichungen der Einheitlichen Feldtheorie, Sitzungsberichte der Preussischen Akademie der Wissenschaften, Physikalisch-mathematische Klasse, 110–120(1930). 统一场论中场方程的两个严格静态解 (Two Strictly Static Solutions of the Field Equations of the Unified Field Theory), 合作者为 W. Mayer。

79. Theorie der Räume mit Riemannmetrik und Fernparallelismus, Sitzungsberichte der Preussischen Akademie der Wissenschaften, Physikalisch-mathematische Klasse, 401–402 (1930). 带黎曼度规和平行移动之空间的理论 (Theory of Spaces with a Riemannian Metric and Distant Parallelism).

80. Zum kosmologischen Problem der allgemeinen Relativitätstheorie, Sitzungsberichte der Preussischen Akademie der Wissenschaften, Physikalisch-mathematische Klasse, 235–237 (1931). 广义相对论的宇宙学问题 (On the Cosmological Problem of the General Theory of Relativity), 此文引入宇宙常数。

81. Systematische Untersuchung über Kompatible Feldgleichungen Welche in Einem Riemannschen Raume mit Fern-Parallelismus Gesetzt Werden Können, Sitzungsberichte der Preussischen Akademie der Wissenschaften, Physikalisch-mathematische Klasse, 257–265(1931). 可以置于有平行移动之黎曼空间的自洽场方程的系统研究 (Systematic Investigation of Consistent Field Equations That Can Be Posited in a Riemannian Space with Distant Parallelism), 合作者为 W. Mayer。

82. Einheitliche Feldtheorie von Gravitation und Elektrizität, Sitzungsberichte der Preussischen Akademie der Wissenschaften, Physikalisch-mathematische Klasse, 541–557(1931). 引力与电的统一场论 (Unified Field Theory of Gravity and Electricity), 合作者为 W. Mayer。

83. On the Relation Between the Expansion and the Mean Density of the Universe, Proceedings of the National Academy of Sciences 18, 213–214 (1932). 合作者为 Willem de Sitter。

84. Gegenwärtiger Stand der Relativitätstheorie, Die Quelle (现名 Paedogogischer Führer) 82, 440–442 (1932). 相对论现状 (Present Status of Relativity Theory).

85. Einheitliche Feldtheorie von Gravitation und Elektrizität, 2. Abhandlung, Sitzungsberichte der Preussischen Akademie der Wissenschaften, Physikalisch-mathematische Klasse, 130–137(1932). 引力与电的统一场论, 第二部分(Unified Field Theory of Gravity and Electricity, Part II), 合作者为 W. Mayer。

86. Semi-Vektoren und Spinoren, Sitzungsberichte der Preussischen Akademie der Wissenschaften, Physikalisch-mathematische Klasse, 522–550(1932). 半矢量与旋量 (Semi-Vectors and Spinors), 合作者为 W. Mayer。

87. Elementary Derivation of the Equivalence of Mass and Energy, Bulletin of the American Mathematical Society 41, 223–230 (1935).

88. The Particle Problem in the General Theory of Relativity, Physical Review (Ser. 2) 48, 73–77 (1935), 合作者为 N. Rosen。

89. Two-body Problem in General Relativity Theory, Physical Review (Ser. 2) 49, 404–405 (1936), 合作者为 N. Rosen。

90. Lens-like Action of a Star by Deviation of Light in the Gravitational Field, Science 84, 506–507 (1936). 此篇论及引力透镜。

91. On Gravitational Waves, Journal of the Franklin Institute 223, 43–54 (1937). 合作者为 N. Rosen. 此文认为尽管引力场方程是非线性的，但仍然可能有引力波。这与他们俩此前的观点相反。

92. Gravitational Equations and the Problems of Motion, Annals of Mathematics (ser. 2) 39, 65–100(1938), 合作者为 L. Infeld 和 B. Hoffmann。

93. Stationary System with Spherical Symmetry Consisting of Many Gravitating Masses, Annals of Mathematics (Ser. 2) 40, 922–936 (1939).

94. Gravitational Equations and the Problems of Motion. II, Annals of Mathematics (Ser. 2) 41, 455–464(1940), 合作者为 L. Infeld。

95. Demonstration of the Non-existence of Gravitational Fields with a Non-vanishing Total Mass free of Singularities, Tucumán universidad nac., Revista (Ser. A) 2, 11–16 (1941).